Материалы III международной научно-практической конференции

21 век: фундаментальная наука и технологии

23-24 января 2014 г.

Москва

УДК 4+37+51+53+54+55+57+91+61+159.9+316+62+101+330

ББК 72

ISBN: 978-1495417696

В сборнике представлены материалы докладов III международной научно-практической конференции   " 21 век: фундаментальная наука и технологии "

Все статьи представлены в авторской редакции.

© Авторы научных статей

Содержание

Биологические науки

Бухарина И.Л., Кузьмин П.А., Шарифуллина А.М.
ДИНАМИКА АКТИВНОСТИ ПЕРОКСИДАЗЫ В ЛИСТЬЯХ ДРЕВЕСНЫХ РАСТЕНИЙ В УСЛОВИЯХ УРБАНОСРЕДЫ 1

Попова Е.В., Волокитина Т.В., Зотова А.А.
ПОВЕДЕНЧЕСКОЕ РЕАГИРОВАНИЕ ШКОЛЬНИКОВ 7–18 ЛЕТ В УСЛОВИЯХ СТОХАСТИЧЕСКОЙ СРЕДЫ 5

Кузнецова Т.М.
ВЛИЯНИЕ УСЛОВИЙ МЕСТ ПРОИЗРАСТАНИЯ ЗЕЛЕНЫХ НАСАЖДЕНИЙ НА ВОДНЫЙ РЕЖИМ НЕКОТОРЫХ ВИДОВ РОДА *AESCULUS L* 8

Исторические науки

Аргунов В.Г., Николаев Е.Н.
НЕКОТОРЫЕ СВИДЕТЕЛЬСТВА ДРЕВНИХ СВЯЗЕЙ УРАЛА И ЯКУТИИ 11

Степнык З.М.
ВИНОКУРЕННОЕ ПРОИЗВОДСТВО В ПОДОЛЬСКОЙ ГУБЕРНИИ РОССИЙСКОЙ ИМПЕРИИ ВО ВТОРОЙ ПОЛОВИНЕ XIX – В НАЧАЛЕ XX ВЕКА 14

Медицинские науки

Вязьмин А.Я., Клюшников О.В., Подкорытов Ю.М., Никитин О.Н.
ШТИФТОВЫЕ КОНСТРУКЦИИ И ОПЫТ ИХ ПРИМЕНЕНИЯ 18

Клюшникова М.О., Клюшникова О.Н., Большедворская Н.Е.
ПРОБЛЕМЫ ЭТИОЛОГИИ ХРОНИЧЕСКОГО ГЕНЕРАЛИЗОВАННОГО ПАРОДОНТИТА 22

Сабаева Ф.Н., Лопушов Д.В.
ОПЫТ ОРГАНИЗАЦИИ ИНФЕКЦИОННОЙ БЕЗОПАСНОСТИ В ПЕРИОД ПРОВЕДЕНИЯ УНИВЕРСИАДЫ – 2013 В КАЗАНИ 27

Шведов К.С.
АЛЬТЕРНАТИВЫ ДЛИТЕЛЬНОЙ ИСКУССТВЕННОЙ ВЕНТИЛЯЦИИ ЛЕГКИХ У НОВОРОЖДЕННЫХ С РДС 30

Кривенко В.И., Качан И.С., Гриненко Т.Ю., Пахомова С.П., Никитюк О.В.
ОСОБЕННОСТИ ПОРАЖЕНИЯ СЕРДЕЧНО-СОСУДИСТОЙ СИСТЕМЫ НА ФОНЕ ДЛИТЕЛЬНОГО ВЛИЯНИЯ КСЕНОБИОТИКОВ (СЕРИЯ КЛИНИЧЕСКИХ СЛУЧАЕВ) 38

Воронцова Т.В., Мещеряков В.В.
СОВЕРШЕНСТВОВАНИЕ ПЕРВИЧНОЙ МЕДИЦИНСКОЙ ДОКУМЕНТАЦИИ В ЦЕЛЯХ ПОВЫШЕНИИ КАЧЕСТВА МЕДИЦИНСКОЙ ПОМОЩИ В ПОЛИКЛИНИКЕ 44

Ivanova L.A., Garas M.N., Vlasova O.V.
PHENOTYPIC PECULIARITIES OF BRONCHIAL ASTHMA IN CHILDREN DEPENDING ON THE GENE POLYMORPHISM HLUTATIONTRANSFERASE M1 AND T1 (GSTT1 AND GSTM1) 48

Науки о земле

Valentina V. Moroz
THE NORTH PACIFIC ISLANDS ARCS STRAITS IN THE INFORMATION-ANALYTICAL SYSTEM SEGMENT 51

Proshkina Z., Valitov M.
MONITORING TIDAL VARIATION OF GRAVITY IN THE TRANSITIONAL ZONE «CONTINENT – JAPAN SEA» 54

Педагогические науки

Курысь В.Н., Денисенко В.С., Гзирьян Р.В.
О ВОЗМОЖНОСТЯХ ФОРМИРОВАНИЯ ПРОФЕССИОНАЛЬНОГО ЗДОРОВЬЯ БУДУЩИХ ПЕДАГОГОВ 57

Махиня Н.В.
ОПЫТ ОРГАНИЗАЦИИ ПОСЛЕДИПЛОМНОГО ОБРАЗОВАНИЯ В ЕВРОСОЮЗЕ: ЕВРОПЕЙСКАЯ АССОЦИАЦИЯ ОБРАЗОВАНИЯ ВЗРОСЛЫХ 61

Калачев Н.В.
ПРИМЕНЕНИЕ ДИСТАНЦИОННЫХ ФИЗИЧЕСКИХ ПРАКТИКУМОВ КАК ЭЛЕМЕНТ ОТКРЫТОГО ОБРАЗОВАНИЯ 64

Ягопольский А.Г., Комкова Т.Ю., Комков А.Е.
СОЦИАЛЬНО-ПЕДАГОГИЧЕСКАЯ ДЕЯТЕЛЬНОСТЬ КУРАТОРА В ВУЗЕ В СОВРЕМЕННЫЙ ПЕРИОД 67

Виноградов В.Ю., Кураков С.В., Комкова Т.Ю.
СИСТЕМНО-ОРИЕНТИРОВАННЫЙ ПОДХОД ПРИ БАЗОВОЙ ТЕХНОЛОГИЧЕСКОЙ ПОДГОТОВКЕ СТУДЕНТОВ ТЕХНИЧЕСКИХ УНИВЕРСИТЕТОВ 71

Сельскохозяйственные науки

Хапова С.А.
ВЛИЯНИЕ КЛИМАТИЧЕСКИХ УСЛОВИЙ В ЛЕТНЕ-ОСЕННИЙ ПЕРИОД НА УРОЖАЙНОСТЬ ЗЕМЛЯНИКИ САДОВОЙ В СЕВЕРО-ЗАПАДНОМ РЕГИОНЕ РФ 75

Технические науки

Лаврентьев В.В.
ВЛИЯНИЕ ОРИЕНТАЦИОННОЙ ВЫТЯЖКИ НА ЭКСПЛУАТАЦИОННЫЕ СВОЙСТВА И ИОНИЗАЦИОННУЮ СТОЙКОСТЬ ПОЛИИМИДОВ 78

Содержание

Будник П.В.
АНАЛИЗ СУЩЕСТВУЮЩИХ ТЕХНИЧЕСКИХ И ТЕХНОЛОГИЧЕСКИХ РЕШЕНИЙ В ОБЛАСТИ СРЕЗАНИЯ И ИЗМЕЛЬЧЕНИЯ КУСТАРНИКОВОЙ РАСТИТЕЛЬНОСТИ 83

Хамидова Р.Р.
РАЗРАБОТКА И ВНЕДРЕНИЕ УСТРОЙСТВА ДЛЯ ЭКСПРЕСС-ОЦЕНКИ КАЧЕСТВА ПРОДУКТОВ ПИТАНИЯ 86

Козлов А.М., Малютин Г.Е.
РАСЧЕТ КОЭФФИЦИЕНТА УСАДКИ СТРУЖКИ ПРИ ЧИСТОВОЙ ОБРАБОТКЕ СФЕРИЧЕСКИМИ ФРЕЗАМИ 89

Лузан В.Н., Аникина В.А.
ИЗУЧЕНИЕ ПИЩЕВОЙ ЦЕННОСТИ ПИЩЕВЫХ ДОБАВОК СОДЕРЖАЩИХ КЛЕТЧАТКУ И РАЗРАБОТКА РЕКОМЕНДАЦИЙ ПО ИХ ИСПОЛЬЗОВАНИЮ 95

Митяков А.В., Татаринов Ю.С.
MAPREDUCE: ПРОБЛЕМА ПОЛНОГО ПЕРЕБОРА В ИТЕРАТИВНЫХ АЛГОРИТМАХ И ПОДХОД К РЕШЕНИЮ 98

Ягопольский А.Г, Руднев С.К.
ПРИНИПЫ ОБЕСПЕЧЕНИЯ ЭКСПЛУАТАИОННЫХ СВОЙСТВ СТАНИН ПРИ ИХ ИЗГОТОВЛЕНИИ 103

Кузнецов С.Е., Башкирев О.О.
АНАЛИЗ НАДЕЖНОСТИ ЭЛЕКТРОСНАБЖЕНИЯ В РАЗЛИЧНЫХ РЕЖИМАХ РАБОТЫ СУДОВОЙ ВЫСОКОВОЛЬТНОЙ ЭЛЕКТРОЭНЕРГЕТИЧЕСКОЙ СИСТЕМЫ 106

Макин В.А., Татаринов Ю.С.
ПРИМЕНЕНИЕ СПЕЦИАЛИЗИРОВАННЫХ ОНТОЛОГИЧЕСКИХ МОДЕЛЕЙ ДЛЯ ВЕРИФИКАЦИИ КОНСИСТЕНТНОСТИ ДАННЫХ В РЕЛЯЦИОННЫХ ХРАНИЛИЩАХ ДАННЫХ 113

Ерослаев А.В., Трубочкина Н.К.
ПЕРЕХОДНЫЕ ОДНОСЛОЙНЫЕ НАНОСТРУКТУРЫ – ПЕРСПЕКТИВНОЕ НАПРАВЛЕНИЕ РАЗВИТИЯ ЭЛЕМЕНТНОЙ БАЗЫ ВЫЧИСЛИТЕЛЬНЫХ СИСТЕМ 116

Стрелюхина А.Н., Петрунин Д.А.
МЕТОДЫ ПОВЫШЕНИЯ СТАБИЛЬНОСТИ ДОЗИРОВАНИЯ СЫПУЧИХ ПИЩЕВЫХ МАСС 120

Евдокимов И.А., Куликова И.К., Грешнякова М.Е., Смирнов А.А.
ВЛИЯНИЕ УСЛОВИЙ ФЕРМЕНТАТИВНОЙ ОБРАБОТКИ ПЕРМЕАТА НА РАВНОВЕСИЕ РЕАКЦИЙ ГИДРОЛИЗА И ТРАНСГЛИКОЗИЛИРОВАНИЯ 124

Мкртычев О.В., Бусалова М.С.
ИССЛЕДОВАНИЕ РЕАКЦИИ СИСТЕМЫ "СООРУЖЕНИЕ-НЕЛИНЕЙНО ДЕФОРМИРУЕМОЕ ОСНОВАНИЕ" НА ВЕРТИКАЛЬНУЮ КОМПОНЕНТУ АКСЕЛЕРОГРАММЫ ЗЕМЛЕТРЯСЕНИЯ 127

Содержание

Фармацевтические науки

Момот Т.В.
ПРИРОДНЫЕ КОМПЛЕКСЫ БИОЛОГИЧЕСКИ АКТИВНЫХ ВЕЩЕСТВ В ВОССТАНОВЛЕНИИ ФУНКЦИИ ПЕЧЕНИ ПРИ ВОЗДЕЙСТВИИ КСЕНОБИОТИКОВ 132

Клишкова М.Л., Ганичева Л.М.
СРАВНИТЕЛЬНЫЙ АНАЛИЗ РЕГИОНАЛЬНОГО АССОРТИМЕНТА ЗАРУБЕЖНЫХ И ОТЕЧЕСТВЕННЫХ ЛС ДЛЯ ЛЕЧЕНИЯ ОРВИ И ГРИППА У ДЕТЕЙ РАННЕГО ВОЗРАСТА 134

Физико-математические науки

Салаватуллин А.А., Сафиуллин Р.К.
МАТЕМАТИЧЕСКОЕ МОДЕЛИРОВАНИЕ ФИЗИЧЕСКИХ ПРОЦЕССОВ РАБОЧИХ СРЕДАХ CO_2 - ЛАЗЕРОВ 136

Филологические науки

Советная А.В., Лисун О.В.
ОСОБЕННОСТИ КОМПОЗИЦИИ РОМАНОВ АННЫ КАСТИЛЛО "ПИСЬМА МИКСКВИГУАЛУ" И "ОСВОБОДИ МОЮ ЛЮБОВЬ ОТ ЛЕПЕСТКОВ" 139

Козел Н.Я.
ЗЕВГМА В СБЛИЖЕНИИ С ГРАММАТИКОЙ КИНЕМАТОГРАФА 142

Ожерельев К.А.
ПОЭТИЧЕСКОЕ ОСМЫСЛЕНИЕ ТРАДИЦИЙ РУССКОГО КЛАССИЦИЗМА В РАННЕЙ ЛИРИКЕ К. С. АКСАКОВА 148

Философские науки

Вишняков Д.В.
СИМБИОЗ ПОРЯДКА И ХАОСА 151

Химические науки

Сажин В.Б., Сажин Б.С.
ИННОВАЦИОННАЯ СТРАТЕГИЯ РЕАЛИЗАЦИИ ПРОМЫШЛЕННЫХ ПРОЦЕССОВ СУШКИ В ВЗВЕШЕННОМ СЛОЕ 154

Экономические науки

Романов Е.В.
МЕТОДОЛОГИЧЕСКИЕ ОСНОВАНИЯ ИННОВАЦИОННОГО РАЗВИТИЯ ВЫСШЕГО ПРОФЕССИОНАЛЬНОГО ОБРАЗОВАНИЯ В РОССИИ: К ВОПРОСУ О ФИЛОСОФИИ ЭКОНОМИКИ ОБРАЗОВАНИЯ 158

Псарева Н.Ю., Кондрашина О.Н., Бабкин Л.В.
МЕТОДИКА ОПРЕДЕЛЕНИЯ МОДЕЛИ ПРОМЫШЛЕННОЙ ПОЛИТИКИ ДЛЯ ОТРАСЛЕЙ ПРОМЫШЛЕННОСТИ РОССИИ 165

Содержание

Псарева Н.Ю., Кондрашина О.Н., Бабкин Л.В.
МОДЕЛИ ПРОМЫШЛЕННОЙ ПОЛИТИКИ И ИХ ПРИМЕНЕНИЕ В РОССИИ И ЗА РУБЕЖОМ 172

Дулепова В.Б., Трюшникова Е.С.
К ВОПРОСУ О ПРОБЛЕМАХ И ПЕРСПЕКТИВАХ РАЗВИТИЯ МАЛОГО БИЗНЕСА В РОССИИ 178

Бунаков О.А.
МИГРАНТЫ В ИНДУСТРИИ ТУРИЗМА: СУЩНОСТЬ И НЕОБХОДИМОСТЬ 182

Татуев А.А.
РЕФОРМА ОБРАЗОВАНИЯ И НОВЫЕ ЭКОНОМИЧЕСКИЕ ОТНОШЕНИЯ 185

Бахтуразова Т.В.
СТРУКТУРНЫЕ ТЕНДЕНЦИИ СБЕРЕЖЕНИЙ НАСЕЛЕНИЯ 188

Кукарин М.В.
ВОСПРОИЗВОДСТВЕННЫЕ ОСОБЕННОСТИ ФУНКЦИОНИРОВАНИЯ СОВРЕМЕННОЙ ПРОМЫШЛЕННОСТИ 191

Вотчель Л.М., Викулина В.В.
КОНЦЕПЦИИ «ЭКОНОМИЧЕСКИЙ ЧЕЛОВЕК»: ТЕОРЕТИЧЕСКИЙ АСПЕКТ 194

Козицина А.Н., Зырянова И.И.
НЕКОТОРЫЕ АСПЕКТЫ ОЦЕНКИ КОНКУРЕНТОСПОСОБНОСТИ И ИНВЕСТИЦИОННОЙ ПРИВЛЕКАТЕЛЬНОСТИ СИБИРСКИХ РЕГИОНОВ РОССИИ 202

Дубровина Н.А.
ТЕХНОЛОГИЯ РЕАЛИЗАЦИИ СТРАТЕГИИ НАУЧНО-ТЕХНОЛОГИЧЕСКОГО РАЗВИТИЯ МАШИНОСТРОИТЕЛЬНОГО КОМПЛЕКСА РОССИИ 213

Термелева А.Е.
К ВОПРОСУ О СОДЕРЖАНИИ РЕГИОНАЛЬНЫХ ПРОЕКТОВ 216

Евтеева М.В.
СОВЕРШЕНСТВОВАНИЕ МЕХАНИЗМА ФИНАНСИРОВАНИЯ БЮДЖЕТНЫХ УЧРЕЖДЕНИЙ НАУКИ 219

Киреев В.Н., Овчарова Г.Б., Тарелин А.А.
КЛАСТЕРНЫЕ ПОДХОДЫ В ТРАНСГРАНИЧНОМ ИННОВАЦИОННОМ СОТРУДНИЧЕСТВЕ 222

Кривокора Е.И., Наугольная Е.А.
РЕФОРМИРОВАНИЕ НАЛОГОВОЙ СИСТЕМЫ КАК ФАКТОР РАЗВИТИЯ РЕГИОНОВ 226

Кривокора Е.И., Перевалова Г.А.
УПРАВЛЕНИЕ РАЗВИТИЕМ РЕГИОНА: ПРОБЛЕМЫ ОЦЕНКИ ЭФФЕКТИВНОСТИ СИСТЕМЫ ГОСУДАРСТВЕННОГО УПРАВЛЕНИЯ 229

Gabidinova G.S.
PLACE AND ROLE OF INTANGIBLE ASSETS IN SOCIAL AND ECONOMIC SYSTEM OF TERRITORY 232

Содержание

Юридические науки

Ковалёв В.В.
О НЕКОТОРЫХ АСПЕКТАХ РАЗВИТИЯ ЮРИДИЧЕСКОЙ НАУКИ ВУЗАХ СССР ВО ВТОРОЙ ПОЛОВИНЕ 60-Х ГГ. XX В. 235

Томилов Н.О.
КОНТРАКТНАЯ СИСТЕМА: АНАЛИЗ НЕКОТОРЫХ НОВОВВЕДЕНИЙ В ЗАКОНОДАТЕЛЬСТВО О ГОСУДАРСТВЕННЫХ ЗАКУПКАХ 239

Бухарина И.Л.
профессор, д.б.н.
Удмуртский государственный университет, Институт гражданской защиты, Ижевск, Россия
Кузьмин П.А.
доцент, к.с.-х.н.
e-mail: petrkuzmin84@yandex.ru
Елабужский институт (филиал) Казанского (Приволжского) федерального университета, Елабуга, Россия
Шарифуллина А.М.
магистрант кафедры инженерной защиты окружающей среды
Удмуртский государственный университет, Институт гражданской защиты, Ижевск, Россия

ДИНАМИКА АКТИВНОСТИ ПЕРОКСИДАЗЫ В ЛИСТЬЯХ ДРЕВЕСНЫХ РАСТЕНИЙ В УСЛОВИЯХ УРБАНОСРЕДЫ

Пероксидаза относится к окислительно-восстановительным ферментам широкого спектра действия, принимающим участие в целом ряде процессов, в том числе – фотосинтезе, дыхании, белковом обмене, регуляции ростовых процессов, детоксикации некоторых свободных радикалов, лигнификации и т.д. Пероксидаза образует с перекисью водорода комплексное соединение, в результате чего перекись активируется и приобретает способность действовать как акцептор водорода [1, 777-778]. Пероксидаза, наряду с супероксиддисмутазой и каталазой, участвует в защите организма от окислительного стресса, контролирует рост растений, их дифференциацию и развитие. Поскольку субстратами пероксидазы могут быть фитогормоны (абсцизовая кислота, гибберелловая кислота, ауксин), фермент может регулировать состав физиологически активных веществ в тканях растения. При этом данный фермент оказывается достаточно чувствительным к внешним воздействиям, что позволяет предположить возможность использования показателей его активности как тестовой характеристики для определения жизненного состояния древесных растений [4, 240].

Исходя из этого, мы поставили перед собой цель изучить особенности динамики активности пероксидазы в листьях, как элементов антиоксидантной системы защиты, в период активной вегетации древесных растений, произрастающих в насаждениях с разной степенью техногенной нагрузки (на примере г. Набережные Челны).

Набережные Челны входит в состав Республики Татарстан, которая расположена на территории Среднего Поволжья. Климат умеренно-континентальный, отличается тёплым летом и умеренно-холодной зимой. Годовое количество осадков в городе составляет в среднем 555 мм. Самый тёплый месяц года – июль (+18…+20 °С), самый холодный – январь (−13…−14 °С). Ключевым (градообразующим) предприятием города является Камский автомобильный завод. Характеристика степени загрязнения атмосферного воздуха в местах произрастания древесных растений проведена нами на основе «Доклада об экологическом состоянии Республики Татарстан». Комплексный индекс загрязнения атмосферы (ИЗА) показывает очень высокое загрязнение (ИЗА=15,3) и превышение уровня предельно допустимой концентрации по бенз(а)пирену, формальдегиду, фенолам и оксидам углерода и азота [2, 268].

Объект исследования древесные растения: клен ясенелистный (*Acer negundo* L.) и клён остролистный (*Acer platanoides* L.), липа мелколистная (*Tilia cordata* Mill.), береза повислая (*Betula pendula* Roth.), тополь бальзамический (*Populus balsamifera* L.). Изучаемые виды произрастают в городе в составе различных экологических категорий насаждений: магистральные посадки (крупные магистрали Авто-1 и проспект Мира) и санитарно-защитные зоны (СЗЗ) промышленных предприятий ОАО «КамАЗ» завод «Литейный» и «Кузнечный», являющихся основными загрязнителями города. В качестве зон условного контроля (ЗУК) выбраны территории Челнинского (лесостепная зона 9539 га, лесостепной район европейской части Российской Федерации) лесничеств, а для интродуцированных видов – территория городского парка «Гренада».

Пробные площади закладывали регулярным способом (по 5 шт. в каждом районе, размером не менее 0,25 га). В пределах пробной площадки был проведен отбор (по 10 растений каждого вида) и нумерация учетных древесных растений. Учетные особи имели хорошее жизненное и средневозрастное генеративное онтогенетическое состояние (g_2) [3, 48-69].

Активность пероксидазы в листьях древесных растений определяли трижды в течение вегетации (июнь, июль, август), используя колорометрический метод (по А.М. Бояркину), основанный на определении скорости реакции окисления бензидина [5, 25]. Анализы проводили в лаборатории «Экологии и физиологии растений» биологического факультета Елабужского института (филиала) ФГАОУ ВПО «Казанский (Приволжский) федеральный университет».

Математическую обработку материалов провели с применением статистического пакета «Statistica 5.5». Для интерпретации полученных материалов использовали методы описательной статистики и дисперсионный многофакторный анализ (по перекрестно-иерархической схеме, при последующей оценке различий методом множественного сравнения LSD-test).

В 2012 г. в период вегетации древесных растений были отмечены засушливые условия, превышение среднемноголетних данных составляло 6 – 10°С, а выпадение осадков было ниже нормы.

Дисперсионный многофакторный анализ результатов исследований показал, что на активность пероксидазы в листьях древесных растений достоверное влияние оказали вид растений (уровень значимости $P<10^{-5}$), комплекс условий произрастания ($P<10^{-5}$) и период вегетации ($P<10^{-5}$), а также взаимодействие данных факторов ($P<10^{-5}$) (табл. 1).

Таблица 1 – Динамика активности пероксидазы в листьях древесных растений, произрастающих в различных экологических категориях насаждений г. Набережные Челны, ед. акт.

Месяц	Вид древесного растения				
	Tilia cordata Mill.	Populus balsamifera L.	Betula pendula Roth.	Acer platanoides L.	Acer negundo L.
Зона условного контроля ($HCP_{05} = 0,03$)					
июнь	1,54	1,45	1,36	2,26	2,24
июль	4,21	4,07	4,00	4,29	4,15
август	2,38	2,49	2,81	3,14	3,18
Санитарно-защитные зоны промышленных предприятий					
июнь	2,46	1,82	1,15	1,92	1,87
июль	3,22	3,27	2,94	3,95	3,87
август	1,90	2,40	1,97	2,17	2,48
Магистральные насаждения					
июнь	1,56	1,76	1,55	1,47	2,44
июль	3,31	2,86	3,17	3,39	4,69
август	1,99	2,01	1,65	2,19	3,07

Данные биохимических исследований показали, что у аборигенных и интродуцированных видов древесных растений максимальный уровень активности пероксидазы был отмечен в июле. У аборигенных видов березы повислой и клена остролистного динамика была сходной. В техногенных условиях активность пероксидазы в листьях снижалась за весь период активной вегетации: в июне на 0,21 – 0,37 ед. акт.; в июле на 0,28 – 1,06 и в августе на 0,7 – 0,84, по сравнению с ЗУК, при $HCP_{05}=0,03$ ед. акт. У липы мелколистной картина была иной. У растений санитарно-защитной зоны промышленных предприятий в июне отмечалось достоверное возрастание активности пероксидазы на 0, 92 ед. акт. или на 60 %, затем наблюдалось снижение, как в санзонах, так и в магистральных насаждениях: в июле на 0,90 – 0,99 и в августе на 0,39 – 0,48, в сравнении с данным показателем у растений зоны условного контроля.

У интродуцированных видов древесных растений динамика активности пероксидазы в листьях имела специфические особенности. У тополя бальзамического, произрастающего в магистральных насаждениях и санзонах промышленных предприятий, в июне активность пероксидазы была достоверно выше на 0,31 – 0,37 ед. акт. или 21 – 26 %, соответственно, чем в ЗУК. Далее происходило снижение активности: в июле – на 0,80 – 1,21 и августе на 0,09 – 0,48 ед. акт., по сравнению с контролем.

У клена ясенелистного в условиях санзон происходило снижение активности пероксидазы в листьях за весь период активной вегетации: в июне на 0,37 ед. акт.; в июле – 0,28; в августе – 0,70, в сравнении с активностью пероксидазы у растений зоны условного контроля. В магистральных насаждениях у клена ясенелистного активность пероксидазы в листьях сначала возрастала: в июне на 0,20 ед. акт. или 9 %; в июле – 0,54 ед. акт. или 24 %, а в августе наблюдалось снижение активности на 0,11 ед. акт. или 4 %, по сравнению с контролем.

Таким образом, реакция аборигенных и интродуцированных видов древесных растений на условия техногенной среды специфична.

Литература

1. Андреев И.М. Функции вакуоли в клетках высших растений // Физиология растений. 2001. Т. 48.С. 777–778.
2. Государственный доклад «О состоянии природных ресурсов и об охране окружающей среды Республики Татарстан в 2011 году» (29.06.2012 г.). URL: http://www. eco.tatarstan. ru/rus/info.php?id=424234 (дата обращения: 15.07.2012).
3. Николаевский В.С. Экологическая оценка загрязнения среды и состояния экосистем методами фитоиндикации: учеб. пособие. М.: МГУЛ, 1999. 193 с.
4. Рогожин В.В. Пероксидаза как компонент антиоксидантной системы живых организмов. СПб.: ГИОРД, 2004. 240 с.
5. Чупахина Г.Н. Физиологические и биохимические методы анализа растений. Калининград, 2000, 59 с.

Попова Е.В. - к.б.н., доцент кафедры логопедии
Волокитина Т.В. - д.б.н., профессор, профессор кафедры логопедии
Зотова А.А. - ассистент кафедры логопедии
ИПиП САФУ имени М.В. Ломоносова
ПОВЕДЕНЧЕСКОЕ РЕАГИРОВАНИЕ ШКОЛЬНИКОВ 7–18 ЛЕТ В УСЛОВИЯХ СТОХАСТИЧЕСКОЙ СРЕДЫ

Принятие решения в функциональной системе является одним из этапов в развитии целенаправленного поведения всегда сопряженного с выбором, так как на стадии афферентного синтеза происходит сличение и анализ информации, поступающей из разных источников. Принятие решения представляет собой критический «пункт», в котором имеет место организация эфферентных возбуждений, порождающих в дальнейшем определённое действие [1, 42]. Известно, что показатели поведенческого реагирования информативны при оценке свойств нервно-психической сферы человека и выявлении сенситивных и критических периодов развития организма.

Изучение механизма принятия решения в среде без детерминации представляет особый интерес, так как при этом проявляется способ принятия решения, который определяется только внутренними механизмами последовательного целеобразования [2, 3]. В условиях неопределённости для устранения информационного дефицита индивидуум вынужден осуществлять поисковую деятельность, пока не выявит соответствующие закономерности внешней среды [5, 24]. Как известно, поисковая активность – это общий неспецифический фактор, который определяет устойчивость организма к стрессу и вредным воздействиям при самых различных формах поведения. Причём данный эффект почти не зависит от характера эмоций, сопровождающих поисковое поведение [7, 320]. Это значит, что с биологической точки зрения наличие или отсутствие поисковой активности более существенно, чем эмоциональная оценка ситуации. В соответствии с представлениями П.В. Симонова, биологически целесообразно выживание путем естественного отбора именно тех особей, которые не склонны реагировать на трудные ситуации отказом от поиска. Потребность в поиске является двигателем прогресса благодаря своей принципиальной ненасыщаемости – это потребность в самом процессе постоянного изменения. Одной из наиболее естественных форм реализации потребности в поиске является творчество, а для людей с низким творческим потенциалом ситуация поиска характеризуется как психотравмирующая [4, 54].

Цель исследования – изучить возрастные и половые особенности поведенческого реагирования школьников 7–18 лет в условиях стохастической среды.

Для объективной оценки принятия решения использовался экспресс-метод с применением компьютерного комплекса для психофизиологических исследований КПФК-99 «Психомат» [3, 19]. Инструментальная тестовая компьютерная система позволяет проводить углубленное исследование высших психических функций и получать результаты, независимые от социально-культурологических и других факторов. Обследование школьников проводилось в режиме «Свободный выбор». Исследование в данном режиме обеспечивает возможность оценки принятия решения в ситуации выбора. Задание заключается в том, что испытуемый должен нажимать щупом на левую и правую кнопки в произвольном порядке, не проявляя стереотипных комбинаций в последовательности нажатий, т.е. осуществлялся свободный генерированный паттерн реакций. Анализ оперативности принятия решения проводился по показателям среднего времени повтора и среднего времени смены выбора ответа (мс). Среднее время повторения выбора отражало информационный компонент механизма принятия решения, среднее время смены выбора – динамическую составляющую мотивационного компонента. Информационные компоненты определяются степенью информированности субъекта о внешней среде и способностью прогнозировать удовлетворение доминирующей потребности. Мотивационные компоненты выражаются в величине поисковой активности и зависят от сигналов внешней среды, динамическая составляющая связана с вероятностью достижения цели [6, 648]. В данном режиме так же анализировался показатель времени выбора ответа.

Полученные результаты подвергались статистической обработке. Проверка нормальности распределения проводилась с помощью прикладных программ SPSS с использованием критерия Колмогорова – Смирнова. Вычислялась одномерная описательная статистика для каждого из исследуемых показателей. Достоверность различий проводилась с использованием t-критерия Стьюдента.

Обследован 251 учащийся средней общеобразовательной школы г. Новодвинска в возрасте от 7 до 18 лет (124 мальчика и 127 девочек). Школьники были разделены на шесть возрастных групп: 7–8, 9–10, 11–12, 13–14, 15–16 и 17–18 лет.

Исследование позволило изучить особенности поведенческого реагирования учащихся в стохастической среде. При анализе времени выбора ответа отмечены следующие межгрупповые различия: быстрее делают выбор ответа по сравнению с предыдущей возрастной группой мальчики 9–10 лет ($p<0,01$), юноши 17–18 лет ($p<0,01$) и девочки 11–12 лет ($p<0,05$). Юноши 17–18 лет так же быстрее меняют и повторяют ответ ($p<0,05$), чем юноши 15–16 лет. Между группами девушек этих возрастов такой закономерности нет. В возрастных группах 15–16 и 17–18 лет найдены и половые различия: девушки медленнее выбирают, меняют и повторяют ответ (различия достоверны). Вероятно, это свидетельствует о более высокой физиологической лабильности юношей.

При изучении оперативности принятия решения отмечено статистически значимое преобладание информационного компонента практически во всех возрастных группах, за исключением группы мальчиков 7–8 лет. У девочек этой возрастной группы среднее время смены ответа выше среднего времени повтора ($p<0,01$), то есть информационный компонент в оперативности принятия решения у девочек является преобладающим уже в 7–8 лет. У мальчиков статистически значимое преобладание информационного компонента отмечено с возраста 9–10 лет ($p<0,001$), что может свидетельствовать о снижении их поисковой активности. У мальчиков 11–12 лет можно говорить о некотором повышении поисковой активности по сравнению с предыдущим возрастом ($p<0,05$), однако мотивационный компонент в этой возрастной группе всё-таки достоверно ниже. В возрастных группах 13–14, 15–16 и 17–18 лет в механизме принятия решения учащимися информационный компонент достоверно преобладает ($p<0,001$).

Таким образом, в результате анализа полученных данных выявлены возрастные и половые отличия по показателям оперативности принятия решения в условиях неопределённости среды. В целом можно говорить о преобладании информационного компонента в поведенческом реагировании учащихся 7–18 лет, что свидетельствует о сниженной поисковой активности.

Литература:

1. Анохин П.К. Очерки по физиологии функциональных систем. – М.: «Медицина», 1975. – С. 17–59.

2. Батуев А.С. Мадридская речь И.П. Павлова и психофизиология поведения /А.С. Батуев, Л.В. Соколова //Физиол. журн. им. И.М. Сеченова.– 1993.– Т. 79, № 5.– С. 3.

3. Руководство по эксплуатации комплекса для психофизиологических исследований компьютерного КПФК–99 «Психомат», РАМН, ВНИИ Медицинского Приборостроения ЗАО «ВНИИМП-ВИТА», 2006 – С. 19.

4. Ротенберг В.С. Психофизиологические аспекты изучения творчества /В.С. Ротенберг //Художественное творчество.– Л., 1982.– С. 54.

5. Салтыков А.Б. Закономерности поведенческой деятельности в условиях неопределенности среды /А.Б. Салтыков, А.В. Толокнов, Н.К. Хитров //Успехи физиол. наук.– 1998.– Т. 29, № 1.– С. 24–33.

6. Симонов П.В. Взаимодействие макроструктур головного мозга в процессе организации поведения // Журн. высш. нерв. деятельности.– 1987.– Т. 37, №4.– С. 648–655.

7. Симонов П.В. Мозговые механизмы эмоций //Журн. высш. нерв. деятельности.– 1997.– Т. 47, №2.– С. 320–328.

Биологические науки

Кузнецова Т.М.
аспирант, Южный филиал Национального университета биоресурсов и природопользования Украины «Крымский агротехнологический университет», Украина
E-mail: anavikuz@mail.ru

ВЛИЯНИЕ УСЛОВИЙ МЕСТ ПРОИЗРАСТАНИЯ ЗЕЛЕНЫХ НАСАЖДЕНИЙ НА ВОДНЫЙ РЕЖИМ НЕКОТОРЫХ ВИДОВ РОДА *AESCULUS* L

Эколого-географическое происхождение растений и их водный режим являются важными показателями устойчивости растений к неблагоприятным условиям внешний среды. В качестве распространенных показателей водного режима древесных растений используют суточные потери воды, водоудерживающую способность и общую оводненность листьев. По количеству потерянной воды за первые 30 минут судят о водоудерживающей способности растений. Растения считают устойчивыми, если за 30 минут они теряют не более 4–5 % воды от своей массы [24].

Цель настоящего исследования – определение засухоустойчивости древесных растений посредством сравнительного анализа некоторых физиологических особенностей.

Объектом исследования служили зеленые насаждения двух видов рода *Aesculus* L. (*A. hippocastanum*, *A. carnea*) произрастающие в разных экологических условиях искусственных фитоценозов. Пробные площади были заложены в урбанизированных и парковых насаждениях г. Симферополь и его окрестности. Первая пробная площадь (п.г.т. Аграрное, дендрарий Южного филиала Национального университета биоресурсов и природопользования Украины «Крымский агротехнологический университет») расположена на расстоянии 10 км от Симферополя, и 8 км от железнодорожной станции Симферополь. Вторая пробная площадь (ПКиО имени Гагарина) находится в районе улиц Гагарина и Киевской г. Симферополь. Данный участок характеризуется наличием искусственных водоемов и протекающей через весь парк реки Салгир. Места произрастания древесных растений в Железнодорожном (ЖД вокзал) и Центральном (ул. Ленина) районах города, характеризуются повышенной загазованностью атмосферного слоя.

Определение показателей водного режима листьев в разных экологических условиях определялись методом повторных взвешиваний. Для этой цели с деревьев каждого исследуемого вида было собрано по 30 листьев (10 в трехкратной повторности) с опытного участка. Взятие проб проводилось в два этапа (июнь и август 2013 г.) в 8 часов утра, в соответствии с методиками по физиологии и экологии растений [2, 4, 5].

Климат района исследования – предгорный, сухостепной с мягкой зимой и жарким, продолжительным летом [1]. В самые жаркие месяцы 2013 года отклонение фактической среднемесячной температуры от многолетней нормы составило: июнь +1,7 ºС, июль +0,2 ºС, август +1,9 ºС. Максимальная температура воздуха достигала значений 33–35,4 ºС [3]. Летние месяцы различались, по характеру гидротермического режима: в июне выпало достаточное количество осадков, 88 % от нормы; сумма осадков в июле составила 234 % от нормы; август, наоборот, отличался дефицитом осадков (33 % от нормы) и засушливыми условиями. Во время взятия образцов в начале лета (первая декада июня) выпало 24 мм осадков, тогда как в разгар засухи (вторая декада августа) осадки отсутствовали. Такая флуктуация погодных условий повлияла на результаты исследований.

Водоудерживающая способность свежесобранных листьев определялась путем взвешиваний через 30, 60, 90, и 120 минут. Водоотдача листьев определялась взвешиванием срезанных листьев, этой же пробы, через 24 часа и после полного высушивания. Опыты проводились в трехкратной повторности.

Наименьшая потеря воды (3 %) у конского каштана обыкновенного характерна для насаждений, произрастающих на территории железнодорожного вокзала, наибольшая (5,1 %) – в урбанизированных насаждениях вдоль дороги на ул. Ленина. В парковых зонах водоудерживающая способность изменялась незначительно (3,8–4,1 %).

Конский каштан мясо-красный оказался более засухоустойчив. Потеря воды листьями составила от 1 % (п.г.т. Аграрное) до 2,6 % (ул. Ленина).

В результате исследований прослеживается тенденция изменчивости водоудерживающей способности листьев от условий местопроизрастания, видовых особенностей конских каштанов, а так же от гидротермического режима месяца в период взятия образцов. На всех исследуемых пробных площадях листья деревьев изучаемых видов обладали достаточной устойчивостью к потере влаги.

Анализируя потерю воды листьями за периоды 30, 60, 90 и 120 минут, прослеживается снижение процента потери воды листьями от их исходной массы, а соответственно, и повышение защитных свойств растительных организмов к неблагоприятным факторам внешней среды.

Суточные потери воды в листьях конских каштанов находятся в пределах 34,90–46,25 % (*A. carnea*) и от 41,97 % до 57,30 % (*A. hippocastanum*). Более высокий показатель потери воды опытными растениями, как и максимальный процент оводненности (73,26±0,6), характерен для деревьев *A. hippocastanum*, произрастающих в ПКиО им. Гагарина. Минимальный процент оводненности листьев (66,68±0,72) наблюдался в образцах, собранных в насаждениях конского каштана обыкновенного, произрастающих в загрязненных экологических условиях (ЖД вокзал). В такой среде обитания растения испытывают недостаток влаги, почвенного питания и страдают от переизбытка токсических загрязнителей. Такие различия связаны, в первом случае, с улучшенными условиями произрастания древесных растений: наличием поверхностных грунтовых вод, защищенностью участка от действия сильных ветров, повышенной влажностью воздуха и, наоборот, с ухудшением экологических условий растений под влиянием фитотоксикантов. Под воздействием токсических загрязнителей атмосферы, исследуемые виды вынуждены адаптироваться к условиям произрастания и перестраивать свои обменные процессы, в частности увеличивать водоудерживающую способность листьев, для сохранения жизнеспособности.

Учитывая результаты исследований некоторых физиологических особенностей древесных растений можно сделать вывод, что *A. carnea* оказался более засухоустойчив по сравнению с *A. hippocastanum*. Наибольшей водоудерживающей способностью и наименьшей влажностью листьев обладают растения, произрастающие в ухудшенных экологических условиях, что увеличивает их адаптивные возможности.

ЛИТЕРАТУРА

1. Агроклиматический справочник по Крымской области. – Л. : Гидрометеоиздат, 1959. – 136 с.
2. Кормилицын А. М. Методические рекомендации по подбору деревьев и кустарников для интродукции на юге СССР / А. М. Кормилицын // Гос. Никитский ботан. сад. — Ялта, 1977. — 29 с.
3. Погода и климат. Погода в Симферополе [Электронный ресурс]. Режим доступа : – http://www.pogodaiklimat.ru.
4. Полевые методы исследования растений / [ред. А.С. Лукаткин]. — Саранск : изд-во Мордовского ун-та, 2004. — 160 с.
5. Федорова А. И. Практикум по экологии и охране окружающей среды : Учеб. пособие / А. И. Федорова, А. Н. Никольская. — М. : Гуманитар. изд. центр ВЛАДОС, 2001. — 288 с.

Аргунов В.Г.[1], Николаев Е.Н.[2]
[1]к.и.н., исторический факультет, Северо-Восточный федеральный университет [2]студент 5 курса, исторический факультет, Северо-Восточный федеральный университет

НЕКОТОРЫЕ СВИДЕТЕЛЬСТВА ДРЕВНИХ СВЯЗЕЙ УРАЛА И ЯКУТИИ

К идее существования уральского праэтнического компонента в этнических процессах в Якутии обращались многие исследователи. Одним из первых можно выделить Л.Я. Штернберга, в своей работе «Культ орла у сибирских народов» рассмотревшего сходные черты материальной и духовной культуры саха и западных финнов [1, 114]. С.И. Николаев – Сомоготто разрабатывал версию о широком участии самодийцев в этнических процессах в Якутии, вплоть до самодийского происхождения саха [2, 36]. Ф.Ф. Васильев, на основе анализа материальной и духовной культуры самодийских народов и якутов, сделал вывод о наличии «этнокультурного субстрата уральского облика» в этногенезе саха [3, 21]. А.И. Гоголев связывает начало этногенеза юкагиров с продвижением на север представителей протоуральского языкового пласта на рубеже мезолитического и неолитического этапов каменного века Сибири [4, 100]. В.В. Ушницкий, уделяя внимание этническим контактам якутов с уральскими народами, предположил, что сходные моменты духовной и материальной культуры народов имеют корни в далеком прошлом, когда эти народы проживали по соседству [5, 40]. Таким образом, кратко, можно выделить основные исследования, касающиеся интересующей нас проблемы.

Немаловажное значение имеют отдельные находки предметов, которые позволяют судить, если не об этнических связях, то о широких торговых контактах. Одной из выразительных находок является меч, обнаруженный в конце XIX в. на Вилюе, на дне спущенного озера Сильгумджа. Навершие данного меча имеет сходную форму с андреевским мечом, извлеченным со дна Андреевского озера в районе Козловой переймы, против Второй Андреевской стоянки. Андреевский меч отличает от вилюйского длинный и вытянутый клинок, более округлая рукоятка, выраженное перекрестье [6, 51]. Оба меча относятся к виду карасукских выемчато-эфесовых мечей, получивших широкое распространение в Сибири и Центральной Азии [7, 107]. Несмотря на широкий ареал бытования подобных изделий, интересен факт обнаружения артефактов на дне озер, что может свидетельствовать о некоем ритуальном действии, бытовавшим как на территории Якутии, так и Урала.

Примечательно также орнитоморфное изделие, найденное около села Улахан-Аан, местным жителем В.С. Алексеевым [8, 147]. Предмет представляет собой скульптурное изображение птицы с распростертыми крыльями и головой медведя. На крыльях и хвосте птицы нанесен орнамент в виде шнура и мелкого «жемчужника».

В средней части туловища изображен сложный сюжет: А) Лицо человека, предположительно женщины, с сильно завернутыми косами, округлыми глазами. Нос плохо различается, рот не виден, уши оттопыренные Б) При повороте изделия на 180 градусов нижняя часть туловища человека становится головой медведя, на которой отчетливо прослеживаются глаза и округлые уши.

Общая длина изделия – 14 см. Расстояние от одного конца крыла до другого – 12 см. Длина хвоста – 6,5 см. Ширина хвоста – 3 см. Ширина шеи – 4 см. Длина от ушки до конца шеи – 3 см. Высота ушек – 0,5 см. Ширина изделия в средней части – 3, 5 см. Туловище женщины в средней части изделия – 4 см.

Данное изделие относится к произведению урало-сибирского культового литья, ранние образцы которого датируются началом железного века и получили распространение в Иткульской культуре. Орнитоморфные идолы продолжали бытовать в бронзовой пластике Кулайской, Потчевашской и Релкинской культур [9, 90; 10, 184; 11, 290; 12, 40]. Аналогичные металлические бляхи, изображающие птицу с головой медведя, встречаются и материальной культуре хантов и манси [13, 240; 14, 20].

Подходя к вопросу о месте происхождения изделия можно предположить, что подвеска могла быть местного производства, так как по информации информатора вещь была обнаружена на пашне, где, возможно, было разрушено древнее погребение. Широкое распространение урало-сибирского ареала способствовало взаимовлиянию культур лесной и субарктической зон [15, 16]. Не отрицается и возможность того, что изделие могло иметь привозное происхождение в более позднее время и связано с появлением на территории Якутии «служилых людей» из Западной Сибири, ссыльных и мигрантов в XVII-XX вв. Но для более точного определения места изготовления находки необходим спектральный анализ состава бронзы.

Таким образом, можно сделать вывод о том, что в древности существовала связь между Якутией и Уралом, что способствовало проникновению и взаимовлиянии культур. Поэтому необходимо выявление и картирование зон, где происходил культурный обмен между урало-сибирским ареалом и этнокультурными группами Субарктики.

Список литературы
1. Штернберг Л.Я. Культ орла у сибирских народов // Первобытная религия – Л., 1936. – С. 114-115

2. Николаев С.И. – Сомоготто. Происхождение народа саха. – Якутск: НИПК «Сахаполиграфиздат», 1995. – 112 с.
3. Васильев Ф.Ф. К вопросу об уральском компоненте в этнической культуре якутов. //Этнос: традиции и современность. Якутск: ЯНЦ СО РАН, 1994. – С. 16-20.
4. Ушницкий В.В. Этнические контакты якутов с уральскими народами: миф или реальность? // Вопросы истории и культуры северных стран и территорий, 2008. №4 – С. 39-47.
5. Гоголев А.И. Происхождение юкагиров и древнее население Якутии. // Вестник Якутского государственного университета им. М.К. Аммосова, 2004. №1 – С. 100-105.
6. Чернецов В.Н. Древняя история Нижнего Приобья // Древняя история Нижнего Приобья: материалы и исследования по археологии СССР, №35 / под. ред. А.В. Збруевой. – М.: Академия наук СССР, 1953. – С. 7-72
7. Тереножкин А.И. Киммерийцы. – Киев: Издат-во «Наукова думка», 1976. – 220 с.
8. Николаев Е.Н. Находка бронзовой скульптуры медведя-птицы и уральский компонент в археологических культурах Якутии // Археология, этнология и антропология Евразии. Исследования и гипотезы. Материалы докладов LII Региональной (VII Всероссийской с международным участием) археолого-этнографической конференции студентов и молодых ученых, посвященной 50-летию гуманитарного факультета Новосибирского государственного университета. Новосибирск, 2012. – С. 147
9. Соловьев А.И. Оружие и доспехи. Сибирское вооружение от каменного века до средневековья. – Новосибирск: «ИФОЛИО-пресс», 2003. – 224 с.
10. Рыбаков Б.А. Археология СССР. Финно-угры и балты в эпоху средневековья. – М., 1987
11. Косарев М.Ф. Древняя история Западной Сибири: Человек и природная среда. – М. Наука, 1991. – 302 с.
12. Федорова Н.В. Иконография медведя в бронзовой пластике Западной Сибири (железный век)//Народы Сибири: история и культура. Медведь в древних и современных культурах Сибири. – Новосибирск: Институт археологии и этнографии СО РАН, 2003
13. Петрухин В.Я. Мифы финно-угров. – М., 2005. – 465 с.
14. Голубева Л.А. Зооморфные украшения финно-угров. – М.: «Наука», 1979. – 111 с.
15. Чернецов. В.Н. Этно-культурные ареалы в лесной и субарктической зонах Евразии в эпоху неолита.//Проблемы археологии Урала и Сибири. – М. 1973. – С.10-16

Степнык З.М.
аспирантка кафедры истории Украины Тернопольского национального педагогического университета имени Владимира Гнатюка

ВИНОКУРЕННОЕ ПРОИЗВОДСТВО В ПОДОЛЬСКОЙ ГУБЕРНИИ РОССИЙСКОЙ ИМПЕРИИ ВО ВТОРОЙ ПОЛОВИНЕ XIX – В НАЧАЛЕ XX ВЕКА

В статье рассматривается динамика развития винокуренной промышленности в Подольской губернии, а также обеспечения ее сырьем в указанный период.

Ключевые слова: винокурения, промышленность, губерния, Русская империя, сырье.

Еще мудрецы Древней Эллады подчеркивали, что человечество в своем развитии раз за разом возвращается "на круги своя", проходя известными уже путями и решая знакомы по опыту предыдущих поколений проблемы. Поэтому реализация современной государственной политики в Украине требует учета исторического опыта социально - экономического развития нашей страны в прошлые времена. Исследования данной проблематики в новейшее время является актуальным, ведь действительно глубокий научный анализ прошлого может быть основой для разработки рациональной политики настоящего и будущего.

Это в полной мере относится к промышленному развитию украинских губерний в составе Российской империи, в том числе и винокуренной. Особое место занимает Подольская губерния, которая, по статистическим данным, длительное время была лидером по изготовлению винокуренной продукции.

Сведения о развитии винокуренной промышленности в Подольской губернии находим в различных источниках. Среди них стоит отметить важнейшие - это обзоры Подольской губернии [9-19]. Социально-экономическое развитие Подольской губернии основательно изучал В. К. Гульдман. Результатом этого стало появление в конце XIX в. объемного труда "Подольская губерния. Опыт географическо-статистического описания"[5], в котором исследуются вопросы промышленности и сельского хозяйства региона, количества и объема производства местных заводов и фабрик.

О винокурения на Подолье узнаем также из статей газеты "Подольские губернские ведомости" [3;4], в которых печатались материалы и документы по истории края, статистические сведения, обзоры местной промышленности, сельского хозяйства и торговли. Фундаментальным есть труд "Вся Россия. Русская книга промышленности, торговли, сельского хозяйства и администрации"[2], который очень подробно приводит статистические данные по всем губерниям Российской империи, учитывая даже уезды губерний, дает в полной мере объем информации по различным отраслям промышленности и торговли.

Отдельную ценность составляет труд В. В.Филимонова "Памятная книжка Подольской губернии на 1911 год" [20].

Целью этой статьи является изучение уровня развития винокуренной промышленности в Подольской губернии во второй половине XIX – в начале XX века.

Для достижения поставленной цели необходимо выполнить следующие задания: проследить динамику объема винокуренного производства Подольской губернии в течение указанного периода, а также охарактеризовать процесс обеспечения производства спирто-водочной продукции сырьем.

Объект исследования - промышленное развитие украинских губерний в составе Российской империи во второй половине XIX – в начале XX века.

Предмет - винокуренная промышленность в Подольской губернии указанного периода.

В ряду фабрик и заводов, существующих в Подольской губернии в конце XIX – начале XX в. по своей производительности и влеянию на экономическую жизнь населеня винокуренные заводы, рядом с свеклосахарнымы, занимали первое место [5,20].

В 60-х гг. XIX в. винокуренное производство на Подолье почти всецело находилось в руках земледельцев и было тесно связано с сельским хозяйством, произведения которого могли перерабатываться на месте, и, кроме того, получаемая при винокурении барда пополняла недостаток естественнаго корма для скота. А уже в 1880-е гг. винокуренное производство находилось в руках коммерсантов, преимущественно евреев, и вследствие этого значительно ослабли его связи с сельским хазяйством [5,28].

Развитие винокуренной промышленности в Подольской губернии выражается цифрой действующих заводов. Так, по данным "Обзора Подольской губернии" в 1862 г. в ней насчитывалось 4 водочных завода, 1863 - 2 и 1864 - 3. В 1887 г. было 88 заводов, 1890 - 94, в 1891 - 88, 1892 - 80, 1893 - 81, 1895 - 83, 1896 - 82, 1897 - 79, 1899 - 73, 1901 - 75, 1903 - 86, 1905 - 89 и 1909 – 92 [7, 69].

В 1861-1862 гг. казенной палатой винокуренным заводам Подолья было выдано 261 свидетельство на право выпускать продукцию [7,69].

Данное производство было одной из доходных статей в Чернятинском имении М. М. Львовой (Литинский уезд Подольской губернии). Завод в составе имения был приобретен владелицей в 1864 г. К началу 90-х гг. XIX в. он находился в аренде и приносил 1200 руб. прибыли. В 1891 г. арендные отношения прекращены и винокурения осуществлялось за счет хозяйки. Производственный процесс оставался примитивным, поэтому доходность была невысокой - 678 руб. В 1897 г. завод подвергся реконструкции. Акцизным ведомством было разрешено выкуривать до 10 тыс. литров, позже этот показатель увеличен до 15,5 тыс. [7, 69].

В 1912 г. винокуренное производство на Подолье занимало первое место среди винокурен бывшей России, дав того года 6255 тыс. ведер 40° спирта. Перед Первой мировой войной на Подолье насчитывалось 99 винокурен с общей суммой основного капитала 7500 тыс. руб., тоесть обеспечение основным капиталом одной винокурни составил около 7,5 тыс. руб. [5, 49].

Размер основного капитала отдельных винокурен на Подолье колебался от 20 до 350 тыс. рублей (Уладовская винокурня отметилась наибольшей производительностью - 36000000° в год). С основным капиталом в 200-300 тыс. руб. было четыре винокурни (Бершадская, Немировская, Сутиская и Чечельницкая), которые давали и соответствующую продукцию (10-30 тысяч градусов) спирта, а 100-200 тысяч основного капитала имели 10 винокурен, остальные 84 были обеспечены от 20 до 100 тыс. руб. основного капитала. Общее количество продукции всех винокурен Подольской губернии составляла 1911 р. 255220000° на сумму 6262000 руб.[7, 69].

Главным материалом для обеспечению промышленного винокурения сырьем в Подольской губернии во второй половине XIX – начале XX в. были картофель и меласса (побочный продукт сахарного производства). На картофель 1911-1912 гг. с 10, 2 млн пудов всего сырья для горильництва пришлось 5,4 млн пудов или 53%, а на мелассу - 3,9 млн пудов, или 38%, остальные; 9% приходилась на долю таких материалов как: зеленый солод, кукуруза, рожь, сухой солод, просо (мука), пшеница, овес (мука), ячмень (мука), екстракт Бауэра и крахмал [5,50].

Правда, с развитием сахарной промышленности, роль картофельного винокурения в довоенный период начинает падать, но в Подольской губернии переработка картофеля на винокуренных заводах в это время все же достигала 35-40% сбора [7,72]. Это объясняется тем, что подавляющее количество винокурен на Подолье была в тесной связи с картофельным хозяйством [5,50].

Таким образом, винокурения в Подольской губернии в течение второй половины XIX - начала XX в. играло ведущую роль в экономике края и характеризовалось поочередным уменьшением и увеличением количества предприятий. Эта отрасль промышленности, наряду с сахароварением, была наиболее развитой, что объясняется сельскохозяйственной специализацией Подолья, которая обеспечивала ее сырьем: картофелем, мелассой (патокой) и другими злаковыми культурами и продуктами их переработки.

Список использованных источников и литературы:
1. Бовуа Д. Битва за землю в Украине 1863-1914. Поляки в социо-этнических конфликтах / [Пер. З. Борисюк] / Д. Бовуа. - К., 1998 . - 336 с .
2. Вся Россия. Русская книга промышленности, торговли, сельского хозяйства и администрации. Адрес-календарь Российской империи. - Т. 2. - 1897. - 3399 с.
3. Винокуренное производство в Подольской губернии // Подольские губернские ведомости. – 11 мая, 1891 г. - № 37. – С. 239.
4. Винокуренное производство в Подольской губернии // Подольские губернские ведомости. – 19 мая, 1898 г. - № 103. – С. 2.
5. Городецкий Сергей. Сельское хозяйство Подолья перед мировой войной / Городецкий С. - Винница, 1929. - 210 с.
6. Гульдман В.К. Подольская губерния. Опыт географическо-статистического описания / В. К. Гульдман. - Каменец-Подольский, 1889. - 414 с.
7. Москалюк М. М. Развитие перерабатывающей промышленности в Приднепровской Украине во второй половине XIX - начале XX века / М. М. Москалюк. - Тернополь: В- во « Рада », 2009. - 336 с .
8. Нестеренко А. А. Развитие промышленности на Украине . В 2 ч. / А. А. Нестеренко. - К.: В- во Академии наук Украинской ССР, 1962. - Ч. 2 . Экономическая подготовка Великой Октябрьской социалистической революции. Фабрично-заводское производство, 1962. - 580 с .
9. Обзор Подольской губернии за 1890 год. – 144 с.
10. Обзор Подольской губернии за 1891 год. – 156 с.
11. Обзор Подольской губернии за 1892 год. – 182 с.
12. Обзор Подольской губернии за 1893 год. – 171 с.
13. Обзор Подольской губернии за 1895 год. – 208 с.
14. Обзор Подольской губернии за 1896 год. – 207 с.
15. Обзор Подольской губернии за 1897 год. – 176 с.
16. Обзор Подольской губернии за 1899 год. – 252 с.
17. Обзор Подольской губернии за 1901 год. – 215 с.
18. Обзор Подольской губернии за 1903 год. – 195 с.
19. Обзор Подольской губернии за 1905 год. – 164 с.
20. Памятная книжка Подольской губернии на 1911 год / [Сост. В. В. Филимонов]. – Каменец-Подольск, 1911. – 563 с.
21. Сборник сведений Подольской губернии. Выпуск III. - Типография Подольского Губернского Правления. - Каменец-Подольский, 1884. - С. 20-31.
22. Фабрично-заводская промышленность и торговля России: с приложением общей карты фабрично-заводской промышленности Российской Империи / М-во финансов, Департамент торговли и мануфактур . – Санкт-Петербург, 1896. – Изд. 2-е, испр. и доп. – 636 с.

Вязьмин А.Я., Клюшников О.В., Подкорытов Ю.М., Никитин О.Н.
1) д.м.н., профессор, зав.кафедрой ортопедической стоматологии;
2) к.м.н., ассистент кафедры ортопедической стоматологии;
3) к.м.н., доцент кафедры ортопедической стоматологии;
4) к.м.н., ассистент кафедры ортопедической стоматологии Иркутского государственного медицинского университета
E: mail - klush.stom@mail.ru

ШТИФТОВЫЕ КОНСТРУКЦИИ И ОПЫТ ИХ ПРИМЕНЕНИЯ

Функциональная патология зубочелюстной системы возникает, как правило, незаметно, но прогрессивно усугубляется, являясь следствием происходящей внутрисистемной перестройки. Развитие и течение патологических синдромов зависит от компенсаторных возможностей зубочелюстной системы и организма. Дополнительная утрата зубов, травма или ослабление реактивности организма легко переводят состояние компенсации в декомпесацию. Поэтому, удаление даже одного зуба или корня должно расцениваться как один из важных факторов, ведущий к нарушению стройности зубочелюстной системы, ослаблению зубного ряда и дальнейшему усугублению патологических состояний. Неоправданные удаления корней зубов затрудняют протезирование пациентов, усложняют конструкции зубных протезов, увеличивает стоимость лечения.

Ортопедическая стоматология достигла значительных успехов в диагностике, профилактике и лечении заболеваний требующих ортопедического вмешательства, Однако потребность в протезировании не сокращается, а к сожалению, растет. Это объясняется многими причинами, в том числе ошибками и осложнениями на предыдущих этапах лечения и протезирования. Ошибки в диагностике и лечении пациента, которые отрицательно влияют или могут повлиять на лечебный процесс и состояние здоровья больного, являются причинами ненадлежащего качества и дефектов оказания медицинской помощи. Врачебные ошибки нередко становятся причинами развития осложнений, иногда достаточно серьезных, обуславливающих вред здоровью пациента. В таких случаях пациенты обращаются с жалобами и претензиями на проведенное лечение в различные инстанции, даже в судебные.

На основании анализа выявлены основные недостатки и ошибки в работе врачей-стоматологов, обуславливающие развитие осложнений и, как их следствие, конфликтных ситуаций. К ним относятся:
- ошибки на стадии оценки противопоказаний к применению штифтовых конструкций;
- ошибки во время подготовки зуба к протезированию;
- ошибки на этапе выбора штифта;

- осложнения при примерке штифтовой конструкции;
- осложнения после фиксации штифтовой конструкции.

1. Ошибки на стадии оценки противопоказаний к применению штифтовых зубов.

Использование неустойчивого корня, с тонкими стенками, неполноценными твердыми тканями (гипо- и деминерализация, врожденные нарушения амело- и дентиногенеза). Искривленный короткий корень (имеющий длину меньшую, чем высота будущей коронки), с труднопроходимыми каналами (непроходимость корневых каналов), с наличием острых или хронических воспалительных процессов в периодонте (хронический гранулирующий, гранулематозный периодонтит), с атрофией костной ткани альвеолярного отростка на 3/4 и более - не подходит под протезирование штифтовыми конструкциями.

Использование зуба после некачественного эндодонтического лечения.

2. Ошибки во время подготовки зуба к протезированию.

А) Перфорация стенки корня. Перфорация возникает в результате отклонения направления бора во время препарирования от оси корневого канала при отсутствии визуального контроля за продвижением инструмента, затрудненном доступе к корневому каналу, применение чрезмерных усилий при раскрытии труднопроходимых каналов. О резком истончении стенки корня свидетельствует болевая реакция со стороны периодонта. Если перфорации не произошло, то боль разлитая и зондирование стенок канала безболезненное. При перфорации, помимо четко локализованной боли, на турунде обнаруживается кровь. Избежать подобного осложнения можно при строгом соблюдении правил препарирования.

Причины: наличие тонких стенок корня; искривление корня; наличие размягченного дентина; труднопроходимые каналы; наличие дентиклей; патологическая стираемость зубов, применение плохо центрированных инструментов.

Чрезмерное расширение корневого канала - ослабление корня, что в дальнейшем может привести к перелому корня . (Толщина 1,5-2 мм. является пределом.)

Ослабление апикальной герметичности (нужно оставлять 3- 5 мм. апикальной пломбы, прилегающих к верхушке, т. к. в этом сегменте могут находиться искривления и боковые каналы.)

В) Периодонтиты. Развитие острого периодонтита может произойти в результате перфорации корня в верхушечной части, развития воспалительного процесса в тканях пародонта вследствие некачественного эндодонтического лечения. Может возникнуть маргинальный периодонтит в результате незамеченной перфорации боковой стенки корня. Травмы круговой связки зуба.

3. Ошибки на этапе выбора штифта

а. Длина штифта - слишком длинный штифт нарушает апикальную герметичность-ведет к перфорации корня, если штифт является более коротким, чем коронковая высота клинической коронки зуба, то напряжение распределяется на меньшей площади поверхности - возрастает вероятность корневого перелома (приемлемая апикальная герметичность - 3-5мм.).

б. Диаметр штифта – если диаметр штифта превышает одну треть поперечного сечения диаметра корня - прогноз неблагоприятный.

в. Дизайн штифта - корневые переломы происходят чаще при использовании штифтов с резьбой (особенно во время введения более, чем на пол оборота). Штифты с параллельными стенками генерируют высокие напряжения на верхушке.

4. Осложнения при примерке штифтового зуба.

Введению штифта в корневой канал могут препятствовать излишки металла на штифте. Они образуются из-за неточностей, допущенных при моделировании восковой репродукции, деформации во время формовки, дефектов литья. Одна из причин трудного введения штифта в канал - изменение объема или формы вкладки и надкорневой защитки в результате усадки металла. Порой приходится сталкиваться, когда введенный в восковую композицию проволочный штифт при моделировке, частично или полностью непокрыт металлом после отливки культевой вкладки из нержавеющей стали, кобальтохромового сплава. Это отрицательно скажется на точности прилегания, фиксации культевой вкладки. В недоливе металла по проволочному штифту играет роль оксидная пленка, покрывающая поверхность проволочного штифта, что отражается на текучести и соединении металла со штифтом. Чтобы избежать подобной ошибки, следует при моделировке обратить внимание на равномерность и толщину воскового покрытия внутриканальной части вводимого штифта. При невозможности устранения возникших затруднений при припасовке в клинике показано повторное изготовление штифтовой конструкции с учетом допущенных ошибок.

5. Осложнения после фиксации штифтового зуба.

Во время фиксации штифтовых конструкций при несоблюдении известных правил могут быть допущены следующие ошибки: недостаточное высушивание корневого канала, применение слишком густого или слишком жидкого цемента, наличие воздушных пор в корневом канале, неполное обезжиривание микропротеза, введение штифта в корневой канал не до конца, завышение прикуса в отдельных точках. Эти ошибки приводят к расцементировке протеза, развитию кариеса, перегрузке зуба, перелому корня или штифта, обострению хронических воспалительных процессов в тканях пародонта. Если возникает необходимость дополнительной коррекции наддесневой части культевой вкладки после ее цементировки, то следует это проводить с большой осторожностью, с применением водяного охлаждения, во избежание термического ожога тканей пародонта, вплоть до некроза десны, связочного аппарата зуба, альвеолярной кости, вследствие большой теплоемкости металлической штифтовой вкладки, особенно изготовленной из сплавов на основе серебра.

После фиксации штифтовой конструкции в результате перераспределения жевательного давления с коронки на корень через штифт возникает опасность образования трещин и раскола корня. Этому способствует большой диаметр штифта, ввинчивание штифта (диаметр штифта недопустимо больше диаметра канала), конусообразный тип штифта, чрезмерное истончение стенок корня, отклонение от оси корневого канала в процессе препарирования и др. Клиническая картина полной трещины заключается в боли при накусывании на зуб, подвижности и выпадении штифтовой конструкции. При осмотре выявляются подвижные стенки корня. Лечение трещины корня - хирургическое удаление зуба.

Расцементировка штифтовых конструкций наблюдается при нарушении правил цементирования, несоответствии соотношения внутрикорневая / наддесневая часть - менее единицы, завышение прикуса и др. При непригодности штифтовой конструкции для повторного использования следует переделать микропротез.

Травматические периодонтиты (хронический фиброзный). Причины: короткий корень; слабая устойчивость корня до протезирования; завышение прикуса.

Проведенные многолетние клинические наблюдения позволяют сделать выводы, что тщательный анализ состояния зубочелюстной системы в целом, строгий подход к оценке корней зубов, лечение функциональной недостаточности зубочелюстной системы, применение протезов разнообразных конструкций позволяет отказаться от подчас ничем не оправданных экстракций, особенно корней всех групп зубов и значит повысить качество ортопедического лечения. Выявление и реализация физиологических резервов зубочелюстной системы должно стать основной задачей врачей- стоматологов.

Клюшникова М.О., Клюшникова О.Н., Большедворская Н.Е.
1) К.м.н., ассистент кафедры терапевтической стоматологии
2) К.м.н., ассистент кафедры стоматологии детского возраста
3) К.м.н., ассистент кафедры терапевтической стоматологии
   Иркутский государственный медицинский университет

ПРОБЛЕМЫ ЭТИОЛОГИИ ХРОНИЧЕСКОГО ГЕНЕРАЛИЗОВАННОГО ПАРОДОНТИТА

Углубленное изучение болезней пародонта во многих странах мира значительно обогатило знания по этой теме. Выявлен ряд этиологических факторов заболеваний, выяснены многие аспекты механизмов развития процесса.

Если ранее исследователи отдавали приоритет общим факторам в инициации поражений пародонта, то в последнее время ведущим фактором признается патогенное действие микроорганизмов зубного налета [2-5,7-9].

Слизистая оболочка десны служит местом обитания целого ряда сапрофитных микроорганизмов, находящихся между собой в состоянии динамического равновесия, которое сложилось в процессе длительной эволюции и поддерживается факторами иммунитета, обеспечивающими гомеостаз. В нормальных условиях в сложившейся экосистеме изменяется только количество представителей нескольких или большинства видов, однако видовое представительство остается у конкретного индивидуума практически постоянным в течение практически всей жизни или длительного периода [7].

В течение последних ста лет исследователи пытались понять микробную природу болезней ротовой полости. Их взгляды на зубную бляшку и составляющие ее микроорганизмы менялись от гипотез о специфичности бляшки к предположениям о ее неспецифичности и снова возвращались к теории о наличии специфических пародонтальных патогенов в бляшке[7].

Впервые о ведущей роли микроорганизмов зубного налета в этиологии гингивита сообщил Zonenwert (1958), выделив ферменты агрессивности. В 1963 году Rosbery подтвердил эту точку зрения. Участие микроорганизмов в развитии воспаления тканей пародонта в настоящее время принято как отечественными, так и зарубежными стоматологами [2-5, 7-9]. Убедительным доказательством роли микроорганизмов в развитии пародонтита являются опыты на гнотобиотах, которые показали, что без микроорганизмов нет пародонтита [1].

После клинического и гистологического подтверждения значения и роли дентального налета в возникновении воспаления десны возникли основания считать, что степень повреждения пародонтита зависит непосредственно от количества скопившегося налета. Была высказана мысль о неспецифическом дентальном налете, который является таким же по своему составу, но отличается по количеству. Эта гипотеза основывается на том, что переменчивость признаков заболевания пародонта можно объяснить изменением его количества. Другим фактором считается различная сопротивляемость пародонтальных тканей. Комплекс этих предположений и составляет неспецифическую гипотезу зубного налета [1].

С улучшением перспектив культивирования отдельных микроорганизмов зубного налета появилась возможность наблюдать за взаимосвязью между активностью процесса в пародонтальном кармане и появлением отдельных микроорганизмов. Повторно удалось доказать, что некоторые микроорганизмы встречаются в больших количествах там, где происходит активная деструкция пародонтальных тканей. И, наоборот, на участках здорового пародонта они не встречаются вообще, или лишь в единичных случаях. К этим микроорганизмам относятся, например, *A. actinomycetemcomitans, P. gingivalis, P. intermedia, Tannerella forsythia, Eikenella corrodens, Fusobacterium nucleatum, Peptostreptococcus micros, Selenomonas species, Wolinella recta, Treponema species*. Вышеназванные виды бактерий определены в настоящее время, как патогенны при заболеваниях пародонта. Эти исследования стали основой для возникновения специфической гипотезы зубного налета. Эта гипотеза утверждает, что за деструкцию пародонтальных тканей несут ответственность определенные микроорганизмы [2-5, 7-9]. Однако нет единого мнения о роли в этом процессе отдельных групп пародонтопатогенных микробов. По мнению одних исследователей наиболее выраженным токсическим действием на ткани десны обладают представители бактероидов — *Porphyromonas gingivalis* и *Prevotella intermedia*. По мнению других — грамположительные представители группы актиномицетов *Actinomyces naeslundii, A. Israelii* и некоторые анаэробные стрептококки, которые продуцируют специфические экзотоксины (*Streptococcus intermedius, Peptosthreptococcus micros*). Отдельными авторами сообщается о существенной роли некоторых видов дрожжеподобных грибов рода *Candida* в развитии так называемого кандида-ассоциированного пародонтита [8].

В последние годы некоторые исследователи стали рассматривать бляшку как биопленку. Биопленка — это хорошо организованное, взаимодействующее сообщество микроорганизмов. Установлено, что свыше 95% существующих в природе бактерий живут в биопленках. Микроорганизмы в биопленке ведут себя не так, как бактерии, выращенные классическим методом в культурной среде.

Основными свойствами биопленки являются взаимодействующая общность разных типов микроорганизмов и агрегация микроорганизмов в микроколонии. Эти микроколонии имеют свои особенные микросреды, отличающиеся уровнями pH, усваиваемостью питательных веществ, концентрацией кислорода. Бактерии внутри биопленки способны «обмениваться информацией» посредством выработки и восприятия определенных химических веществ-раздражителей. Эти раздражители определяют степень выделения микроорганизмами потенциально патогенных белков и ферментов.

Попытки предвидеть и контролировать заболевания пародонта были основаны на свойствах бактерий, выращенных на питательных средах в лабораторных условиях. С пониманием сути биопленки было показано, что существуют большие различия в поведении бактерий в лабораторной культуре и в их естественных экосистемах. К примеру, бактерия в биопленке вырабатывает такие вещества, которые она не продуцирует, будучи в культуре. Кроме того, матрикс, окружающий микроколонии в биопленке, служит защитным барьером. Это помогает понять, почему назначение антимикробных средств как общего действия, так и применяемых местно, не всегда дает положительные результаты, даже тогда, когда оно нацелено на конкретный вид микроорганизмов. Это также помогает объяснить, почему механическое удаление бляшек и личная гигиена ротовой полости продолжают оставаться неотъемлемой составной частью лечения заболеваний пародонта.

При оценке этиологической роли того или иного микроорганизма в заболевании пародонта учитывается комплекс его характеристик. Вирулентность патогенных микроорганизмов зависит от способности к адгезии, инвазивности, капсуло- и токсинообразования, наличия механизмов защиты макроорганизма. Так, предполагается, что потенциальный возбудитель заболевания будет присутствовать в больших количествах в пораженных участках, чем в здоровых. Удаление его с пораженных участков приостанавливает активный процесс в пародонте. Повышенная или пониженная клеточная и гуморальная иммунная реакция на данный микроорганизм при наличии адекватной иммунной реакции на другие микроорганизмы может свидетельствовать о его особой патогенной роли в данном случае [7].

Бактерии, внедряющиеся в ткани, поражают клетки, выделяя токсины и продукты метаболизма. Никаких экзотоксинов, кроме лейкотоксина, продуцируемого *A. actinomycetemcomitans*, не было обнаружено. Однако микрофлорой продуцируются различные ферменты, которые могут разрушать внутриклеточные структуры ткани. К ним относятся фосфотазы, аминопептидазы, протеазы, фосфоамидазы и гликозидазы. Бактероиды (*P. gingivalis, Prevotella melaninogenica*) продуцируют протеазы, которые разрушают протеины, играющие важную роль в защите от бактериальной инфекции, например иммуноглобулины (Ig G, Ig A, Ig M) и многие другие плазменные протеины. Разрушение иммуноглобулинов, защитная функция которых заключается в блокировании бактериальных и прочих антигенов, ингибировании прикрепления бактерий, бактерицидных и опсонирующих эффектах, способствует распространению микроорганизмов и накоплению продуктов их жизнедеятельности [7].

Продукция фосфолипазы *A* представителями пародонтопатогенной микрофлоры способствует образованию в тканях простагландинов. Бактерии в пародонтальных карманах могут также выделять цитотоксические продукты метаболизма: аммоний, сульфид водорода, индол или карбоксильную кислоту, а также бутират и пропионат. Существует прямая зависимость между выработкой бактероидами жирных токсических кислот и тяжестью поражения пародонта.

Липополисахариды таких микроорганизмов, как *P. gingivalis, P. melaninogenica*, оказывают значительное патогенное действие на ткани пародонта, начиная от нарушения микроциркуляции и кончая снижением синтеза коллагена соединительной ткани десны [7,8].

Риск прогрессирования заболевания выше на тех участках, где присутствуют комбинации нескольких видов микроорганизмов. Например, по данным Haffajee, Socransky (1994), наличие *A. actinomycetemcomitans* и *P. gingivalis* увеличивает риск прогрессирования пародонтита до 7,6 в то время как показатели риска при существовании одного из них 3,2 и 2,2 соответственно [7].

К важным открытиям последнего десятилетия относится и установление того факта, что колониальные типы какого-либо патогенного вида не являются одинаково вирулентными [7,8].

Имеется значительное генетическое разнообразие среди естественных изолятов *A. actinomycetemcomitans* и предполагается, что могут существовать изменения в потенциале токсичности штаммов. До настоящего времени было выявлено 5 серотипов пародонтальных *A. actinomycetemcomitans*. Недавно идентифицировали 6 серотип – серотип f. Исследования по распределению серотипов *A. actinomycetemcomitans* показали, что серотипы *a* и *b* чаще выделяются от пациентов с локализованным ювенильным пародонтитом, штаммы серотипа *c* более обычны при экстраоральных инфекционных заболеваниях и у здоровых людей, штаммы серотипов *d* и *e* редки во всех популяциях [7].

Хроническая пародонтальная инфекция имеет все анатомические предпосылки для того, чтобы практически без каких-либо проблем взаимодействовать с внутренней средой. Бактерии и их эндотоксины могут проникать в кровообращение значительно чаще и в большей степени, нежели считалось до сих пор. У большинства пациентов бактериемия протекает субклинически, но у пациентов со сниженным иммунитетом, что встречается довольно часто при заболеваниях пародонта, она очень опасна, т.к. может вызывать изменения в сосудистой системе (атеросклероз, эндокардит) и других органах и системах организма [2-4]. Степень бактериемии зависит от интенсивности манипуляций на тканях пародонта и степени воспаления. Так, усиление бактериемии при пародонтите наблюдалась уже при нормальном прожевывании пищи или при обычной чистке зубов [2].

Современный уровень знаний об этиологии воспалительных заболеваний пародонта позволяет определить субгингивальную микрофлору как доминирующий причинный фактор хронического генерализованного пародонтита. Однако многие вопросы о роли тех или иных микроорганизмов в возникновении пародонтита и механизмы повреждений тканей пародонта до сих пор остаются открытыми.

Литература

1. Артюшевич А.С., Трофимова Е.К., Латышева С.В. Клиническая периодонтология: Практ. пособие / Под ред. А.С. Артюшевича. - Мн.: Ураджай, 2002. - 303 с.
2. Безрукова И.В., Грудянов А.И. Агрессивные формы пародонтита: Руководство для врачей. - М.: МИА, 2002. - 127 с.
3. Безрукова И.В. Быстропрогрессирующий пародонтит: Иллюстрированное руководство. - М.: Медицинская книга, 2004. - 144 с.
4. Безрукова И.В., Н.А. Дмитриева, Л.Н. Герчиков // Стоматология. - 2005 - № 1. - С. 13 - 15.
5. Грудянов А.И., И.В. Безрукова // Стоматология. - 2000. - Т. 79, № 3. - С. 15 - 17.
6. Иванов В.С. Заболевания пародонта. - М.: Медицинское информационное агентство. - 2001. - 296 с.
7. Пародонтит / Под ред. проф. Л.А.Дмитриевой. - М. : МЕДпресс-информ, 2007. - 504 с.
8. Царев В.Н., Плахтий Л.Я., Николаева Е.Н. // Стоматолог. – 2008. - № 7. – С. 47-54
9. Haake S.K., Meyer D.H., Fives-Taylor P.M., Schenkein H. Болезни пародонта. В кн.: Микробиология и иммунология для стоматологов. Под ред. Р. Дж. Ламант, М.С. Лантц, Р.А. Берне, Д.Дж Лебланк. М.: Практическая медицина.- 2010. – С. 297-340.

Сабаева Ф.Н.
к.м.н., доцент ГБОУ ДПО «Казанская государственная медицинская академия» МЗ РФ
Лопушов Д.В.
к.м.н., ст. преподаватель ГБОУ ДПО «Казанская государственная медицинская академия» МЗ РФ, Казань

ОПЫТ ОРГАНИЗАЦИИ ИНФЕКЦИОННОЙ БЕЗОПАСНОСТИ В ПЕРИОД ПРОВЕДЕНИЯ УНИВЕРСИАДЫ – 2013 В КАЗАНИ

Универсиада-2013 в Казани стала крупнейшей за всю историю проведения Всемирных студенческих Игр и рекордной по направлениям: по количеству участников (11 778 чел.), представительству стран (160), приезжих гостей и туристов (более 150 тыс. чел.).

Основные задачи по обеспечению медицинского и санитарно-эпидемиологического благополучия населения в период проведения Универсиады были определены Концепцией медицинского, антидопингового и санитарно-эпидемиологического обеспечения XXVII Всемирной летней универсиады 2013 года в г. Казани, утвержденной Заместителем Председателя Правительства Российской Федерации И. Шуваловым.

В целях рациональной организации медицинской помощи, в том числе инфекционным больным, приказом Министерства здравоохранения РТ были определены базовые госпиталя для оказания медицинской помощи основным клиентским группам Универсиады (спортсмены, волонтеры, представители СМИ). Основным госпиталем для оказания медицинской помощи инфекционным больным определена ГАУЗ «Республиканская клиническая инфекционная больница» МЗ РТ.

В целях недопущения возникновения вспышек инфекционных заболеваний Министерством здравоохранения Республики Татарстан (РТ) совместно с Управлением Роспотребнадзора по РТ определен перечень и создан запас медицинских иммунобиологических препаратов (МИБП) на случай осложнения эпидемиологической ситуации и проведения лечебно-профилактической иммунизации. Издано Постановление Главного государственного санитарного врача по Республике Татарстан от 24.08.2012 № 15 «Об иммунизации контингентов, принимающих участие в обслуживании, питании участников и гостей Универсиады 2013 в г. Казани».

В целях оперативного мониторинга за уровнем инфекционной заболеваемости и своевременного проведения противоэпидемических мероприятий совместно с Управлением Роспотребнадзора по РТ и Автономной некоммерческой организацией (АНО) «Исполнительная дирекция Универсиады-2013» была разработана и внедрена в работу медицинских учреждений, определенных для оказания медицинской помощи участникам Универсиады, автоматизированная информационная система «Эпидемиологическая безопасность».

Определенный вклад и с позиции авторов эффективной была организация слежения за санитарным состоянием спортивных объектов, осуществляемая санитарными менеджерами, работавшими от Дирекции Универсиады, в структуре отдела по обеспечению санитарно-эпидемиологического благополучия.

Под ежедневным контролем санитарных менеджеров находились все 50 спортивных объектов, независимо от их назначения тренировочного или состязательного.

Вопросы, находившиеся на контроле, включали в себя санитарное обследование спортивного объекта, организацию условий питания на объекте, соблюдение графика вывоза мусора, соблюдение санитарных требований в медицинском пункте спортивного объекта, требований по обращению с медицинскими отходами на объекте, работу сотрудников клининговых компаний, вакцинацию персонала и так далее.

Были разработаны единые формы актов проверки спортивного объекта и пищевых объектов, функционировавших на их территории. В актах регистрировались выявленные нарушения, давались рекомендации по устранению нарушений, нарушения озвучивались на совещаниях объектного офиса.

Для оперативного ежедневного слежения за ситуацией на объектах была создана база данных с использованием MS Access, состоявшая их двух частей: в целом по спортивному объекту и объектам питания. Были разработаны словари: сотрудников, объектов (кодирование). Исходными для базы данных являлись разработанные рапорта с использованием MS Excel, которые передавались по электронной почте. В таблицах Excel в отдельных столбцах фиксировались нарушения и включали в себя ряд позиций, таких как санитарное состояние территорий, вестибюлей, раздевалок, душевых, медицинских пунктов для спортсменов и зрителей, объектов питания и т.д. в виде цифр. Два последних столбца «замечания» и «кому и когда передано» содержали текстовую информацию.

Принятые по электронной почте рапорта переносились в базы данных, и сводный отчет ежедневно передавался в отдел обеспечения санитарно-эпидемиологического благополучия Дирекции Универсиады.

Еженедельные совещания, проводимые в Дирекции Универсиады, включали в себя помимо других вопросов, обсуждение результатов проверок, мероприятий по устранению выявленных нарушений.

Созданная система слежения с использование информационных технологий позволила проводить оперативно ежедневное отслеживание санитарного состояния объектов, работу санитарных менеджеров и своевременность проводимых мероприятий по устранению нарушений;

проводить любого рода анализ и получать отчеты по дням, неделям, по количеству тех или иных нарушений, по врачам, датам, объектам.

Всего за время проведения Игр XXVII Всемирной Универсиады в г. Казани с 29 июня (заезд участников) до 20 июля (отъезд последней делегации) 2013 года по поводу инфекционных и паразитарных заболеваний было зарегистрировано 88 обращений спортсменов, членов делегаций, других клиентских групп, принимавших участие в организации и проведении Универсиады, что составило 0,7% от общего числа зарегистрированных обращений за медицинской помощью.

Таким образом, максимально высокий уровень готовности органов и учреждений государственного санитарно-эпидемиологического надзора и здравоохранения по обеспечению санитарно-эпидемиологического благополучия участников, гостей и местного населения обеспечил низкие показатели инфекционной заболеваемости во время проведения крупного международного спортивного мероприятия, как Универсиада – 2013.

Шведов К.С.
Сургутский Государственный Университет
Кафедра детских болезней
г. Сургут
shvedov76@mail.ru

АЛЬТЕРНАТИВЫ ДЛИТЕЛЬНОЙ ИСКУССТВЕННОЙ ВЕНТИЛЯЦИИ ЛЕГКИХ У НОВОРОЖДЕННЫХ С РДС

В последние годы структура пациентов в отделениях реанимации и интенсивной терапии новорожденных изменилась, получив сдвиг в сторону увеличения количества новорожденных с очень низкой и экстремальной массой тела.

Одна из основных причин заболеваемости и смертности в данной группе пациентов – респираторный дистресс-синдром (РДС). РДС - возникающий вследствие дефицита сурфактанта (основной дефект) прогрессирующий, угрожающий жизни выход из строя структурно, биохимически и функционально незрелых легких, в большинстве случаев у недоношенных новорожденных, при отсутствии лечения обычно приводит к смерти ребенка [1, 12]. РДС поражает в основном недоношенных новорожденных со сроком гестации (СГ) менее 35 нед и массой тела менее 2000 г, частота случаев заболевания возрастает со снижением СГ и составляет при сроке менее 28 нед более 90% [1, 21].

Безусловно, сурфактантная терапия с последующей ИВЛ стала одним из наилучшим образом обоснованных методов лечения РДС в неонатологии на сегодняшний день. Оценка затрат при проведении различных методов лечения РДС, проведенная зарубежными коллегами, показывает, что наиболее эффективной оказывается комбинация пренатальной глюкокортикоидной терапии и постнатальное введение сурфактанта. При таком подходе отмечаются наибольшая выживаемость и снижение продолжительности пребывания пациента в стационаре.

Несмотря на все положительные моменты и неоспоримую пользу искусственной вентиляции, а так же постоянное ее совершенствование, ИВЛ не лишена определенных недостатков [2; 4; 12; 21; 22; 24]. Длительная ИВЛ:
− Повышает риск нозокомиальных инфекций.
− Повышает риск БЛД.
− Приводит к слабости дыхательной мускулатуры.
− Увеличивает риск осложнений эндотрахеальной интубации (трахеомаляция, стеноз, повреждение голосовых связок и др.).
− Значительно увеличивает стоимость лечения больного и продолжительность нахождения его в стационаре.

Незрелые легкие новорожденного в условиях дефицита или отсутствия сурфактанта оказываются чрезвычайно чувствительны к повреждению как объемом и растяжением (при проведении искусственной вентиляции), так и повторяющимся коллапсом альвеол.

БЛД (бронхо-легочная дисплазия) – хроническое заболевание, которое развивается у преимущественно недоношенных новорожденных, получавших кислородотерапию и ИВЛ. Частота оценивается в различных медицинских центрах по-разному (в том числе по причине использования разных критериев диагностики), по зарубежным данным [26] варьирует от 15% до 50% среди новорожденных с очень низкой массой тела. К тому же, отмечается увеличение частоты БЛД из года в год даже в одних и тех же медицинских центрах, что связано с увеличением количества выживших пациентов с гестационным сроком менее 33 нед. Смертность у больных БЛД может составлять 10 – 25%.

Варианты избежать длительной ИВЛ и сопутствующих осложнений – применение, по возможности, менее агрессивных методов дыхательной поддержки. Как следствие, снижается частота и тяжесть развития хронических заболеваний легких, снижается продолжительность пребывания в стационаре и общая стоимость лечения [4; 6; 7].

Не все недоношенные новорожденные с РДС нуждаются в искусственной вентиляции легких после рождения. Часть из них может быть стабилизирована применением оксигенотерапии, созданием постоянного расправляющего давления в дыхательных путях и общими методами поддержки (согревание, в/в введение жидкости). В комплекс респираторной поддержки новорожденного во многих случаях CPAP (Continuous Positive Airway Pressure) - это своеобразное промежуточное звено между кислородотерапией и механической вентиляцией легких. CPAP – метод дыхательной поддержки, при котором создается положительное давление в дыхательных путях на протяжении всех фаз дыхательного цикла при сохраненном спонтанном дыхании пациента, что препятствует коллабированию альвеол и терминальных дыхательных путей во время выдоха. В исследованиях на животных было показано, что воспалительный ответ легочной ткани был меньше у особей, которым проводился эндотрахеальный CPAP, чем у тех, кто вентилировался с перемежающимся положительным давлением.

Как метод дыхательной поддержки CPAP начал применяться у новорожденных с РДС с 1971 года, когда Gregory с соавт. была предложена классическая полуоткрытая система для проведения CPAP. В 1987 году Avery и соавт. публикуют результаты мультицентрового ретроспективного исследования (1625 младенцев из 8 отделений интенсивной терапии третьего уровня в США) о снижении частоты развития БЛД при применении назального CPAP. После этого метод стал более широко применяться для лечения РДС у пациентов с очень низкой массой тела.

Стратегии применения CPAP:

Таблица 1.
Сравнение стратегий применения CPAP (сводные данные)

Доказанная эффективность *(Cochrane Database Syst Rev, РКИ)*	– лечение апноэ недоношенных; – лечение обструктивного апноэ; – перевод с ИВЛ на самостоятельное дыхание после длительной вентиляции (как промежуточный этап дыхательной поддержки), снижение числа неудачных экстубаций. – раннее применение (после введения сурфактанта и кратковременной вентиляции) у недоношенных детей с признаками РДС; – раннее применение CPAP у недоношенных пациентов с РДС снижает частоту респираторных расстройств, необходимость и продолжительность ИВЛ, частоту БЛД и смертность.
Эффективность изучается	– применение CPAP в родильном зале непосредственно после рождения как метод *стартовой* дыхательной поддержки; – CPAP и препараты сурфактанта. Варианты в этом случае могут быть разнообразные: a) Интубация трахеи, введение сурфактанта, экстубация и NCPAP (INSURE). b) CPAP и впоследствии введение сурфактанта при неэффективности CPAP. c) Введение сурфактанта на NCPAP без интубации трахеи (LISA).

Дискуссии о преимуществах той или иной стратегии продолжаются и периодически подкрепляются соответствующими мультицентровыми исследованиями.

Таблица 2.
РКИ эффективности различных стратегий применения метода «раннего» CPAP (сводные данные)

Исследования	N	Сравниваемое лечение
COIN trial 25-28 нед	610	CPAP vs Интубация + Сурфактант (при необходимости)
SUPPORT 24-27 нед	1316	CPAP vs Интубация + Сурфактант
Columbia 27-31 нед	279	CPAP vs INSURE
VON trial 26 – 29 нед	656	CPAP и селективная интубация vs сурфактант и MV vs INSURE
CURPAP 25-28 нед	208	CPAP vs INSURE

Преимущества той или иной стратегии, согласно данным вышеупомянутых исследований, достоверно не определены и, несмотря на безусловную пользу метода, остаются нерешенными многие вопросы:

– Действительно ли CPAP с ранней интубацией для введения сурфактанта и последующей кратковременной вентиляцией лучше, чем выборочная (селективная) интубация, сурфактант и продленная вентиляция?
– Действительно ли CPAP при рождении лучше, чем ИВЛ (недоношенные младенцы с ГВ менее 28 нед)?

- Следует ли интубировать всех недоношенных новорожденных менее 32 нед гестации с целью введения препаратов сурфактанта?
- Начинать ли с CPAP в родильном зале, с последующей выборочной интубацией (селективная интубация), с последующей экстубацией на CPAP?
- Начинать ли с CPAP и интубировать с введением сурфактанта только при неэффективном CPAP (каковы в таком случае критерии неэффективности CPAP?) ?

Однако, по данным зарубежных авторов, у 46% - 60% недоношенных новорожденных могут возникнуть неудачи с использованием NCPAP как метода стартовой терапии при лечении РДС, что приводит к интубации трахеи и переводу на ИВЛ. У 25% - 40% пациентов с ОНМТ экстубация и дальнейший перевод на NCPAP так же заканчиваются неудачей [9; 11]. Усилия, направленные на улучшение этой ситуации, и вызывают рост популярности методов неинвазивной вентиляции.

Неинвазивная вентиляция – проведение вентиляции легких без интубации трахеи, с использованием канюль или назальной (лицевой) маски. Врач может контролировать пиковое давление и давление на выдохе, время вдоха и частоту циклов. Дыхательные циклы могут быть синхронизированы с собственным дыханием пациента, или нет (некоторые исследования показывают, что синхронизированная назальная перемежающаяся вентиляция с положительным давлением (sNIPPV) может оказывать значительно лучший терапевтический эффект [20]).

Одно из главных вероятных преимуществ NIPPV – возможность избежать эндотрахеальной интубации (с сохранением спонтанного дыхания) у пациентов, которые не стабилизируются при проведении им респираторной поддержки по методу CPAP, или показывают отрицательную клиническую динамику на NCPAP.

Таблица 3.
Сравнение различных стратегий применения НИВЛ [по S. Donn, Sincha S, 2012].

Варианты применения	Результаты исследований
1. Респираторная поддержка после периода традиционной вентиляции (чаще всего пациенты с РДС), с целью снижения частоты неудачных экстубаций	Пять РКИ сравнивали назальную вентиляцию с CPAP в постэкстубационном периоде у недоношенных новорожденных. Мета-анализ трех из них показал статистически значимое снижение числа неудачных экстубаций (ЧБНЛ = 3), разница в частоте развития ХЛЗ статистически незначима. Одно небольшое исследование (несинхронизированная NIPPV) не показало снижения частоты неудачных экстубаций. В еще одном исследовании с использованием Infant Flow SiPAP так же не было обнаружено преимуществ.
2. Стартовый режим вентиляции, применяется после рождения (может включать короткий период – до 2 ч –	Четыре РКИ (n=448), несинхронизированная NIPPV через аппарат ИВЛ. Оценивался первичный исход – необходимость в интубации в течение 4 ч – 1 нед. Два из представленных исследований не показали явных преимуществ, два других отметили *меньшее* количество неудач при использовании NIPPV. Проспективное пилотное исследование по сравнению раннего

	традиционной вентиляции через интубационную трубку после введения препаратов сурфактанта)	NIMV (непосредственно после введения сурфактанта) и отсроченного NIMV (введение сурфактанта, инвазивная ИВЛ в течение некоторого времени, перевод на NIMV) показало преимущества раннего NIMV (оценивались продолжительность вентиляции, потребность в O_2, продолжительность койко-дня). Пациенты 28-34 нед гестации, n = 59. В более позднем проспективном рандомизированном исследовании была отмечена более низкая частота развития БЛД или смертельного исхода в группе пациентов (n = 41, м. тела 650 – 1250 г), которым проводилась NIMV.
3.	Апное недоношенных	Три исследования сравнивали CPAP и несинхронизированную NIPPV для терапии апное недоношенных. Результаты спорные. Не получено убедительных доказательств, что NIPPV снижает частоту апное более эффективно, чем CPAP. Однако, причиной повторной интубации в группе NCPAP были главным образом апное, частота которых в группе NIPPV была ниже. Другими словами, неинвазивная вентиляция в большей степени препятствует возникновению апное, чем оказывает лечебный эффект на пациентов с уже возникшими эпизодами апное.

По данным систематического обзора (Tang S. с соавт., 2013 г [28], 14 РКИ, n = 1052) NIPPV:
- Снижает частоту перевода на ИВЛ (OR=0.44, 95% CI:0.31-0.63).
- Повышает частоту удачных экстубаций (OR=0.15, 95% CI:0.08,0.31).
- Лучше исходы (смерть + БЛД) (OR=0.57, 95%CI:0.37,0.88).
- Снижает частоту эпизодов апное.
- Снижает частоту БЛД на границе статистической значимости (OR=0.63, 95%).

Неинвазивная вентиляция на сегодняшний день занимает некую нишу в списке режимов дыхательной поддержки, применяемых у новорожденных. Однако, данные исследований эффективности метода по-прежнему противоречивы.
- sNIPPV является более эффективным методом, преумножающим положительные эффекты NCPAP у недоношенных детей после экстубации трахеи.
- NIMV по сравнению с NCPAP снижает потребность в инвазивной ИВЛ у недоношенных с РДС (31% vs 65%, p = 0.05), так же отмечается снижение частоты БЛД к 36 нед ПКВ (2% vs 15%, p = 0.09). Проспективное РКИ, пациенты с ГВ менее 35 нед, n=84 (Kugelman A. с соавт. 2007 [19]).
- Применение NCPAP и Bi-level NCPAP у недоношенных новорожденных (28-34 нед гестации) при лечении среднетяжелого РДС показало преимущество дыхательной поддержки Bi-level NCPAP (по данным Lista G. с соавт. 2010 [20]).
- Проводилось сравнение эффективности ранней экстубации и перевода на NCPAP или NIPPV и необходимости в традиционной вентиляции к 7 сут жизни у младенцев с РДС со сроком гестации менее 30 нед, требующих интубации трахеи и введения сурфактанта в первый час

жизни. Мультицентровое РКИ, n = 110. Заключение: применение NIPPV снижает необходимость в механической вентиляции к 7 сут жизни, уменьшает продолжительность ИВЛ и может значительно снизить риск БЛД [25].
- Однако, по данным международного мультицентрового РКИ (сравнивались **NIPPV** и **NCPAP** у пациентов с массой тела менее 1000 г и ГВ менее 30 нед, как метод стартовой дыхательной поддержки или вентиляции после экстубации), значимой разницы по исходам *не отмечено* (n=1009). Оценивалась частота и тяжесть БЛД к 36 нед ПКВ, смертность. Частота СУВ, НЭК, продолжительность респираторной поддержки и время перехода к полному объему кормления в обеих группах были идентичными [18].

Выводы и практические рекомендации.

Учитывая достаточно противоречивые данные исследований, нельзя рекомендовать какую-либо стратегию, как универсальную, применимую для всех случаев. Как всегда, принятие окончательного решения остается за лечащим врачом, которому следует принимать во внимание существующие официальные рекомендации и использовать индивидуальный подход для каждого пациента. Основная цель методов респираторной терапии – избежать ИВЛ или сделать ее эпизоды максимально короткими. При этом нет необходимости любой ценой избегать инвазивной вентиляции, но следует помнить, что существует определенная категория пациентов, у которых альтернативные методы респираторной поддержки помогут избежать повторных интубаций, длительной вентиляции и сопутствующих осложнений. При этом иногда благоразумнее использовать методы и стратегии, принятые в данном конкретном отделении, которыми персонал владеет в лучшей степени.

Литература

1. Вауэр Р. Сурфактант в неонатологии. Москва. Медицинская литература – 2013
2. Aly H. Ventilation Without Tracheal Intubation. Pediatrics – 2009; 124:786
3. Avery M, Tooley W, Keller J et al. Is chronic lung disease in low birth weight infants preventable? A survey of eight centers. Pediatrics – 1987; 79:26
4. Bhandari V. Nasal intermittent positive pressure ventilation in the newborn: review of literature and evidence-based guidelines. J Perinatol – 2010; 30:505
5. Bohlin K. RDS – CPAP or surfactant or both. Acta Pediatr Suppl – 2012; 101:24

6. Chowdhury O, Wedderburn C, Duffy D, Greenough A. CPAP review. Eur J Pediatr – 2012; 171:1441
7. Courtney S, Barrington K. Continuous positive airway pressure and non-invasive ventilation. Clin Perinatol – 2007; 34:73
8. Davis P, Lemyre B, De Paoli A. Nasal intermittent positive pressure ventilation (NIPPV) versus nasal continuous positive airway pressure (NCPAP) for preterm neonates after extubation. Cochrane Database Syst Rev – 2008
9. Davis P, Morley C, Owen L. Non-invasive respiratory support of preterm neonates with respiratory distress: Continuous positive airway pressure and nasal intermittent positive pressure ventilation. Semin Neonatol – 2009; 14:14
10. De Winter J, Machteld A, de Vries G, Zimmermann L. Noninvasive respiratory support in newborns. Eur J Pediatr – 2010; 169:777
11. DiBlasi R. Neonatal noninvasive ventilation techniques: do we really need to intubate? Respir Care – 2011; 56(9)
12. Donn S., Sinha S. (eds) Manual of Neonatal Respiratory Care. 3rd ed. Springer. 2012
13. Dunn M, Kaempf J, de Klerk A et al. Vermont Oxford Network DRM Study Group. Randomized trial comparing 3 approaches to the initial respiratory management of preterm neonates. Pediatrics – 2011; 128:1069
14. Finer N, Carlo W, Walsh M et al. Early CPAP versus Surfactant in Extremely Preterm Infants. SUPPORT study group. N Engl J Med – 2010; 362:1970
15. Goldsmith J, Karotkin E. (eds) Assisted ventilation of the neonate, 5th ed., W. B. Saunders Company – 2011
16. Gupta S, Sinha S, Tin W, Donn S. A randomised controlled trial of post-extubation bubble continuous positive airway pressure versus infant flow driver continuous positive airway pressure in preterm infants with respiratory distress syndrome. J Pediatr – 2009; 154:645
17. Hutchison A, Bignall S. Non-invasive positive pressure ventilation in the preterm neonate: reducing endotrauma and the incidence of bronchopulmonary dysplasia. Arch Dis Child Fetal Neonatal Ed – 2008; 93:F64
18. Kinpalari H, Millar D, Lemyre B. et al. A trial comparing noninvasive ventilation strategies in preterm infants. New Engl J Med – 2013; 369:611
19. Kugelman A, Feferkorn I, Riskin A et al. Nasal intermittent mandatory ventilation versus nasal continuous positive airway pressure for respiratory distress syndrome: a randomized, controlled, prospective study. J Pediatr – 2007; 150:521
20. Lista G, Castoldi F, Fontana P et al. Nasal continuous positive airway pressure (CPAP) versus bi-level nasal CPAP in preterm babies with

respiratory distress syndrome: a randomized control trial. Arch Dis Child Fetal Neonatal Ed – 2010; 95:F85
21. Lista G, Fontana P, Castoldi F et al. ELBW infants: to intubate or not to intubate in the delivery room? J Matern Fetal Neonatal Med – 2012; 4:63
22. Morley C, Davis P, Lex W et al. Nasal CPAP or Intubation at Birth for Very Preterm Infants. N Engl J Med – 2008; 358:7
23. Morley C, Doyle L, Brion L et al. for COIN Trial Investigators. Nasal CPAP or intubation at birth for very preterm infants. N Engl J Med – 2008; 358:700
24. Rajiv P. (eds) CPAP. Bedside Application in the Newborn. Jaypee Brothers Medical Publishers Ltd. 2011
25. Ramanathan R, Sekar K, Rasmussen M et al. Nasal intermittent positive pressure ventilation after surfactant treatment for respiratory distress syndrome in preterm infants <30 weeks' gestation: a randomized, controlled trial. J Perinatol – 2012; 32:336
26. Rennie J. (eds) Rennie & Roberton's Textbook of Neonatology. 5th ed. Elsevier Ltd. 2012
27. Sandri F, Plavka R, Simeoni U et al. The CURPAP Study: An international randomized controlled trial to evaluate the efficacy of combining prophylactic surfactant and early nasal continuous positive airway pressure in very preterm infants. Neonatology – 2008; 94:60
28. Tang S, Zhao J, Shen J et al. Nasal intermittent positive pressure ventilation versus nasal continuous positive airway pressure in neonates: a systematic review and meta-analysis. Indian Pediatr – 2013; 50:371
29. Wilkinson D, Andersen C, O'Donnell C, De Paoli A. High flow nasal cannula for respiratory support in preterm infants. Cochrane Database Syst Rev – 2010

Кривенко В.И. - профессор, д.мед.н.
Качан И.С. - к.мед.н.
Гриненко Т.Ю. - к.мед.н.
Пахомова С.П. - доцент, к.мед.н.
Никитюк О.В. - кардиолог высшей категории
Запорожский государственный медицинский университет
Учебно-научный медицинский центр «Университетская клиника»

ОСОБЕННОСТИ ПОРАЖЕНИЯ СЕРДЕЧНО-СОСУДИСТОЙ СИСТЕМЫ НА ФОНЕ ДЛИТЕЛЬНОГО ВЛИЯНИЯ КСЕНОБИОТИКОВ (СЕРИЯ КЛИНИЧЕСКИХ СЛУЧАЕВ)

Хроническая сердечная недостаточность (ХСН) - тяжелый распространённый клинический синдром, который является следствием многих сердечнососудистых заболеваний, имеет прогрессирующий характер, ощутимо уменьшает продолжительность жизни больных и ухудшает её качество. По данным национальных реестров европейских стран и отечественных эпидемиологических исследований, показатель распространенности ХСН среди взрослого населения представляет 2-5% и растет пропорционально возрасту [3,7]. О серьезности прогноза клинически манифестирующей ХСН свидетельствует то, что приблизительно половина таких пациентов умирают в течение 4 лет, а среди больных с тяжелой ХСН смертность в течение ближайшего года достигает 50%. Лечение больных с ХСН требует значительных средств - приблизительно 2% от общих расходов на здравоохранение в индустриально развитых странах [10,9]. Большая часть расходов приходится на стационарное лечение пациентов, госпитализированных по поводу декомпенсации кровообращения. Следовательно, вопрос качественной диагностики и дифференцированного лечения таких пациентов не теряет своей актуальности.

По данным эпидемиологических и многоцентровых клинических исследований, главной причиной сердечной недостаточности является ишемическая болезнь сердца (ИБС), которую диагностируют в 60-75% таких больных. Весомыми факторами являются также дилатационная кардиомиопатия и клапанные пороки сердца. На другие причины, по данным статистики, приходится приблизительно 5% случаев [11,78]. В ежедневной врачебной практике ХСН у больных возрастом старше 60 лет ассоциируется исключительно с наличием хронических форм ИБС. Однако, необходимо отметить, что состояние окружающей среды и профессиональный маршрут пациентов существенно влияют на естественное старения и могут искажать течение традиционных «возрастных» заболеваний [2,8]. При этом нетипичное развитие и необычные признаки сердечной недостаточности у пациентов часто остаются замаскированными классическими факторами риска коронарной болезни сердца. В виду этого, считаем необходимым сообщить о серии случаев ХСН с атипичным течением у пациентов преклонных лет, что, по нашему мнению, было связано с влиянием ксенобиотиков.

На стационарном лечении в Учебно-научном медицинском центре "Университетская клиника" Запорожского государственного медицинского университета в период с 2010 по 2013 гг. находилось 7 пациентов мужского пола в возрасте от 55 до 72 лет с сочетанием следующих факторов, которые можно отнести к критериям включения:

1) Развитие нарушения кровообращения, которое протекало по типу острой декомпенсированной сердечной недостаточности без повышения биомаркеров некроза кардиомиоцитов.

2) Отсутствие в анамнезе клапанных пороков сердца, острых форм ИБС и признаков стенокардии напряжения;

3) Длительный контакт с ксенобиотиками, что было связано с профессиональным маршрутом.

Медиана индекса массы тела составила 30,8 кг/м2 (28,5; 32,6). Абдоминальное ожирение было выявлено у 4 больных. Наследственность не была отягощена случаями кардиальной смерти ни у одного пациента. У 3 больных наблюдалось повышение общего холестерина выше 4,5 ммоль/л и липопротеидов низкой плотности свыше 3 ммоль/л. Курили 5 из 7 обследованных. Гипертоническая болезнь была верифицирована у 4 пациентов. Из сопутствующих заболеваний у 1 больного имел место сахарный диабет. Ни один из обследованных до госпитализации не получал плановое лечение сердечной недостаточности и не принимал препараты, которые влияют на функцию миокарда.

Методы исследования. У всех больных изучали анамнез и фиксировали длительность влияния профессиональных вредностей. Проводили физикальное обследование, общеклинические лабораторные тесты, регистрировали электрокардиограмму в 12 отведениях, одноразово определяли уровень тропонина Т в сыворотке крови. При необходимости проводили рентгенографию органов грудной клетки и ультразвуковое исследование плевральных полостей. Во время эхокардиоскопии на ультразвуковом аппарате «MyLab 50 CV XVision» («Esaote», Италия) оценивали размеры и площадь отделов сердца, толщину стенок левого желудочка в B-режиме, рассчитывали конечно-диастолический и конечно-систолический объем, конечно-диастолический индекс левого желудочка, объем и индекс объема левого предсердия. Глобальную систолическую функцию желудочков определяли, основываясь на показателях фракции выброса, которая рассчитывалась по биплановой формуле Simpson, и средней систолической скорости движения фиброзных колец, которая измерялась с помощью тканевой допплерографии. Оценивали регионарную сократимость левого желудочка в пяти проекциях визуально по 16 сегментарной модели. Дополнительным показателем систолической функции правого желудочка было фракционное изменение его площади [12,198]. Нарушения диастолической функции регистрировали на основании данных импульсно-волновой допплерографии трансмитрального потока и тканевой допплерографии диастолических скоростей движения фиброзного кольца. Рассчитывали систолическое давление в легочной артерии по градиенту трикуспидальной регургитации с учетом размера нижней полой вены и степени ее спадания во время вдоха. Методика проведения эхокардиоскопии соответствовала рекомендациям Европейской ассоциации из эхокардиографии в 2010 г. ХСН у больных диагностировали согласно рекомендациям Украинской ассоциации кардиологов (2012). Диагноз базировался на двух глобальных критериях: наличии субъективных и объективных симптомов и эхокардиографическом подтверждении дисфункции сердца.

Результаты и их обсуждение. При анализе анамнеза обратил на себя внимание быстрый прогресс симптомов сердечной недостаточности с изменением функционального класса (за NYHA) с I до IV в течение 1 месяца. При этом появление и нарастание одышки у 3 пациентов было спровоцировано чрезмерной физической нагрузкой, а у 4 пациентов явного триггерного фактора найти не удалось. До возникновения первых проявлений пациенты не наблюдались у врача по поводу болезни сердца и не принимали лекарственных средств, которые могли повлечь за собой сердечную дисфункцию. Пациенты отрицали факт злоупотребления алкоголем. Появление отеков нижних конечностей происходило в срок от 7 до 22 суток после возникновения одышки. Никто из пациентов не жаловался на боль в области сердца. Объективно имелись проявления бивентрикулярной сердечной недостаточности. У всех больных наблюдались одышка при минимальной физической нагрузке, акроцианоз, тахипноэ, выслушивались негромкие мелкопузырчатые хрипы в нижних отделах легких на фоне ослабления дыхания. У 3 пациентов был выявлен двусторонний гидроторакс, еще у 2 наблюдалось правосторонний выпот в плевральную полость, что было подтверждено во время ультразвукового исследования. У всех больных отмечалось расширение верхней, правой и левой границ относительной тупости сердца. Деятельность сердца на момент обследования была ритмичной у большинства лиц (6 из 7). Ослабление I тона на верхушке выслушивалось у всех больных, при этом у 3 пациентов зафиксирован мягкий систолический шум на верхушке, который проводился в подмышечную область. Тахикардия с частотой сердечных сокращений свыше 90 в минуту зарегистрирована у 4 пациентов. При этом систолическое артериальное давление ниже 110 мм рт. ст. имели 3 больных. Артериальная гипертензия во время обследования выявлена не была. Все пациенты имели гепатомегалию и значительные симметричные отеки нижних конечностей. У 2 обследованных наблюдались признаки асцита.

У всех пациентов на электрокардиограмме был зарегистрирован синусовый ритм с низким вольтажом. У 3 больных отмечены желудочковые экстрасистолы и локальные нарушения желудочковой проводимости, у 2 - полная блокада левой ножки пучка Гисса. Все больные имели неспецифические изменения сегмента ST и зубца T (депрессия до 1 мм, негативный и двухфазный зубец в стандартных и грудных отведениях).

Сывороточный уровень тропонина Т у всех пациентов находился в пределах референтных значений (< 0,04 нг/мл).

Во время эхокардиоскопии все обследованные имели признаки дилатации всех камер сердца, при этом у 2 из 7 визуально наблюдалось незначительное преобладание размеров левых отделов, у других - рост объема справа и слева был равномерным. Конечно-диастолический индекс левого желудочка колебался от 85 до 102 мл/м2 (порогом дилатации считали значение 75 мл/м2). Площадь правого желудочка варьировала от 29 до 35 см2. Глобальная систолическая функция как левого, так и правого желудочков была снижена. Медиана фракции выброса составила 30% (квартили 27; 34), среднего систолического движения митрального кольца - 4,8 см/с (квартили 3,8; 5,1). Наблюдалось диффузное снижение сократительности с преобладанием нарушений подвижности передней стенки левого желудочка у 3 из 7 обследованных. Все пациенты имели рестриктивный тип наполнения левого желудочка с повышением конечно-диастолического давления и признаками посткапиллярной легочной гипертензии с систолическим давлением от 41 до 55 мм рт. ст. Кроме того, на фоне дилатации камер определялась функциональная регургитация от незначительной к умеренной степени на митральном и трикуспидальном клапанах. Признаки правожелудочковой дисфункции включали снижение фракционного изменения площади, скорости движения трикуспидального кольца в систолу и дилатацию нижней полой вены с отсутствием адекватного спадания во время вдоха.

С учетом скорости прогрессирования сердечной дисфункции с манифестацией бивентрикулярной недостаточности в течение месяца от появления первых признаков заболевания и отсутствием клинических данных в пользу ишемической этиологии заболевания, невзирая на возраст больных и наличие традиционных факторов риска, был проанализирован анамнез жизни пациентов с акцентом на контакте с ксенобиотиками как возможным этиологическим фактором сердечной дисфункции. Необходимо отметить, что, к сожалению, единственным источником информации о характере труда, длительности контакта с вредностями и особенности профессионального маршрута является анамнез.

Так, из 7 обследованных 3 работали водителями более 20 лет, 2 пациента - сварщиками более 10 лет, а последние 2 пациента до пенсионного возраста были малярами и имели трудовой стаж более 25 лет.

Результаты мета-анализа свидетельствуют, что повышение концентраций взвешенных частиц, диоксида серы, угарного газа в воздухе тесно ассоциируется с количеством госпитализаций и смертности по поводу сердечной недостаточности. Развитие дилатационой кардиомиопатии может быть связано с токсичным влиянием лекарств, интоксикациями наркотическими средствами и алкоголем [4,1042; 6,53; 7,47; 8,889]. Описан случай тяжелой сердечной недостаточности у больного 26 лет на фоне интоксикации толуолом [5,373]. Согласно гипотезы Д.Д. Зербино и соавт., основным этиологическим стимулом развития ИБС у лиц в возрасте до 45 лет являются ксенобиотики. Авторами отмечается преобладание среди пациентов молодого возраста, которые перенесли инфаркт миокарда или умерли от него, представителей рабочих профессий, которые имели тесный контакт с ксенобиотиками (сварщики, паяльники, водители, литейщики, слесари и тому подобное). Ведущую роль исследователи отводят солям тяжелых металлов [1,56]. Созвучными являются данные M. Houston о значении концентрации ртути, кадмия и других тяжелых металлов в патогенезе артериальной гипертензии, ИБС и сердечной недостаточности [9,130]. Однако, в литературе не было найдено данных о развитии тотальной сердечной недостаточности, которая быстро прогрессирует у больных возрастом старше 60 лет, которые имели длительный контакт с опасными веществами, и прекратили работать во вредных условиях больше 5 лет тому назад в связи с выходом на пенсию. Логично допустить, что в отечественной практике пациентам с аналогичным течением заболевания чаще всего устанавливают диагноз диффузного кардиосклероза как формы ИБС. В то же время, появляется вопрос о характере субклинических изменений системы кровообращения у таких лиц до манифестации сердечной недостаточности и возможность их своевременной диагностики с целью предупреждения фатальных событий. Но эта проблема также не освещена в литературе.

Таким образом, у 7 пациентов, которые имели длительный профессиональный контакт с ксенобиотиками в анамнезе, наблюдались особенности манифестации и течения сердечной недостаточности, которые заключались в быстром прогрессировании симптомов бивентрикулярной дисфункции без повышения маркеров некроза миокарда и симптомов ишемической болезни сердца. Обозначенные атипичные черты заболевания целесообразно учитывать в диагностике с разделением их от ИБС. Необходимы дальнейшие исследования для определения критериев верификации аналогичных поражений сердечнососудистой системы у пациентов и разработки методов их дифференцированного лечения и профилактики.

Литература

1. Зербино Д. Д. Оценка загрязнения ксенобиотиками организма больных инфарктом миокарда молодого и среднего возраста по данным мультимедийного анализа волос / Д. Д. Зербино, Т. М. Соломенчук // Сердце и сосуды. - 2006. - № 4. - С. 53-58.

2. Зербино Д. Д. Системная экологическая теория этиологии и развития самых распространенных заболеваний сосудов / Д. Д. Зербино // Сердце и сосуды. - 2011. - № 2. - С. 6-11.

3. Пациент с ХСН в Украине: анализ данных популяции пациентов, обследованных в рамках первого национального средового исследования UNIVERS [Текст] / Л. Г. Воронков // Сердечная недостаточность: укр. наук.-практ. журн. для врачей по проблемам сердечной недостаточности. - 2012. - № 2. - С. 6-13.

4. Global association of air pollution and heart failure: a systematic review and meta-analysis / Shah A.S., Langrish J.P, Nair H. [et al.] // Lancet. - 2013. - Vol. 382. - P. 1039-1048.

5. Lisowska A. Severe heart failure due to toxic cardiomyopathy in a young patient – a case report / Lisowska A., Skibińska E., Musiał W.J. // Kardiol. Pol. - 2004. - Vol. 60, N. 4. - P. 372-373.

6. Toxic cardiomyopathy leading to fatal acute cardiac failure related to vandetanib: a case report with histopathological analysis / Scheffel R.S., Dora J.M., Siqueira D.R. [et al.] // Eur. J. Endocrinol. - 2013. - Vol. 168, N. 6. - P. 51-54.

7. Katamadze N.A. Left ventricular function in patients with toxic cardiomyopathy and with idiopathic dilated cardiomyopathy treated with Doxorubicin / Katamadze N.A., Lartsuliani K.P., Kiknadze M.P. // Georgian Med. News. - 2009. - Vol. 166. - P. 43-48.

8. Iacovoni A. Alcoholic cardiomyopathy / Iacovoni A., De Maria R., Gavazzi A // J. Cardiovasc. Med. (Hagerstown). - 2010. - Vol. 11, N. 12. - P. 884-892.

9. Houston M.C. The role of mercury and cadmium heavy metals in vascular disease, hypertension, coronary heart disease, and myocardial infarction / Houston M.C. // Altern. Ther. Health Med. - 2007. - Vol. 13, N. 2. - P. 128-133.

10. Lassnig A. Simulation model for cost estimation of integrated care concepts of heart failure patients / Lassnig A.., Schroettner J. // Health Econ. Rev. - 2013. - doi:10.1186/2191-1991-3-26.

11. Mahmood S.S. The epidemiology of congestive heart failure: the Framingham Heart Study perspective / Mahmood S.S., Wang T.J. // Glob. Heart. - 2013. - Vol. 8, N. 1. - P. 77-82.

12. Greyson C.R. Evaluation of right ventricular function / Greyson C.R. // Curr. Cardiol. Rep. - 2011. - Vol. 13, N. 3. - P. 194-202.

Воронцова Т.В.[1,2], **Мещеряков В.В.**[2]

[1] БУ ХМАО-Югры «Сургутская городская клиническая поликлиника №1»

[2] доктор медицинских наук, профессор ГБОУ ВПО «Сургутский государственный университет ХМАО-Югры»

СОВЕРШЕНСТВОВАНИЕ ПЕРВИЧНОЙ МЕДИЦИНСКОЙ ДОКУМЕНТАЦИИ В ЦЕЛЯХ ПОВЫШЕНИИ КАЧЕСТВА МЕДИЦИНСКОЙ ПОМОЩИ В ПОЛИКЛИНИКЕ

Введение. Одной из важных целей государства является предоставление населению доступной и качественной медицинской помощи. Доступность помощи определяется кадровыми, материально-техническими и организационными составляющими. Одним из организационных вопросов является технология оформления медицинской документации, т.к. чем быстрее врач оформит документацию, тем больше времени он посвятит пациенту. В тоже время оценка качества оказанной медицинской помощи происходит по записям, сделанным врачом во время его работы [1, 21]. Существенным недостатком в этом процессе является отсутствие научно обоснованного единого подхода к ведению первичной медицинской документации. Повышение качества медицинской помощи может быть обеспечено усовершенствованием учётных форм на основе их формализации и детализации. Данные, отраженные в медицинской документации больного, важны как для непосредственной работы с пациентом, так и для последующего экспертного анализа, научных исследований и формирования достоверной государственной статистической отчетности [2, 61]. Для решения этих вопросов в практическом здравоохранении используются стандартные отпечатанные типографским способом медицинские карты амбулаторного и стационарного больного, разрабатываются программные продукты для поликлиник, стационаров, диагностических центров. В России утвержден Национальный стандарт «Электронная история болезни. Общие положения» (ГОСТ Р 52636-2006). Важность стандартизации в сфере медицинской информатики давно осознана специалистами. Наиболее часто обсуждается следующие задачи стандартизации:

- Стандарты формализации медицинской информации с целью ее дальнейшей обработки.

- Стандартизация содержания и наполнения истории болезни, стандартные медицинские протоколы диагностики и лечения [3, 45].

Создание стандартов ведения электронных записей так и остается одной из наиболее значимых и трудных проблем, которая не решена ещё ни в одной стране мира. Именно на ее решение направлены основные усилия в области стандартизации в медицинской информатике..

Цель исследования – на основе медико-социологического исследования методом конкордации в двух группах респондентов установить организационную значимость (группа организаторов здравоохранения) внедрения формализации и детализации дневников записей врачей в медицинской карте амбулаторного больного (Ф№025/у) и медицинской карте стационарного больного (Ф№003/у) и определить наиболее удобные для использования формы указанных учётных форм (группа практических врачей).

Материалы и методы. Для достижения цели нами был проведен социологический опрос 20 организаторов здравоохранения БУ ХМАО-Югры «Сургутская городская клиническая поликлиника № 1», БУ ХМАО-Югры «Сургутская городская поликлиника №5», Сургутский филиал ОАО «Страховая медицинская компания «Югория-Мед», непосредственно принимающих участие во внутри- и вневедомственной экспертизе качества медицинской помощи по первичной медицинской документации; 20 из 56-ти практических врачей БУ ХМАО-Югры «Сургутская городская клиническая поликлиника № 1» различных специальностей, осуществляющих приём пациентов и заполнение первичной медицинской документации. Исследование проведено после их информированного согласия. Однородность группы организаторов здравоохранения характеризовалась средним стажем работы по специальности по величине моды (Mo=(min-max)) 13 (12-41) лет. Среди экспертов имеют высшую квалификационную категорию 70%, первую – 30%, ученую степень кандидата медицинских наук 20%. Однородность группы практических врачей характеризовалась средним стажем работы по специальности по величине моды (Mo=(min-max)) 5 (1-27) лет. Среди опрошенных врачей имеют высшую квалификационную категорию 15%, первую – 20%, вторую 5%, 60% - не имели квалификационной категории. Респонденты ранжировали в порядке значимости медико-организационные последствия перехода на формализованные учётные формы с их детализацией (организаторы здравоохранения) и различные технологии заполнения учётных форм (практические врачи) для выбора наиболее оптимального вида их усовершенствования. В каждой анкете предварительно на основе простого голосования после обсуждения выбрано по пять вариантов наиболее актуальных ответов. Согласованность мнений респондентов исследовалась методом конкордации путём расчёта коэффициента W Кэнделла [4,23; 5, 21] и уровня статистической значимости полученной закономерности показателем χ^2 с последующим определением величины «р» по соответствующему показателю χ^2 [6, 374].

Результаты исследования. Установлена согласованность мнений организаторов здравоохранения с высокой степенью её статистической значимости (W = 0,46; χ² = 36,8; p < 0,001) в следующей последовательности (от наиболее к наименее значимому) ожидаемых положительных результатов формализации и детализации учётных форм в поликлинике.

1. Повышение качества оформления первичной медицинской документации лечащим врачом (средний ранжированный уровень 1,3);

2. Уменьшение нагрузки на лечащего врача (средний ранжированный уровень 3,0);

3. Конкретизация внутри- и вневедомственной экспертной оценки медицинской помощи по первичной медицинской документации (средний ранжированный уровень 3,1);

4. Соблюдение стандартов, клинических протоколов и порядков оказания медицинской помощи (средний ранжированный уровень 3,65);

5. Возможность развития безбумажного документооборота в медицинских учреждениях (средний ранжированный уровень 3,85).

Большинство респондентов (16 из 20-ти – 80%) улучшение качества оформления первичной медицинской документации посчитали наиболее значимым результатом внедрения формализации и детализации учётных форм, а остальные результаты модернизации учётных форм – как следствие первого приоритетного вывода.

Из пяти предложенных в анкете видов учётных форм для поликлинического звена здравоохранения на основе их формализации и детализации 15 врачей из 20-ти (75%) выбрали следующий вид учётных форм: внедрение электронной карты пациента; форма описания осмотра пациента с детальным прописыванием этапов работы врача с пациентом с учётом специальности врача, пола и возраста пациента; форма предполагает для каждого врача возможность создавать индивидуальные дневники для каждого пациента и сохранять наиболее часто употребляемые шаблоны осмотров по нозологиям, со встроенными справочниками МКБ, стандартов оказания медицинской помощи, клинических протоколов, лекарственных препаратов, форм направлений на диагностические исследования, на консультацию, на госпитализацию, форм информированных согласий и отказов и т.д. (средний ранжированный уровень 1,4);

Установлена согласованность практических врачей по выбору наиболее оптимального вида учётной формы медицинской документации для амбулаторно-поликлинического звена с высокой степенью статистической значимости полученной закономерности (W = 0,45; χ² = 35,9; p < 0,001). Только 2 врача из 20-ти (10%) предпочли сохранить учётные записи на бумажном носителе, большинство же докторов считают необходимым переход на электронную карту (18 из 20-ти – 80%).

Заключение. Результаты медико-социологического исследования позволяет заключить о необходимости усовершенствования учётных записей врачей в первичной медицинской документации с помощью формализации и детализации с целью повышения качества медицинской помощи. На основании согласованного мнения врачей наиболее оптимальным следует считать электронную карту с шаблонами осмотра пациента, хранением информации, наличием нормативных и справочных документов, что обеспечивает оперативность работы врача и повысит качество медицинской помощи. Программное обеспечение для ведения электронной медицинской карты должно содержать блок хранения формализованной медицинской информации о случаях обращения пациента за медицинской помощью и блок экспертной оценки качества оказанной медицинской помощи.

Литература

1. Орлова, Т. С. Учетные формы в системе статистического, ведомственного и вневедомственного контроля качества медицинской помощи учреждения здравоохранения (на примере Костромской области) [Текст] / Т.С. Орлова // Заместитель главного врача. – 2012. - №5. - С. 18-28.

2. Подлужная, М.Я. Основные требования к оформлению медицинской карты амбулаторного больного [Текст] / М.Я. Подлужная, С.П. Шилова, Л.Д. Арасланова, Г.Е. Коршунова // Менеджер здравоохранения. – 2008. - №7. - С.60-65.

3. Зингерман Б.В., Шкловский-Корди Н.Е. "Национальный стандарт "Электронная история болезни. Общие положения" и его роль в создании медицинских информационных систем и единого информационного пространства здравоохранения» // Врач и информационные технологии – 2008. - N 1. – С. 44–52.

4. Артюхов, И.П. Применение методов экспертных оценок в научных исследованиях и в практической деятельности [Текст]: Учебное пособие для послевузовской подготовки врачей / Под ред. И.П.Артюхова. - Красноярск: КрасГМА, 2008. - 54с.

5. Шиган, Е.Н. Методы прогнозирования и моделирования в социально-гигиенических исследованиях [Текст] / Е.Н. Шиган. – М.: Медицина, 1986. - 208с.

6. Мерков, А.М. Санитарная статистика [Текст]: Пособие для врачей / А.М. Мерков, Л.Е. Поляков.– М.: Медицина, 1974. - 375 с.

Ivanova L.A., Garas M.N., Vlasova O.V.
Department of Pediatrics and Pediatric Infectious Diseases
Bukovinian State Medical University
garasn2005@rambler.ru

PHENOTYPIC PECULIARITIES OF BRONCHIAL ASTHMA IN CHILDREN DEPENDING ON THE GENE POLYMORPHISM HLUTATIONTRANSFERASE M1 AND T1 (GSTT1 AND GSTM1)

Bronchial asthma is multifactorial disease, which is based on the complex nature of the interaction of genetic and environmental factors [1, 231]. Based on the ecological and toxicological premise of many multifactorial diseases, including asthma, it seems appropriate to study the involvement of genes whose pathological effects on phenotypic levels manifested under the influence chemical factors [2, 440]. These genes include genes of biotransformation enzymes of xenobiotics, including glutathione-S-transferase [3, 493]. The results of the study of polymorphism of GSTT1, GSTM1 in children and adults with bronchial asthma are often contradictory and do not reflect the relationship of the different asthma phenotypes.

The aim of the study. Determine the impact of polymorphic variants of genes GSTT1 and GSTM on the formation of different asthma phenotypes in school children.

In the allergology department of regional children's hospital Chernivtsi were examined 372 school children with bronchial asthma, including 150 patients underwent molecular genetic tests. All children performed a comprehensive examination, which included evaluation of nonspecific bronchial hyperresponsiveness and skin hypersensitivity to nonbacterial allergens. Airway inflammation was studied due to cellular composition of induced sputum [4, 498]. Nonspecific bronchial hyperresponsiveness was evaluated by histamine test [5, 3]. Bronchial lability was studied as bronchial lability index (PLB), which is an evaluation the degree of spasm after dosed physical load and bronchodilation after inhalation of salbutamol [6, 882].

Molecular genetic studies of gene deletion polymorphism of GSTM1 and GSTT1 was performed by polymerase chain reaction.

Late-onset asthma was defined when the disease first manifested in a child over the age of six years. In determining severe asthma took into account the frequency of symptoms during the week and the number of hospitalizations per year [7, 315; 8, 53]. Eosinophilic type of asthma in children was determined in children with 3% or more eosinophils in induced sputum [9, 462]. Asthma of physical loading was characterized by development of bronchospasm after exercise (index bronchospasm was 15% or more). We determined patients with hyperreactive asthma when they had the presence of hypersensitivity to histamine ($PC_{20}H \leq 0,5$ mg / ml) during remission. Atopic asthma was characterized by a history of atopy in families and positive skin tests with nonbacterial allergens [10, 22; 11, 76].

In the study of the frequency of deletion polymorphism association GSTT1 and GSTM1 genes in children with different asthma phenotypes, we have produced the following results:

Table 1. Frequency of association of GSTT1 and GSTM1 genotypes in children with different phenotypes of asthma

Asthma phenotypes	Distribution of asthma phenotypes and genotypes of GSTT1 GSTTM1,%			
	GSTT1+ GSTM1+	GSTT1 – GSTM1+	GSTT1 + GSTM1-	GSTT1 – GSTM1-
Late-onset asthma, n=67	53,7	8,9	35,5	8,1
Atopic asthma, n=51	45,1	9,8	35,3	9,8
Asthma of physical loading, n=51	37,2	19,8	35,3	7,8
Eosinophilic asthma, n=46	45,6	15,2	28,3	10,9
Hyperreactive asthma, n=28	42,9	14,3	28,6	14,2
Severe asthma, n=72	43,0	8,3	34,7	13,9

These results suggest that the association of genotypes and GSTT1-GSTTM1+ is recorded in patients with eosinophilic, hyperreactive asthma, and asthma of physical loading most frequently. Combination of genotype and GSTT1 + GSTM1- found in patients with late-onset, atopic asthma, exercise and asthma of physical loading approximately with equal frequency. The presence of deletion polymorphism of GSTM1 and GSTT1 genes been registered in children with hyperreactive, eosinophilic, severe form of the disease most frequently. Has been found that the association of polymorphisms of GSTM1 and GSTT1 genes in patients with severe (13.9%) and hyperreactive (14.2%) asthma was observed significantly more often than their peers suffering from hyperreactive and moderate asthma - 3.6 % and 5.6% respectively ($p<0,05$).

Thus, for different phenotypes of bronchial asthma in school-age children was observed genotype GSTT1+ GSTM1+ and GSTT1+ GSTM1- most frequently. Deletion polymorphism of GSTM1 and GSTT1 genes was observed only in 9.3% of patients, but most often been reported in patients with severe and hyperreactive asthma.

Literature

1. A Statistical Model for Assessing Genetic Susceptibility as a Risk Factor in Multifactorial Diseases: Lessons from Occupational Asthma / E. Demchuk, B. Yucesoy, V.J. Johnson, [et al.] // Environ. Health Perspect. – 2007. – Vol. 115(2). – P. 231–234.
2. Genetic variation of genes for xenobiotic-metabolizing enzymes and risk of bronchial asthma: the importance of gene–gene and gene–environment interactions for disease susceptibility / A.V. Polonikov, V.P. Ivanov, M.A. Solodilova, [et al.] // Journal of Human Genetics. – 2009. – Vol. 54. – P.440–449.
3. Glutathione-S-transferase gene polymorphisms (GSTT1, GSTM1, GSTP1) as increased risk factors for asthma / L.Tamer, M.Çalikoglu, N.Aras, [et al.] // Respirology. – 2004. – Vol. 9. – P.493–498.
4. The use of induced sputum to investigate airway inflammation / I.D. Pavord, M.M. Pizzichini, E. Pizzichini [et al.] // Thorax. –1997.–Vol. 52, №2. – P.498-501.
5. Juniper E.F. Histamine and Methacholine inhalation tests / E.F. Juniper, D.W. Cockcroft, F.E. Hargreave. – Lund, Sweden, 1994. - 51 p.
6. Silverman M. Standardization of exercise tests in asthmatic children / M. Silverman, S.D. Anderson // Arch. Dis. Child. – 1972. – Vol. 47. – P.882-889.
7. Identification of asthma phenotypes using cluster analysis in the Severe Asthma Research Program / W.C. Moore, D.A. Meyers, S.E. Wenzel // Am. J. Respir. Crit. Care Med. – 2010 . – Vol.181. – P. 315–323.
8. Sterk P.J. Standartized challenge testing with pharmacological, physical and sensitizing stimuli in adults. Report Working Party Standardization of Lung Function Tests. European Community for Steel and Coal. Official position of the European Respiratory Society / P.J. Sterk, L.M. Fabbri, P.H. Quanjer [et al.] // Eur. Respir. J. –1993. – Vol. 6, Suppl.16. – P. 53-83.
9. Turner S.W. Determinants of airway responsiveness to histamine in children / S.W. Turner, L.J. Palmer, P.J. Rye [et al.] // Eur. Respir. J. – 2005. – Vol.25. – P.462-467.
10. Lemière C. The Use of Sputum Eosinophils in the Evaluation of Occupational: Use of Sputum Eosinophils as Early Markers for Occupational Asthma or as Prognostic Factors in Subjects with Occupational Asthma Removed / C.Lemière // Curr. Opin. Allergy Clin. Immunol. – 2004. – Vol. 4, №2. – P.22-26.
11. Phenotypes and endotypes of uncontrolled severe asthma: new treatments / P. Campo, F. Rodríguez, S. Sánchez-García // J. Investig. Allergol. Clin. Immunol. – 2013. – Vol.23. – P.76-88.

Valentina V. Moroz
V.I. Il'ichev Pacific Oceanological Institute FEB RAS, Vladivostok, Russia
E-mail: moroz@poi.dvo.ru

THE NORTH PACIFIC ISLANDS ARCS STRAITS IN THE INFORMATION-ANALYTICAL SYSTEM SEGMENT

Today the modern information technology using provides the possibility of the creation capacious allowance, database, atlas and their spreading through computer networks. In the V.I. Il'ichev Pacific Oceanological Institute (POI FEB RAS) of the Russian Academy of Sciences Far Eastern Branch is created specialized web-site "Oceanography and Marine Environment of the Far Eastern Region to Russia" (http://www.pacificinfo.ru). Information about supported in POI database, as well as about other information product on different aspect of the oceanography, meteorology and ecology of the north part of the Pacific ocean and Far Eastern Seas is available on site. The Site represents generally complex information-analytical system on oceanography of the Far Eastern Region [5]. One of the system component blocks is a segment, which representing results of the North Pacific Island Arcs studies (Fig. 1).

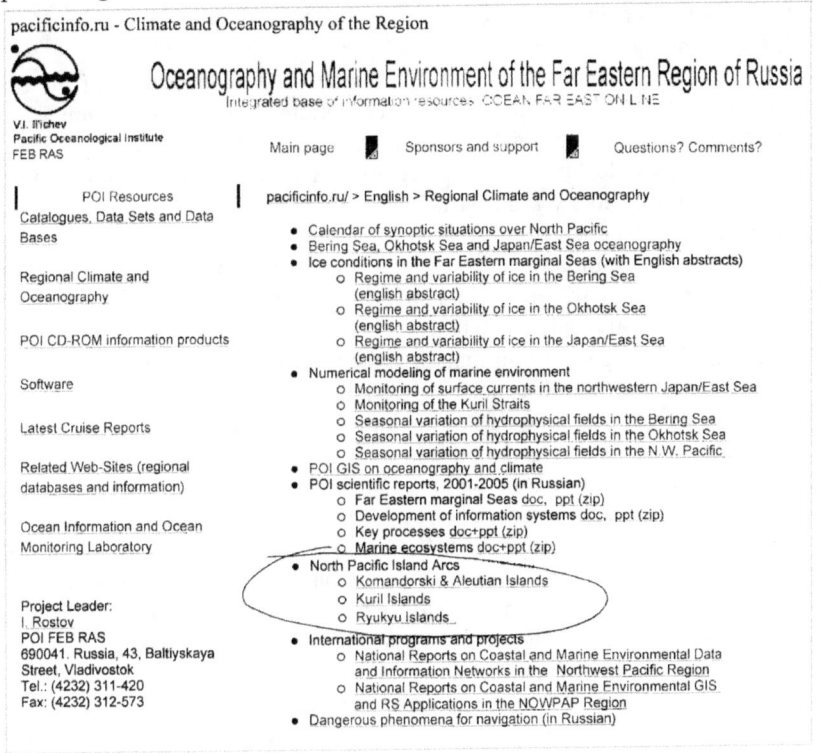

Fig. 1. The information site page

They are Aleutian, Kuril and Ryukyu Island Arcs and adjacent areas. These zones are the west border Kuril-Kamchatka, Oyashio and Kuroshio currents shaping. Currents are defines the hydrology conditions of the North Pacific region. At the same time, the Kuril and Komandor-Aleutian arcs regions are economic significant regions of Russian Far Eastern Seas. In ditto time, they are complex in oceanological attitude. That is characteristic of the whole arcs belt. The condition and variability of these region water physical features study is important for decision of the scientific problems and it is required for decision of the practical problems, navigation and the nature rational use.

Presented information in given segment was prepared on monograph material. Material based on the complex studies results of the thermohaline structure, water dynamic and hydrology-acoustic features variability with meteorological conditions account in Komandor-Aleutian, Kuril, Ryukyu strait zones and adjoining to him areas [1-4]. The Studies were organized on the POI FEB RAS databank base. Databank was included the archive and modern expeditionary observations materials in the investigation regions. As well as we used the hydrological and meteorological fifty-year observations.

The each region information structure consists the following sections:

1. The Sources data.
2. Bibliography.
3. Physical-geographical features and meteorological condition of the each region - general physical feature, climatic conditions, the air temperature, cloud, precipitation, evaporation, moisture, winds, tides.
4. Hydrological features - the temperature and salinity distributions, water masses, the sound velocity fields structure, water circulation of main straits and adjoining areas, tidal phenomenon.

Information is the collection of the generalized data and the perennial observations result. It was presented in the manner of tables, graphics, maps, text material and analytical conclusions.

The analytical part of information is the main results of the studies.

The types (the modification) vertical thermohaline water structure with their own index of the water masses take place in each of three regions of the arcs belt including strait zones and adjoining areas were installed the studies. Accordingly particularity of the features forming and variability of the vertical water structure in each region of arcs belt the water structures typing and geographical zoning were organized. Results were presented in tables. They are suitable, background information. The particularities of the water hydrology-acoustical structure (the sound velocities field) in each region were revealed. The numerical indexes of its features were determined. The weakly expressed three-dimensional sound canals forming alongside with usual flat sound canals in the subarctic water of the straits zone and adjoining region was installed. Emphases were spared for Kuril-Kamchatka, Oyashio and Kuroshio currents water. These currents are the main forming element of the Pacific Ocean northwest part water and island straits water, in particular. Herewith shown, that the currents water are subject of the water exchange through straits influence, in ditto time. That in significant measure defines the forming and evolution of the water currents themselves features.

This web-site is a part of the National United System of information on the World Ocean State independent regional segment. Given segment is the information-reference system section with the data visualizations possibility and it is ready for practical application in different aspects of sea activity in the Far Eastern region. In modern conditions such system required for the nature rational use on the sea and coast areas, for the nature protect action planning and realization. The simplicity of the use all data on given geographical region, viewing the cards, cut and other graphic information, presence accompanying text information with study analysis, possibility of the access broad circle users are the undoubted merit of such systems.

References

1. Bogdanov K.T., Moroz V.V. Structure, dynamics and hydrological-acoustic water characteristics of the Kuril Straits area. //Vladivostok. Dal'nauka. 2000. 152 pp.
2. Bogdanov K.T., Moroz V.V. Structure, dynamics and acoustical water characteristics of the Komandor-Aleutian Straits. //Vladivostok. Dal'nauka. 2002. 138 pp.
3. Bogdanov K.T., Moroz V.V. The Kuril-Kamchatka current and Oyashio current water. //Vladivostok. Dal'nauka. 2004. 141 pp.
4. Bogdanov K.T., Moroz V.V. Structure, dynamics and acoustical water characteristics of the Ryukyu ridge straits and adjacent areas. //Vladivostok. Dal'nauka. 2008. 141 pp.
5. Rostov I.D., Pan A.A., Rostov V.I., et. al. Oceanography data base system of POI FEB RAS for scientific investigations and sea activity in Far East region. // Bulletin of the FEB RAS. 2007. N 4. P. 85-95.

Proshkina Z., Ph.D. **Valitov M.**
V.I. Il'ichev Pacific Oceanological Institute FEB RAS pro-zo@yandex.ru

MONITORING TIDAL VARIATION OF GRAVITY IN THE TRANSITIONAL ZONE «CONTINENT – JAPAN SEA»

The aim of our study is long-term monitoring of tidal gravity variations [1,10] at the junction zone of marine and costal geological structures. On this site the variation of the gravitational field in addition to the effect of the moon, sun and earth tide, include the gravitational tide effect from hydrosphere Separation of the total of the gravity effect on component are an objective of our research.

Observation was developed at Marine Experimental Observatory (MEO) territory "Shults Cape" of V.I. Il'ichev Oceanological Institute Far East Branch Russian Academy of Science. MEO is situated at Gamov peninsula (42.58°N, 131.15°E, Russia) on the Coast of Japan Sea. Its location is corresponds with the stated purpose. This point is included in the global observation network of tide stations under the number 1406 [4,94].

Observations are from 2010, using high-precision gravimeters (Scintrex Autograv CG-5 (2010 – 2011) and gPhone Micro-g LaCoste (2012 – present)).

Graph of variation obtained after treatment with the original signal in the program T-soft [2,631], represented in Figure 1.

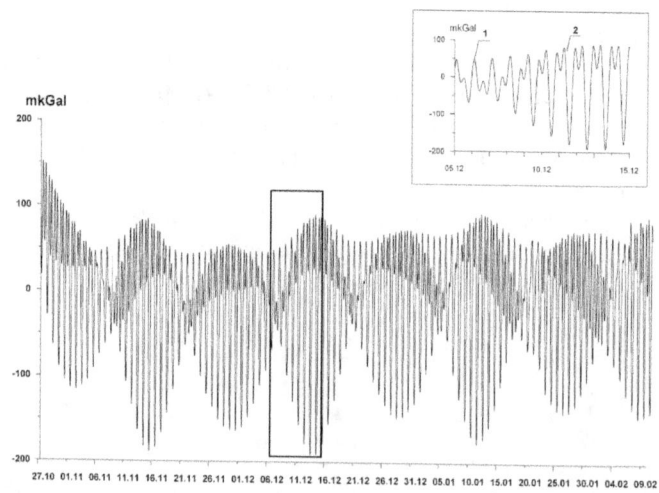

Fig.1. Tidal gravity variations from 27.10.2012 to 02.09.2013 in the inset: 1) diurnal wave 2) semidiurnal wave.

The result of our work was the allocation of spectrum for hidden periodicities and calculation of tidal parameters (δ- factor and phase delay α) main tidal waves daily and semi-diurnal character.

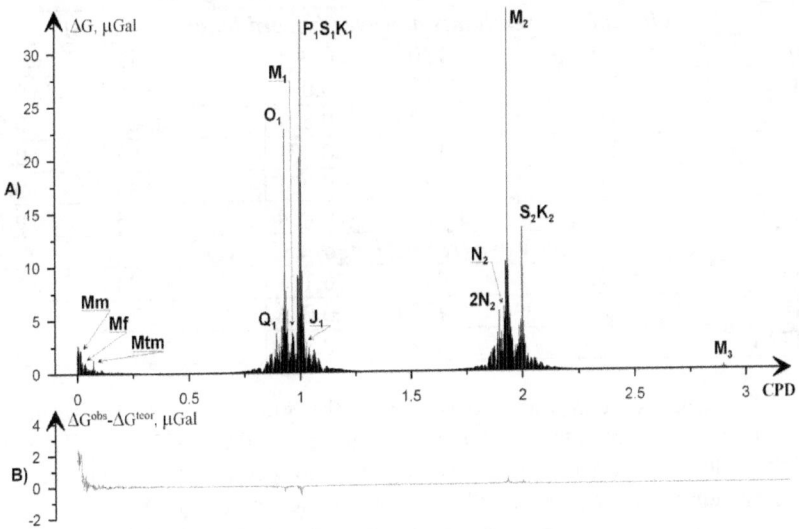

Fig. 2. Spectra of gravity variations obtained in 2012 - 2013:
A) observed, B) the difference between the observed and theoretical amplitudes in 2012-2013

To detect hidden periodicities we have calculated the Fourier spectra as observed gravity variations as, and for monitoring, theoretical tidal curve (Fig. 2). As can be seen from the figure, the difference of the amplitudes of the observed and theoretical waves in significant part (with a high signal / noise) of the spectrum are minimal. The greatest differences were observed in long-period waves, where for sure their allocation is not enough time of record.

For the calculation of the main tidal parameters δ-factor and phase delay α, used software package ETERNA [3, 9425]. The calculation results are shown in Table. The table shows that the diurnal and semi-diurnal waves are determined most reliably. According to calculations, the most noise immunity was wave M2. Phase delay in all cases close to the theoretical, except wave K2, which is probably due to insufficient duration of registration. Quality of allocation of long waves over the period is significantly lower. Standard deviations of the calculated δ-factor and phase delays are quite high. Increase of recording and minimizing the number of gaps in it will allow in the future to calculate the main parameters for the long-period tidal waves are more accurately.

Table. Values of tidal parameters.

Wave	Amplitude	δ-factor	ASD	α, delay of phase	ASD
Main diurnal and semidiurnal waves (record length 495 days)					
O1	350	1,130	±0,001	-0,79	±0,07
P1S1	163	1,130	±0,003	-0,26	±0,14
K1	482	1,108	±0,001	0,06	±0,05
M2	460	1,131	±0,001	0,67	±0,03
S2	214	1,131	±0,001	0,45	±0,06
K2	58	1,124	±0,004	1,23	±0,21
Long-wave (record length 232 days)					
MM	15	1,212	±0,138	-10,83	±6,54
MF	27	1,132	±0,073	-1,73	±3,7
MTM	6	1,292	±0,382	4,43	±16,93

We need to continue the observe the gravity field's variations for accurately tidal parameters and the tidal model of the study area. That will further allow to concretize the geological and geodynamic condition, and possibly identify a correlation with the seismological situation of the region.

This work was supported by grants from Far Eastern Branch of the Russian Academy of Sciences№13-III-D-07-004, №11-III-D-07-035, №10-III-D-07-033.

Literature

1. Melchior P. Earth tides. M.: Mir, 1968. 483 p.
2. Van Camp M. TSoft: graphical and interactive software for the analysis of time series and Earth tides / M. Van Camp, P. Vauterin // Computers & Geosciences. 2005. Vol. 31, N5. P. 631-640.
3. Wenzel H.G. The nanogal software: Earth tide data processing package ETERNA 3.30 / Wenzel H.G. // Bull. Inf. Marées Terrestres. 1996. Vol. 124. P. 9425–9439.
4. Timofeev V.Y, Ardyukov D.G., Gornov P.Y., Timofeev A.V., Stus Y.F., Kalish E.N., Kylinich R.G., Valitov M.G., Sizikov I.S., Kolpaschikova T.N., Proshkina Z.N., Sedusov R.G. Coseismic effects in the far zone of the Japan earthquake 11.03.2011 (according to coseismic geodesy and gravimetry)// News of higher education. Geodesy and aerial photography, №4/C, 2013. P.93-98.

Курысь В.Н.
доктор биологических наук, профессор, Северо-Кавказский федеральный университет
Денисенко В.С.
аспирант, Северо-Кавказский федеральный университет
Гзирьян Р.В.
аспирант, Северо-Кавказский федеральный университет

О ВОЗМОЖНОСТЯХ ФОРМИРОВАНИЯ ПРОФЕССИОНАЛЬНОГО ЗДОРОВЬЯ БУДУЩИХ ПЕДАГОГОВ

Всемирная организация здравоохранения определяет здоровье человека как полное физическое, психическое и социальное благополучие, что включает в себя и отсутствие болезней. Это определение достаточно ёмко, на наш взгляд, раскрывает суть этого понятия. В то же время дефиниций понятия «здоровья» насчитывается более двухсот. Большинство из них обусловливается рядом факторов - исторических, географических, политических, экономических, социальных и др. К социальным факторам относят прежде всего то обстоятельство, что в настоящее время условия жизни, социальный статус, характер трудовой деятельности, сопутствующие психофизические нагрузки и другие показатели жизнедеятельности, кардинально отличаются друг от друга, имеют, как правило, личностно-ориентированный характер. В этой связи сущность понятия здоровья носит, или по крайней мере, должна носить универсальный характер, но, часто, далеко не в полной мере отражает суть здоровья конкретного человека. По этой причине в научной литературе имеется не только значительное количество различных дефиниций этого понятия, но и вводятся в оборот более узконаправленные определения здоровья, которые отражают сущность здоровья как такового, применительно к определённой группе людей, объединённых по какому-либо признаку, например по специфике социальной деятельности. Таким может быть понятие «профессиональное здоровье» которое определяется как необходимый и достаточный уровень общей и специальной функциональной подготовленности организма, обеспечивающий эффективность трудовой деятельности, полное восстановление систем и функций организма к предстоящему рабочему дню, а также способствующий общему и профессиональному долголетию человека [4, 15-16]. Исходя из этого определения, можно полагать, что представление о профессиональном здоровье для людей различных профессий в обобщённом виде будет неоднозначным, с акцентом в каждом случае на специфику трудовой или учебной деятельности индивида.

Суть профессионального здоровья будущего педагога также весьма специфична, и, по нашему мнению, может определяться рядом факторов, в том числе, получаемой специальностью, статусом образовательного учреждения, культурой региона, контингентом учащихся и др.

Формирование профессионального здоровья педагога, как важнейшего компонента его жизнедеятельности, представляет собой длительный и достаточно сложный процесс, требующий целенаправленного системного подхода к его формированию и совершенствованию. Одним из важнейших и благоприятных периодов для построения собственного профессионального здоровья каждого педагога является время его обучения в вузе как студента. Это время, на наш взгляд, наиболее приемлемо для формирования в сознании обучающегося образа-модели процесса построения, развития и совершенствования своего профессионального здоровья на период обучения и, что не менее важно, времени будущей педагогической деятельности. К настоящему времени в теории и методике физического воспитания формируются и развивается ряд подходов к формированию профессионального здоровья ценностями физической культуры. Результаты предварительного исследования этой проблемы дают основание полагать, что к наиболее действенными из них для формирования профессионального здоровья будущих педагогов целесообразно относить подходы, основанные на видах двигательной активности, объединенных понятием «фитнес», общая и специальная физическая подготовка. К наиболее популярным средствам, составляющих суть этого понятия, применительно к девушкам студенткам относят ритмическую гимнастику, позволяющую своим содержанием формировать функциональную готовность организма к специфической педагогической деятельности, телесно-двигательную культуру личности девушки, пластику движений, грациозность [5,14; 6, 232-236]. Не менее важной образовательной и воспитательной ценностью ритмической гимнастики является возможность формирования её средствами музыкально-ритмической культуры будущего педагога. Полагаем, что гипотетическая эффективность применения ритмической гимнастики в процессе формирования профессионального здоровья девушек будущих педагогов требует несомненного подтверждения в процессе педагогического экспериментирования [3, 775]. Приведённое выше мы в полной мере относим к проблеме формирования профессионального здоровья будущих педагогов в области физической культуры. Следует подчеркнуть, что профессиональное здоровье и студента вуза сферы физической культуры, и педагога в этой области, существенно отличается от характерных особенностей профессионального здоровья преподавателей других учебных дисциплин. В основе отличия лежит специфический двухкомпонентный характер учебной и профессиональной деятельности будущего преподавателя физической культуры (Рис. 1) [1, 109].

Формирование профессионального здоровья студента вуза сферы физической культуры, как и будущего педагога в этой области мы понимаем целенаправленный процесс общей и специальной функциональной подготовки организма человека, обеспечивающей эффективность учебной интеллектуальной и телесно-двигательной деятельности и полное восстановление систем и функций организма к последующему академическому занятию или рабочему дню профессионала.

Рис.1. Компоненты профессиональной подготовки будущего бакалавра в области физической культуры

Исходя из отмеченного оптимальное в функциональном аспекте процесс профессиональное здоровье педагога может выступать как обязательное условие его эффективной педагогической деятельности. Следует подчеркнуть, что процесс формирования профессионального здоровья как обеспечивающий необходимое постоянство готовности студента и педагога к эффективной учебной и производственной деятельности, должен иметь характер непрерывности и строиться в соответствии с принципами непрерывности социальных процессов и явлений [2, 125]. Частным, но очень важным для нашего случая является правило образовательной направленности непрерывного процесса развития профессионального здоровья студентов и преподавателей сферы физической культуры. Именно в этом заключается в данном случае смысл принципа единства телесно-двигательной (а с нею и специальной физической) и профессионально-интеллектуальной видов подготовки. Изучение состояния проблемы теоретико-методологического и методического обеспечения процесса формирования и развития профессионального здоровья будущих и действующих педагогов в области физической культуры, изучение имеющегося опыта показало перспективную возможность реализации отмеченного путем применения теоретически и методически обоснованных средств непрерывной специальной физической подготовки. А эффективность применения отмеченных средств, как отмечалось выше, весьма целесообразно подтвердить путем проведения специально организованного педагогического экспериментирования.

Изложенное выше позволяет предположить, что средства ритмической гимнастики для девушек будущих педагогов и средства специальной физической подготовки для юношей и девушек будущих педагогов в области физической культуры могут быть существенными факторами эффективности процесса формирования профессионального здоровья будущего и действующего педагога.

Литература

1. Денисенко В.С. Развитие двигательных способностей будущего специалиста в области физической культуры как проблема формирования его профессиональной компетентности // Сборник материалов международной студенческой научно-практической конференции 31.03.11. – 02.04.11. г. Ростов-на Дону. – ПИЮФУ, 2011, 106-111.
2. Курысь В.Н. Концепция общего непрерывного образования в области физической культуры // V международный конгресс «Человек, спорт, здоровье» 21-23 апреля 2011 г., Санкт-Петербург, Россия: Материалы конгресса / Под ред. В.А. Таймазова. – СПб., Изд-во «Олимп – СПб», 2011. – 125-126.
3. Курысь В.Н., Гзирьян Р.В. Ритмическая гимнастика как элемент духовности физической культуры личности // журнал Фундаментальные исследования. - 2013. - № 11 (часть 4) - стр. 772-777.
4. Курысь В.Н., Сляднева Л.Н. Взгляды на общее непрерывное образование в области физической культуры в пространстве педагогической антропологии // Теория и практика физической культуры. 2004. - №12.
5. Сляднева Л.И. Двигательно-пластическая подготовка педагога-воспитателя на основе осознанной интериоризации тела: автореф. дис. канд. пед. наук: 13.00.04 / Сляднева Людмила Ивановна. – Майкоп, 2001. - 24 с.
6. Фомина Н.А. Музыкально-двигательное воспитание в области физической культуры: учебное пособие: Дисс. докт. пед. наук. – Волгоград. – 2004. – 456 с.

Махиня Н.В.
кандидат педагогических наук
доцент кафедры иностранных языков
Черкасский государственный технологический университет,
Черкассы (Украина)
zhmurko_n@mail.ru

ОПЫТ ОРГАНИЗАЦИИ ПОСЛЕДИПЛОМНОГО ОБРАЗОВАНИЯ В ЕВРОСОЮЗЕ: ЕВРОПЕЙСКАЯ АССОЦИАЦИЯ ОБРАЗОВАНИЯ ВЗРОСЛЫХ

Поиск собственной модели развития украинской национальной политики в сфере образования взрослых, разработка и внедрение Концепции образования взрослых, эффективная деятельность различных институтов в области требует осознания имеющихся практик в контексте общеевропейской парадигмы. В связи с этим возникает необходимость анализа международных нормативно-правовых документов, создание и укрепление собственной нормативной базы внедрения стратегических задач эффективной национальной системы образования взрослых; системного и детального анализа теоретических основ развития и практического опыта образования взрослых в развитых странах Западной Европы, выявление тенденций развития современной методологии образования взрослых и разработка критериев адаптации практики европейских систем образования взрослых к отечественному опыту.

Современная экономика требует от специалиста в процессе профессионального роста регулярно пополнять свои знания и навыки. Исследователи отмечают, что для достижения социального успеха, современному человеку необходимо, по крайней мере, четыре раза сменить сферу профессиональной деятельности. Для тех, кто занят в одной области долгое время, необходимо обновлять и повышать свою квалификацию не реже одного раза в три года.

По статистике Евростата [3], более трети населения ЕС в возрасте 25-64 лет участвует в формальном и неформальном образовании и тренингах. При этом молодежь, независимо от пола, проявляет большую активность: более 80% молодых людей участвует в неформальном образовании и тренингах, около 6% – в формальном образовании. Формальное образование более длительное, чем неформальное или тренинги. Работодатели и образовательные институты, предоставляющие неформальное образование, являются его крупнейшими провайдерами. Вместе они проводят большую часть мероприятий неформального образования и тренингов.

Европейская комиссия и страны – члены ЕС определили обучение в течение жизни (а значит, и образование взрослых) в пределах Европейской стратегии занятости как всестороннюю учебную деятельность, осуществляемую на постоянной основе для улучшения знаний, навыков и профессиональной компетенции. Главная идея нового подхода состоит в том, что непрерывное образование перестает быть лишь одним из аспектов образования и переподготовки специалистов. Оно становится ведущим принципом образовательной системы и участия в ней человека в течение всего непрерывного процесса учебной деятельности.

В мировой практике сложились многоуровневые структуры неправительственных организаций, функционирующих в сфере образования взрослых:

- Глобальный уровень (Международный Совет по образованию взрослых);

- Континентальный уровень (Европейская Ассоциация образования взрослых);

- Региональный уровень (Северный Совет по образованию взрослых);

- Национальный уровень (Совет по образованию взрослых в отдельно взятой стране) [2, 41-42].

Международный Совет по вопросам образования взрослых (ICAE), (EAEA), Азиатское Бюро по вопросам образования взрослых (ASPBAE) и Институт по вопросам международного сотрудничества германской ассоциации образования взрослых (DVV) плодотворно работают, исследуя различные аспекты проблемы обучения взрослого населения.

Анализ философской, психолого-педагогической литературы по проблемам непрерывного обучения и образования взрослых позволяет констатировать, что профессиональная координационная деятельность EAEA, Европейской ассоциации образования взрослых (*англ.* European Association for the Education of Adults), получила активное мировое распространение в 80-х годах XX в. – в начале XXI века. Эта мощная европейская организация усиливает евроинтеграцию стран ЕС, разрабатывает евростандарты в сфере образования взрослых, учитывает национальные традиции и специфику. Организация объединяет более 140 национальных организаций из 40 стран и представляет интересы более 50 миллионов взрослых во всей Европе. Штаб-квартира EAEA расположена в г. Брюссель (Бельгия).

Результаты научного анализа свидетельствуют, что влияние теоретической и практической деятельности EAEA не рассматривалось отечественными учеными в области образования взрослых. Анализ научных источников, посвященных проблематике развития национальной стратегии в сфере образования взрослых, позволил определить следующие направления научных исследований:

- Философские основы национальных систем образования на основе решения противоречий между глобальным и локальным, между усилением унификации и сохранением национальной идентичности;
- Концептуальные положения методологии сравнительной педагогики в сфере образования взрослых и андрагогики;
- Исследования ученых – членов ЕАЕА, посвященные различным теоретическим проблемам в сфере образования взрослых: андрагогика, непрерывное образование, экология, образование в течение жизни, неформальное образования взрослых, самовоспитание личности, стратегии национальной политики в сфере образования взрослых – демократизация образования взрослых, международная кооперация в отрасли образовании взрослых, политика пожизненного обучения в сфере образования взрослых, законодательные вопросы образования взрослых, направления и формы образования взрослых, учреждения образования, ассоциации, общественная работа, дистанционное образование, методы обучения взрослых в странах Европы (мозговой штурм, тренинги, мнимые тренировки, планы коммуникации, психогимнастика и пр.) [1, 173].

Считаем, что согласование евроинтеграционной стратегии Украины в сфере непрерывного образования и развития национальной системы образования взрослых со стратегией теоретической и практической деятельности ЕАЕА будет способствовать разработке теории деятельности отечественной общественной организации в сфере образования взрослых, которая должна быть создана, согласованию ее координационной деятельности с деятельностью европейских общественных структур, расширению содержательной направленности проектной деятельности и влияния на развитие отечественной теории и практики в сфере образования взрослых.

Литература:

1. Махиня Н. Нормативно-правовое сопровождение образования взрослых в странах Евросоюза / Н. Махиня // Вектор науки Тольяттинского государственного университета. Серия: Педагогика, психология: ежеквартальный научный журнал. – Тольятти, 2013. – № 3 (14). – С. 172–175.
2. Сігаєва Л. Уміння й навички самостійної роботи у професійному становленні дорослої людини / Л. Сігаєва, М. Гордієнко ; АПН України, Інститут педагогічної освіти і освіти дорослих. – К. : ЕКМО, 2007. – 167 с.
3. Eurostat. The Life of women and men in Europe, A statistical portrait, 197 pages, ISBN 92-894-3569-2, EUR 30.

Калачев Н.В.
доцент, к. ф.-м.н., кафедра «Математика 1», Финансовый университет при Правительстве РФ, Москва, 125993, Москва, Ленинградский просп., 49,
nkalachev@fa.ru

ПРИМЕНЕНИЕ ДИСТАНЦИОННЫХ ФИЗИЧЕСКИХ ПРАКТИКУМОВ КАК ЭЛЕМЕНТ ОТКРЫТОГО ОБРАЗОВАНИЯ

В докладе описан опыт по проведения дистанционных физических практикумов (ФП) на кафедрах физики НИУ МГТУ им. Н.Э. Баумана (лаб. НИРС), Московского университета путей сообщения (МИИТа), МПГУ и в других университетах. Важной особенностью при проведения ФП является эффективное использование функций современных информационных технологий, которые наиболее ярко проявляются при дистанционном обучении. Среди них следует отметить интерактивную обучающую систему видео допусков к лабораторным занятиям, различные компьютерные тренажеры, оптимально сочетающие натурный, виртуальный и вычислительный эксперименты, виртуальные физические практикумы и лабораторные работы с удаленным доступом. В этом случае ФП, оптимизированные для открытого образования, выступают как инновационные технологии, преобразующие характер обучения в отношении целевой ориентации, организации активного участия обучаемых в творчестве, новых форм самостоятельной работы, способов взаимодействия преподавателя и студента, возможности дифференциации, индивидуализации.

Результаты педагогического эксперимента, проведенного в ряде университетов, показали, что создана система практических занятий, оптимизированная на основе системного подхода, которая формирует у обучаемых исследовательские компетенции и способствует превращению студента в полноправного субъекта образовательной деятельности, активно участвующего в создании эффективной информационно-образовательной среды и осуществляющего диалогическую субъект-субъектную коммуникацию с преподавателем и другими участниками исследовательского мини-коллектива [1-3]. Для получения допуска к выбранной ранее лабораторной работе, студенты должны ответить на вопросы, включающие общую теорию и более узкую теорию конкретной лабораторной работы, в частности технику и методику проведения экспериментов, вывод рабочих формул, схемотехническое моделирование, оценить размеры ошибок измерений и обработки экспериментальных данных. При этом ряд тестовых заданий позволяет оценить способность студентов к обобщённым методам экспериментального исследования как будущих инженеров и степень сформированности их исследовательских компетенций.

Созданный интерактивный режим видео допуска позволяет студентам приступать к проведению натурных и дистанционных экспериментов только при правильном ответе на все поставленные вопросы и выполнении тренировочных тестов. Каждый пункт задания сопровождают подробные теоретические объяснения, имеются также гиперссылки на электронные учебники и ресурсы сети Интернет. Дата и время прохождения теста, результаты тестирования и другие параметры выводятся на монитор, заносятся в электронный журнал и могут быть высланы на требуемый электронный адрес в виде базы данных по конкретному студенту или по группе студентов. Система допуска позволила реализовать следующие процедуры:

• дифференцировать студентов по степени подготовленности проводить экспериментальные исследования;

• оптимизировать тестовые задания по их качеству (по дифференцирующей способности и трудности в параллельных вариантах);

• оценить степень сформированности исследовательских компетенций обучаемых;

• оценить временные затраты и настойчивость (по числу попыток), т.е. получить индивидуальные личностные характеристики, что необходимо для формирования творческих мини-групп, выполняющих проектно-лабораторные работы по темам рабочей программы, вынесенным на самостоятельную работу.

В ходе проведения ФП решается задача превращения учебной экспериментальной работы в модель учебно-научного исследования с присущими ему атрибутами – построением математических и физических моделей рассматриваемых процессов и явлений, исследованием частных и предельных случаев найденных решений, поиском и разбором аналогий с другими задачами и явлениями, а также сравнением методов их анализа. При использовании информационных компьютерных технологий студент может самостоятельно разрабатывать пути решения задач, проводить эксперименты (дистанционно и виртуально), строить модели физических явлений и процессов, планировать эксперимент, выбирать измерительные средства и методы измерения необходимых физических величин. Разработанные методы оптимизации методики проведения физических практикумов в вузах позволяют реализовать в учебном процессе дневного и открытого образования в цикле естественнонаучных дисциплин полную систему виртуальных и материальных носителей дидактических средств и принципов в их современной и доступной интерпретации.

Результаты проведенных педагогических экспериментов и научных исследований были внедрены на кафедрах физики различных университетов Москвы и в Институте транспорта и связи (TTI) (Латвия, г. Рига) [1].

При этом было показано, что образовательный процесс, основанный на нашем методологическом подходе к оптимизации методики проведения физических практикумов, направлен в первую очередь на обеспечение индивидуальной (в т.ч. автономной) и групповой самостоятельной деятельности учащихся по решению учебных и учебно-исследовательских задач на основе создания адекватного поставленным целям программно-методического и лабораторного комплекса. Таким образом, активное использование физических практикумов, оптимизированных на основе системного подхода, в системе высшего профессионального образования открывает дополнительные возможности для всестороннего освоения основ и методов наукоемких технологий, в том числе в условиях открытого образования [4-5].

Литература

1. Калачев Н.В. Применение видео систем для расширения возможностей проведения лабораторных проблемно-ориентированных практикумов [Текст] / Н.В. Калачев, А.А. Кривченков, Б.Ф. Мишнев, А.А. Муравьев, А.Е. Муравьева // Вестник МГТУ им Н.Э. Баумана, серия «Естественные науки» –2010. – № 1. – С. 110–117.

2. Калачев Н.В., Кокин С.М. Оптимизация физических практикумов: Теоретические аспекты преподавания естественнонаучных дисциплин в условиях открытого образования. Монография. – Parmarium, Academic Publish. Berlin, 2013. – 264 с.

3. Калачев Н.В., Кокин С.М. Оптимизация физических практикумов: Практические аспекты преподавания естественнонаучных дисциплин в условиях открытого образования. Монография. – Parmarium, Academic Publish. Berlin, 2013. – 268 с.

4. Калачев Н.В. Формирование профессиональных компетенций творческого характера в методической системе экспериментальной подготовки по физике студентов педагогических вузов [Текст] / Н.В. Калачев, А.В. Смирнов С.А. Смирнов, // Физическое образование в вузах.– 2013. – Т. 19. – № 1. – С. 31–36.

5. Калачев Н.В. Новые средства для подготовки будущих учителей физики и технологии к обучению электронике на профильном уровне [Текст] / В.Б. Венславский, Н.В. Калачев, А.В. Пономарёв, А.В. Смирнов С.А. Смирнов, // Физическое образование в вузах.– 2013. – Т. 19. – № 4. – С. 101-106.

Ягопольский А.Г.
ст. преподаватель, Заместители декана МГТУ имени Н.Э.Баумана
Комкова Т.Ю.
к.т.н., доцент, Заместители декана МГТУ имени Н.Э.Баумана
Комков А.Е.
аспирант МГТУ имени Н.Э.Баумана

СОЦИАЛЬНО-ПЕДАГОГИЧЕСКАЯ ДЕЯТЕЛЬНОСТЬ КУРАТОРА В ВУЗЕ В СОВРЕМЕННЫЙ ПЕРИОД

Кураторская работа является одной из форм учебно-воспитательной деятельности педагогического коллектива МГТУ имени Н.Э.Баумана. Многолетний опыт МГТУ имени Н.Э.Баумана показывает, что кураторство – это незаменимая и эффективная система взаимодействия преподавателей и студентов. Она позволяет решать многие задачи, в том числе оказывать студентам помощь в учебе и других возникающих проблемах, передавать молодежи жизненный опыт, знания и традиции, оказывать определенное воздействие на их мировоззрение и поведение. Конечной целью вузовского образования является подготовка высококвалифицированного специалиста, отвечающего всем современным требованиям, патриота и гражданина своей страны, высоконравственного, культурного человека, обладающего широкой эрудицией. Существенный вклад в решение этой задачи вносят кураторы, т.к. именно кураторская работа наиболее органично сочетает в себе процессы обучения и воспитания. Куратор, прививая любовь к своей специальности, профессии, Университету, подчёркивает неразрывность интересов отрасли и государства [1],[3].

Работа куратора академической группы, как вид человеческой деятельности, обладает следующими принципами: целенаправленностью, мотивированностью и продуктивностью, а продуктивность в свою очередь является основной характеристикой кураторской работы.

Эффективная деятельность куратора подразумевает работу по нескольким направлениям:

Информационная работа предполагает ответственность куратора за своевременное получение студентами необходимой им информации относительно учебных и вне учебных мероприятий, в которых они должны принять участие.

Аналитическая работа предусматривает планирование и организацию воспитательной работы учебной группы на основании учета куратором определенных критериев; межличностных отношений в коллективе, мотивов учебной и познавательной деятельности студентов, уровня их интеллектуального развития, индивидуальных особенностей, социально-бытовых условий жизни, состояния здоровья, результатов учебы и тому подобное.

Коммуникативная и социальная работа – т.е. работа по самореализации студента в гуманистично-ориентированном взаимодействии «педагог-студент». Куратор учебной группы помогает воспитаннику в личностном развитии, усвоении и принятии общественных норм, ценностей, соблюдении принципов духовно полноценного бытия и пр.

Высокая эффективность кураторской работы в учебной группе достигается только при условии ее построения на основании следующих основных принципов:

Принцип комплексного подхода в воспитании, который имеет целью влияние на все грани личности студента, чтобы воспитать его как высококвалифицированного специалиста.
Куратору необходимо объединить все усилия и средства в воспитании студентов для успешного решения комплексного задания: подготовки будущего специалиста, формирование его как творческой личности.

Принцип дифференцированного подхода с учетом индивидуальных особенностей студентов, который требует от куратора проведения работы на основании глубокого и всестороннего изучения студентов.

Принцип активности и самостоятельности требует такой организации воспитательной работы, которая способствует активности студентов, формированию у них интеллектуальных и моральных качеств, развивает инициативу и организаторские навыки.

Принцип воспитания в группе и в коллективе заключается в том, что коллектив учебной группы как основная ячейка студентов ВУЗа не только должен объединять их для общего выполнения учебных заданий, но и одновременно выступать как воспитательная сила. Сила влияния куратора значительно растет, когда он выступает как старший член коллектива и опирается в своей воспитательной деятельности на актив и весь коллектив своей учебной группы.

Принцип преемственности и перспективности определяет своим заданием соблюдение преемственности в содержании, организационных формах, методах и средствах воспитательной работы и требует от куратора точного учета уровня сформированности отдельных качеств личности, профессиональных умений и общего развития каждого студента.

Принцип определения позитивного предусматривает, что куратору необходимо уметь найти в своих воспитанниках задатки позитивных качеств и, опираясь на них, успешно разрешать задание формирования личности в целом.

Формы кураторской работы включают тематические кураторские часы, посещение музея Университета, привлечение студентов к подготовке и проведению студенческих научно-технических конференций, юбилеев выдающихся учёных, конкурсы студенческих рефератов и т.д., а функции куратора можно разделить на *организационную,* включающую:

обеспечение участия студентов в мероприятиях факультета и Университета; координация работы группы с деятельностью других подразделений Университета; выявление активных студентов с последующим привлечением их к участию в различных сферах университетской жизни; информационное обеспечение группы и пр.; *воспитательную,* состоящую в воспитании ответственного отношения к учебе и общественно-полезному труду; в формировании сплочённого студенческого коллектива и воспитания личности, умеющей согласовывать свои интересы с интересами коллектива и пр.; *методическую,* заключающуюся в обучении студентов навыкам организаторской деятельности, умению работать в коллективе; ведению воспитательной работы с группой; оказанию методической помощи по организации самообразования и свободного времени студентов.

Кураторы должны учитывать факторы и показатели, которые влияют на отношение студентов к учебе, а именно: стремление стать высококвалифицированным специалистом и, тем самым, лучше подготовиться к будущей деятельности и обеспечить себе профессиональную карьеру; интерес к изучаемым дисциплинам и пр;

Работа куратора строится на принципах взаимного доверия, уважения, активного диалога, помощи студентам и направлена на решение следующих задач, таких как: содействие адаптации студентов к условиям учебного процесса, принятым нормам и этике поведения в Университете; содействие осознанному выбору образовательной траектории (уровень образования, специализация и т.д.) каждым студентом с учетом его стремлений и способностей, формированию у них устойчивого, позитивного отношения к своей будущей профессии, Университету, стремления к постоянному самосовершенствованию; координация учебно-воспитательной работы, создание более тесного контакта между администрацией, общественными организациями, профессорско-преподавательским составом Университета и студентами; оказание помощи в организации учебного процесса студенческих групп [2],[3].

Таким образом, куратор - одно из направлений профессиональной деятельности вузовского преподавателя, связанное с педагогической поддержкой студентов как взрослых обучающихся. Личность студента - целостная самоорганизующаяся система, более устойчивая, чем личность школьника, однако считать личность студента законченной формой еще рано, т.к. психосоциальное развитие продолжается. Таким образом, личность студента можно рассматривать как еще нуждающуюся в управлении со стороны педагогов, т.к. многие качества еще продолжают возникать и развиваться.

Список литературы

1. Памятка первокурсника: Учебное пособие /В.И. Авдеева, В.К. Балтян, Б.Н. Падалкин, Ю.Б. Цветков; под ред. А.А. Александрова М.: МГТУ им. Н.Э. Баумана, 2013. - 135 с.
2. Цибизова, Т.Ю. Подготовка высококвалифицированных специалистов в системе непрерывного профессионального образования (на примере МГТУ им. Н.Э.Баумана) [Текст] / Т.Ю.Цибизова // European Social Science Journal. – 2011. – №2. – С. 154-159. (0,375 п.л.)
3. Цибизова, Т.Ю. Современные подходы к профильному обучению как подсистемпе непрерывного профессионального образования [Текст] / Т.Ю.Цибизова // European Social Science Journal. – 2011. – №6. – С. 218-221. (0,25 п.л.)

Виноградов В.Ю.
ассистент МГТУ имени Н.Э.Баумана dual.69@mail.ru
Кураков С.В.
ассистент МГТУ имени Н.Э.Баумана, kurakovserg@rambler.ru
Комкова Т.Ю.
к.т.н. доцент МГТУ имени Н.Э.Баумана, tkomkova@list.ru
МГТУ имени Н.Э.Баумана

СИСТЕМНО-ОРИЕНТИРОВАННЫЙ ПОДХОД ПРИ БАЗОВОЙ ТЕХНОЛОГИЧЕСКОЙ ПОДГОТОВКЕ СТУДЕНТОВ ТЕХНИЧЕСКИХ УНИВЕРСИТЕТОВ

В соответствии с Федеральной целевой программой развития образования на 2011-2015 г.г. одним из основных направлений повышения качества подготовки обучающихся: бакалавров, специалистов, молодых исследователей, аспирантов и докторантов высших учебных заведений является получение оценки своих достижений (в том числе с использованием информационно-коммуникационных технологий) через добровольные и обязательные процедуры оценивания для построения на основе этого индивидуальной образовательной траектории, способствующей социализации личности. Профессиональную компетентность технических специалистов можно определить по таким критериям, как:
- наличие актуальных профессиональных знаний и умений;
- профессиональная мобильность и адаптируемость субъектов;
- открытость субъектов непрерывному образованию;
- эффективность использования субъектами информационно-компьютерных технологий для создания и сопровождения результатов интеллектуальной деятельности.

Системно-ориентированный подход предполагает интеграцию традиционной, дистанционной и открытой форм обучения. Его основной особенностью является как управление по вертикали – переключение между отдельными элементами системы управления (целевые функции), так и по горизонтали – исследование всех стадий жизненного цикла продукта (мониторинговые функции)[1, 37].

На каждом учебном системно-ориентированном занятии по технической дисциплине обучающийся на основе полученных знаний составляет базу принятия предсказательных решений и использует ее для выбора и обоснования расчетно-графического результата решения задачи по заданию обучающего. Дифференцированная оценка результатов решений обучающихся позволяет обучающему выделить регулировочный интервал успеваемости конкретного коллектива в пределах от трех до пяти баллов. Затем обучающий имеет возможность использовать наборы методик, средств компьютерной поддержки и технического обучения для мотивированно – творческого повышения качества обучения от регулировочного до стабилизирующего интервала, при котором успеваемость находится в пределах от четырех до пяти баллов [2,90].

В результате реализации данного подхода должны быть выделены сетевые комплексы учебных и методических материалов, необходимые и достаточные для проведения в техническом вузе преподавателями и студентами всех видов учебных занятий: практических, лабораторных работ, лекций, семинаров, практики.

Сетевые комплексы могут быть использованы для расчетно-материального самообучения студентов при выполнении домашних заданий, научно-исследовательских работ, курсовых и дипломных проектов как при непосредственном так и при удаленном доступе обучающихся к обучающим.

В инвариантный состав каждого сетевого комплекса входят:
1. темы учебных занятий в соответствии с учебной программой;
2. рабочая программа проведения всех видов учебных занятий по дисциплине;
3. цели и задачи учебных занятий;
4. системотехнические отображения и преобразования, необходимые и достаточные для описания стратегий достижения целей и задач учебных занятий;
5. научно-техническое содержание учебного материала;
6. инвариантная логическая структура достижения целей и задач;
7. фундаментальное обоснование взаимосвязей целевых функций и интервалов варьирования показателей образовательной системы при выделенных ограничениях;
8. базы принятия предсказательных решений (БПР) по всем видам учебных занятий по выделенной дисциплине;
9. контрольный пример предсказательных взаимосвязей параметров каждой БПР по конкретному учебному занятию;
10. инвариантные алгоритмы обработки БПР;
11. индивидуальные и коллективные задания студентам;
12. примеры расчетно-графических работ студентов;
13. примеры расчетно-материальных функционально-завершенных результатов деятельности студентов;
14. методика проведения контрольных мероприятий и показатели оценки фактической успеваемости студентов по каждой дисциплине.

Каждый сетевой учебно-методический комплекс содержит методические рекомендации по проведению учебных занятий и контрольные примеры современных расчетно-материальных объектов автоматизированного проектирования, функционирования и сопровождения.

Сетевой комплекс ориентирован на интеграцию всех видов учебных занятий по дисциплине, которая реализуется с применением базы принятия предсказательных решений. По горизонтали базы выделяются целевые функции – темы учебных занятий. При активации поля темы пользователь может ознакомиться с содержанием конкретного учебного материала. По вертикали выделяются интервалы варьирования показателей (мониторинговые функции), которые необходимы для обоснованного выбора предсказательных решений. При активации поля показателя пользователь может ознакомиться с научно-техническим обоснованием характера взаимосвязей этого показателя и тем, рассмотренных при изучении дисциплины.

Обязательным условием использования данного подхода является материальное подтверждение соответствующего электронного решения. Например, полученные решения по выбору способа формообразования отливок подтверждаются конкретными отливками, видами технологической оснастки, которые студенты могут осмотреть, обмерять, оценить качество и возможности способа.

Разрабатываемые на кафедре "Технологии обработки материалов" (МТ-13) учебно-методические электронные комплексы способствуют внедрению информационно-коммуникационных технологий в учебный процесс МГТУ им. Н.Э. Баумана при реализации научно-методологических стратегий системно-ориентированного управления качеством технического образования, включающих:

- проектирование учебного процесса с систематизацией содержания учебного материала по всем видам учебных занятий выделенной дисциплины в системную базу принятия предсказательных решений;
- системно-ориентированное функционирование учебного процесса при выделенных ограничениях целевых функций;
- сетевое сопровождение учебного процесса с применением технических средств обучения и мониторинга;
- развитие уровней компетенций, возможностей субъектов при переходе от базового уровня к более эффективному уровню качества традиционного и дистанционного технического образования.

Список литературы:

1. Виноградов В.Ю., Кураков С.В., Комкова Т.Ю. Системно-ориентированное сетевое управление качеством образовательного процесса с использованием баз принятия решений // Отечественная и зарубежная педагогика. 2013. № 5

2. Ищенко В.В., Виноградов В.Ю., Кураков С.В.. Виртуально-материальная интеграция образования, науки, производства, коммерции. «Наука и технологии в промышленности», № 2 (9). 2002.

Хапова С.А.
доцент кафедры экологии, к.с-х.н, ФГБОУ ВПО «Ярославская государственная сельскохозяйственная академия», khapovas@mail.ru

ВЛИЯНИЕ КЛИМАТИЧЕСКИХ УСЛОВИЙ В ЛЕТНЕ-ОСЕННИЙ ПЕРИОД НА УРОЖАЙНОСТЬ ЗЕМЛЯНИКИ САДОВОЙ В СЕВЕРО-ЗАПАДНОМ РЕГИОНЕ РФ

Важный фактор, определяющий успешное выращивание земляники, является выбор сорта. Сорт должен соответствовать климатическим, почвенным условиям культивирования ягодной культуры. В последние годы часто наблюдаются аномальные отклонения в погодных условиях, как в зимний, так и в вегетационный период. Условия летне-осеннего периода играют важную роль в формировании урожая следующего года земляники садовой. Современные требования к сортам включают, прежде всего, приспособленность к экологическим условиям региона, высокую адаптационную или восстановительную способность при воздействии отрицательных факторов окружающей среды, транспортабельность и универсальность назначения [1,12; 4, 346]. Целью наших исследований было установить влияние среднесуточной температуры воздуха в августе, сентябре на урожайность следующего года обычных, ремонтантных, нейтрально-дневных сортов земляники садовой и их зимостойкость.

Объектами исследования были сорта, плодоносящие один раз за вегетационный период: Соната, Комароса, Корона, Флоренс, Эльвира; ремонтантные: Остара, Королева Елизавета; нейтрального дня – Альбион, Вима-Рина, Сельва. Сорта изучали в полевых условиях фермерского хозяйства «Бурмасово» Ярославской области, Северо-Западный регион РФ. Все растения были посажены на грядах с применением мульчирующего материала уф-60, схема посадки 35 x 90. Опыт заложен в четырехкратной повторности методом рендомизированных повторений.

Рост, развитие, зимостойкость и урожайность оценивали с помощью методики, описанной в учебнике «Основы научных исследований в плодоводстве, овощеводстве и виноградарстве» [3, 107]. Для математической обработки результатов использовали дисперсионный анализ и множественной корреляции [2, 234].

Результаты и обсуждение. Обычные сорта: Соната, Комароса, Корона, Флоренс, Эльвира, являются растениями короткого дня, у которых низкая температура может заменить требование короткого дня при дифференциации зачатков цветка. Ремонтантные сорта относятся к растениям длинного дня, с растянутым временем цветения и плодоношения (Остара, Королева Елизавета). А нейтральные к продолжительности дня сорта формируют зачатки цветков независимо от продолжительности дня (Альбион, Вима-рина, Сельва). Для каждой климатической зоны вероятно характерно сочетание факторов, влияющих на урожайность следующего года плодоношения. Мы изучали влияния температуры в августе, сентябре на урожайность следующего года, а так же учитывали зимостойкость, как способность растений противостоять целому ряду неблагоприятных факторов зимнего периода. За десять лет исследований средняя температура в августе была от 10 до 22^{0}С, в сентябре от 4 до 13^{0}С (таблица 1). Средняя урожайность обычных сортов составляла (г/куста): Соната- 255,4, Комароса - 360,6, Карона -353,7, Флоренс -312,6 , Эльвира-288,8; ремонтантных: Королева Елизавета - 233,9, Остара-369,4; нейтрально-дневные: Альбион - 342,9 , Вима-рина - 262,9, Сельва - 274,4.

Таблица 1. Влияние температуры воздуха на урожайность следующего года плодоношения земляники садовой в Ярославской области

Год исследования	Средняя температура, ^{0}С		Урожайность, г/куста			Урожайность сортов ремонтантного и нейтрального типа, г/куста		
	август	сентябрь	Соната	Комароса	Флоренс	Альбион	Вима Рина	Сельва
2003	10	4	232	296	294	353	250	265
2004	14	5	270	382	340	300	276	270
2005	15	6	230	371	320	315	290	267
2006	14	8	284	400	367	322	272	276
2007	14	7	282	395	353	305	274	256
2008	18	6	240	340	295	380	280	279
2009	18	8	271	391	300	382	310	294
2010	22	13	230	305	237	420	318	300
2011	14	10	250	380	340	312	270	257
2012	16	9	265	346	280	340	289	280
НСР$_{05}$			13,2	15,1	21,0	24,0	18,1	12.4

В Северо-Западном регионе РФ оценка сортов земляники по зимостойкости является одним их основных показателей. В 2002-2003 году морозы достигали -22 ^{0}С при высоте снежного покрова 6см. В этом году наблюдается снижение урожайности изучаемых сортов. Анализируя рост и развитие растений за десять лет, наименьшее подмерзание рожков, листьев, корней до 2 баллов имели сорта: Корона, Флоренс, Эльвира, Альбион. Сорта Королева Елизавета, Сельва за эти годы исследования, имели до 30% поврежденных кустов.

При изучении влияния температуры на величину урожая, наблюдается такая закономерность: с увеличением температуры воздуха урожай растет, в какой-то момент он стабилизируется, а при дальнейшем увеличении температуры начинает снижаться, подобная связь называется криволинейной. Поэтому в таких опытах для криволинейной зависимости вычисляют корреляционные отношения η_{yx}. Значение η_{yx} = 0,911 свидетельствует о сильной связи между температурой воздуха в августе и урожайностью сорта Комароса. Значение t теоретического для степеней свободы v_η= n – 2=10 – 2= 8; $t_{0,95}$= 2,31; $t_{0,99}$=3,36 Критерий t_η = 4,27 больше $t_{0,95}$ и $t_{0,99}$, следовательно, связь достоверна па обоих уровнях вероятности. Для сортов корреляционное отношение η_{yx} составляют: Соната - 0,841, Корона -0,942, Флоренс -0,834, Эльвира -0,931. Наши расчеты подтвердили сильную связь между температурой воздуха в августе и урожайностью у всех обычных сортов. Критерий достоверности корреляционного отношения t_η подтверждает, связь достоверна на обоих уровнях вероятности. С высокой продуктивностью выделились сорта: Комароса - 400, Корона – 410, Альбион - 420, Остара - 400 г/куста. Наибольшая урожайность отмечена у обычных сортов, когда температура воздуха в предыдущий год в августе была 14^0С, в сентябре 7^0С, а у ремонтантных и нейтрального типа плодоношения: в августе 18-22^{0}С, в сентябре 8-13^{0}С.

Таким образом, величина коэффициента множественной корреляции R(x,y,z) = 0,96 свидетельствует о сильной связи между летне-осенними температурами и урожайностью следующего года. Достоверность результата F_R =41,3, оцененная по критерию Фишера, выше теоретических значений $F_{0,95}$=8,8 и $F_{0,99}$=27,6. Это говорит о высокой степени достоверности полученного результата на самых высоких уровнях вероятности.

Литература

1. Войтюк, М. М. Инновационные технологии возделывания земляники садовой: [Текст] / М. М. Войтюк, В. В. Бычков. – М:. 2010. - с. 12
2. Доспехов, Б.А. Методика полевого опыта (с основами статистической обработки результатов исследований) [Текст]: учеб. пособие/ Б. А. Доспехов. - 6-е изд., перераб. и доп. – М.: Альянс, -2011. – 352 с.
3. Моисейченко, В.Ф. Основы научных исследований в плодоводстве, овощеводстве и виноградарстве [Текст] / В.Ф. Моисейченко, А.Х. Заверюха, М.Ф. Трифанова, . - М: Колос. – 1994. – с. 107-110
4. Хапова, С. А. Особенности нейтральнодневных и обычных сортов земляники садовой [Текст] / С.А. Хапова, Н. М. Майдебура // Плодоводство и ягодоводство России: Сб.науч. работ/ ВСТИСП.-М., 2009.- Т.XXII, ч.2. С. 346-352

Лаврентьев В.В.

доктор технических наук, доцент, Горячеключевский филиал НОУ ВПО Московской академии предпринимательства при Правительстве Москвы

ВЛИЯНИЕ ОРИЕНТАЦИОННОЙ ВЫТЯЖКИ НА ЭКСПЛУАТАЦИОННЫЕ СВОЙСТВА И ИОНИЗАЦИОННУЮ СТОЙКОСТЬ ПОЛИИМИДОВ

Полиимиды относятся к наиболее термостойким материалам, применяемым в условиях воздействия комплекса дестабилизирующих факторов [1, 2-5]. На их основе изготавливают ответственные узлы радиоэлектронной и компьютерной техники, высоковольтные кабели, антенные решетки, применяемые на космических орбитальных станциях.

Работа в сложных условиях эксплуатации, связанных с воздействием на полимеры высоких электрических полей, ионизирующих излучений, агрессивных сред и климатических факторов требует постоянного совершенства и модификации применяемых материалов, поиска новых эффективных стабилизирующих добавок. Этому неизбежно предшествует и способствует исследование структуры и свойств полимерных материалов, раскрытие механизма влияния на них различных дестабилизирующих факторов.

Известно [1,160-165], что ориентационная вытяжка приводит к резкому увеличению прочностных показателей и модуля упругости полиимидных волокон. При этом сведения о влиянии ориентационной вытяжки на ионизационную стойкость и температуры переходов полиимидных пленок практически отсутствуют.

Считается установленным, что основной причиной выхода полимерной изоляции из строя является воздействие на нее электрических разрядов и ионизационных процессов, возникающих в микродефектах. Под влиянием данных процессов изменяется структура полимера, постепенно ухудшаются основные свойства, в том числе и электрофизические. Завершающей стадией электрического старения является возникновение электрического пробоя [2-3].

В основном работы по выяснению влияния ионизационного старения на полимерные материалы направлены на исследование процессов, приводящих к изменению их физических свойств, а так же на поиски методов защиты от такого воздействия. Практически отсутствуют работы, показывающие возможность применения действия электрических разрядов для изучения структурных особенностей полимеров, т.е. как метод структурного анализа.

В связи с этим целью данной работы было исследовать влияние ориентационной вытяжки на стойкость полиимидных пленок к действию ионизационных процессов, возникающих в микродефектах при приложении к образцам высокого электрического напряжения переменного тока.

В работе был использован метод определения ионизационных характеристик, основанный на непосредственном выделении и усилении токов высокочастотного шумового сигнала ионизационных процессов, возникающего в объеме испытываемого полимера при достижении определенных значений приложенного высокого напряжения.

В качестве объектов исследования применялись полиимидные пленки на основе полипиромеллитимида марки ПМ-1 толщиной 20 мкм.

Для оптимального выбора температурного режима модификации воспользовались релаксационным спектром полиимидной пленки. Ориентационную вытяжку на 20, 40, 60 и 90 % пленок проводили при температуре 520К, соответствующей температуре основного релаксационного перехода с последующим отжигом в течение 10 минут при температуре 620К.

Как показали испытания, с увеличением степени вытяжки без последующей термической обработки средняя механическая прочность при растяжении снижается с 240 до 230 МПа. Вытяжка на 20% с последующей термообработкой приводит к увеличению механической прочности ПМ до 280 МПа. При вытяжке на 40–90 % прочность уменьшается до 200 МПа. Следует отметить, что структура модифицированных пленок ПМ-1 зависит от режимов модификации. Так степень кристалличности пленки, определенная рентгенографическим методом, с ростом степени ориентации до 90 % увеличивается с 4 до 54 %. При этом электрическая прочность увеличивается с 320 до 450 В/мкм.

Известно [3], что частичные разряды приводит к возникновению ионизационных процессов в разнообразных неоднородностях структуры диэлектрика, таких как микропустоты, микропоры, трещины, воздушные включения и т.д. Данные процессы, аналогично жесткому облучению приводят к деструкции макромолекул, окислению, эрозии, образованию пространственно-сшитых структур. При этом электронная и ионная бомбардировка молекул полимера, имеющая место при действии частичных разрядов вызывает возмущение межатомных связей, что приводит к снижению активационного барьера разрушения химических связей. При этом критерием структурных изменений, происходящих в полимере под действием ионизационного старения может быть использована величина разности напряжений возникновения и исчезновения ионизационных процессов $\Delta U = U_в - U_и$, возникающих в микронеоднородностях материала при частичных разрядах.

На рис. 1 приведена температурная зависимость разности напряжений возникновения и исчезновения ионизационных процессов ΔU при частоте подаваемого напряжения 400 Гц в области α'- перехода для пленок ПМ-1.

Как видно из приведенных зависимостей область основного α'-перехода разбивается еще на ряд максимумов (рис. 1). Сам факт увеличения величины разности напряжения возникновения и исчезновения (погасания) ионизационных процессов при температурах релаксационных переходов может свидетельствовать об увеличении при данных температурах химического действия [4] на полимер ионизационных процессов при одной и той же напряженности электрического поля. Данный вывод может иметь практическое значение при разработке методов ускоренного испытания полимерных диэлектриков, методов прогнозирования поведения полимеров в высоких электрических полях.

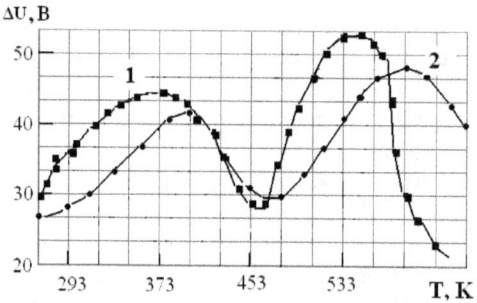

Рис. 1. Температурные зависимости разностного напряжения $U_{заж} - U_{пог}$ для исходных (1) и ориентированных на 20 % (2) пленок ПМ-1

Таким образом, при температурах релаксационных переходов и изменении характера молекулярного движения, возникает наибольшая вероятность выхода изоляции из строя под действием высокого электрического напряжения, т.к. при данных температурах в полимере ионизационные процессы протекают наиболее интенсивно и возникают при малых напряжениях электрического поля.

Ориентационная вытяжка увеличивает стойкость полиимида к действию электрических разрядов (Рис.1) уменьшая молекулярную подвижность. При этом не только уменьшается параметр ΔU, но и повышаются температуры проявления релаксационных максимумов.

Электрофизические параметры ПМ-1, такие как удельная объемная электропроводность, электрическая прочность, напряжение возникновения ионизационных процессов, тангенс угла диэлектрических потерь так же улучшаются с ростом степени ориентационной вытяжки, а вытяжка на 20% с последующим отжигом приводит к полному исчезновению всех температурных максимумов диэлектрических потерь в интервале температур от 270 до 560 К и составляет $2 \cdot 10^{-3}$. Данные параметры вплотную приближают модифицированную полиимидную пленку ПМ-1 к «классическим» ВЧ- диэлектрикам, таких как, например, полистирол, полиэтилен и политетрафторэтилен.

Дополнительной положительной характеристикой модификации полиимидной пленки при помощи ориентации является ее практически полная безусадочность, что позволяет применять ее в тонкопленочных гибких печатных платах радиоэлектронных устройств.

Аналогичные выводы о повышении ионизационной стойкости полиимидов при предложенном типе модификации можно сделать исходя из данных, полученных методом исследования изменения диэлектрической проницаемости ПМ пленок непосредственно под действием электрических разрядов высокого напряжения разной частоты. На рис. 2 приведены временные зависимости изменения емкости конденсатора с испытываемым материалом при частоте электрического поля 20 Гц и напряжении на электродах 2 кВ.

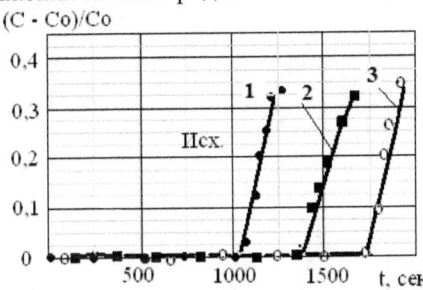

Рис. 2. Влияние ориентационной вытяжки и отжига на ионизационную стойкость пленки ПМ-1: 1- неориентированная пленка; 2- пленка ориентирована на 20%; пленка ориентирована на 20% и подвергнута термообработке

Как видно из приведенных зависимостей явно проявляются три области изменения емкости конденсатора: I– безопасная область, не изменяющая ΔC и характеризующаяся постоянством значений напряжений возникновения и погасания ионизационных процессов, II– область резкого роста ΔC, связанная с началом интенсивных радикально-цепных реакций, приводящих к деструкции полимера ($U_{ип}$ пог < $U_{ип}$ возн) и III область – предпробойная. При увеличении напряженности электрического поля и интенсивности ионизационных процессов время перехода из I области во вторую и из II в III снижается. Оценку ионизационной устойчивости полимеров при этом целесообразней всего проводить по времени «безопасного» действия разрядов ($t_{бр}$), т.е. до наступления резкого роста емкости.

Исходя из зависимостей, представленных на Рис.2, ориентационная вытяжка ПМ-1, особенно с последующей термофиксацией, приводит не только к повышению напряжения возникновения ионизационных процессов, но и к резкому росту ионизационной устойчивости.

Список литературы

1. 1. Бессонов, М.И. Полиимиды – класс термостойких полимеров / М.И. Бессонов, М.М. Котон, В.В. Кудрявцев, Л.А. Лайус. – Л.: Наука, 1983. – 328с.
2. Электрические свойства полимеров / Сажин Б.И., Лобанов А.М., Романовская О.С. и др. Под ред. Б.И.Сажина – 3-е изд. перераб. – Л.: Химия, 1986. – 224 с.
3. Койков С.Н., Цикин А.Н. Электрическое старение твердых диэлектриков и надежность диэлектрических деталей. – Л.: Энергия, 1968. - 186 с.
4. Лаврентьев В.В. Влияние релаксационных процессов на ионизационное старение полимерных пленок // Фундаментальные исследования. – 2007. – № 7 – стр. 50.

Будник П.В.
к. т. н., Петрозаводский государственный университет
budnikpavel@yandex.ru

АНАЛИЗ СУЩЕСТВУЮЩИХ ТЕХНИЧЕСКИХ И ТЕХНОЛОГИЧЕСКИХ РЕШЕНИЙ В ОБЛАСТИ СРЕЗАНИЯ И ИЗМЕЛЬЧЕНИЯ КУСТАРНИКОВОЙ РАСТИТЕЛЬНОСТИ

В России имеется значительное количество линейных сооружений требующих постоянной защиты от древесно-кустарниковой растительности. Положительная динамика развития экономики страны приводит к постепенному увеличению этих цифр. Поэтому Россия все больше нуждается в машинах для измельчения древесно-кустарниковой растительности, которые используются для расчистки территории под линиями электропередачи, в полосах отвода газо- и нефтепроводов, автомобильных и железных дорог, ухода за лесными участками, создания противопожарных дорог в лесу, уборки поврежденных деревьев после пожаров, ураганов, ландшафтных работ, расчистки бывших сельскохозяйственных земель заросших кустарниковой растительностью и возвращение их в севооборот.

Сегодня в сложившихся отраслевых условиях, где применяются такие машины, к ним предъявляются высокие требования. Например, машины должны обладать значительной скоростью вырубки древесно-кустарниковой растительности, а также позволять осуществлять одновременную ее утилизацию.

На основе анализа информации содержащейся в патентных фондах Российской Федерации, США и отраслевой литературе были выявлены существующие технические и технологические решения в области срезания и измельчения кустарниковой растительности. Результаты исследований приведены в виде обобщающей классификационной схемы (рисунок 1). Для пояснения схемы поясним: К – кусторезная машина, Р – рабочий с ручным инструментом, МРМ – мобильная рубительная машина, ПТ – подбрщик-транспортировщик, РМ – рубительная машина, не имеющая самоходное шасси, ТРМ – транспортная рубительная машина, РО – рабочий орган.

Как показано на рисунке 1, можно выделить два основных направления в области срезания и измельчения древесно-кустарниковой растительности: цепочку лесных технологий и специализированных. В данной работе мы не приводим результаты анализа лесных технологий, хотя в теории они могут применяться в рассматриваемой области. Это связано в первую очередь с дороговизной таких технологий, которые в сложившихся экономических условиях могут окупиться только на лесозаготовках, где имеются необходимые объемы работ сконцентрированных на небольших площадях. Поэтому их использования специализированными предприятиями, обслуживающими различные путепроводы, дороги и т. п. крайне маловероятно.

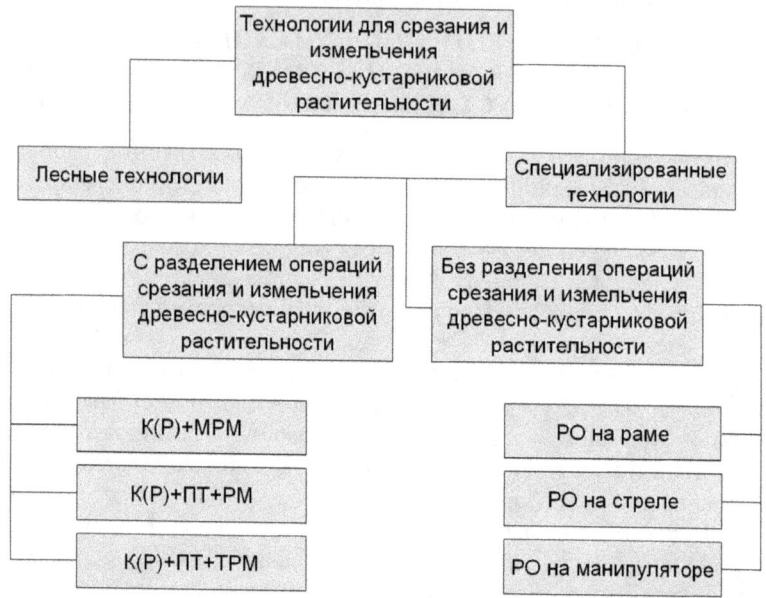

Рисунок 1 – Классификация технических и технологических решений в области срезания и измельчения древесно-кустарниковой растительности

Цепочку специализированных технологий можно разделить на две группы – это технологии с разделением операций срезания и измельчения древесно-кустрниковой растительности и без такого разделения.

Первая группа предполагает то, что операция срезания древесно-кустарниковой растительности и ее измельчение осуществляется различными машинными. Группа классифицирована по принципу вида применяемой рубительной машины: мобильная рубительная машина, рубительная машина, не имеющая самоходное шасси и транспортная рубительная машина.

На операции срезания применяется либо ручной труд, либо кусторезная машина. На сборе и транспортировке срезанной древесно-кустарниковой растительности используются подборщики-транспортировщики.

В целом данную группу можно охарактеризовать как переходную между цепочкой лесных технологий и специализированных. Ввиду значительного числа применяемых машин (от 2 и более), а соответственно и высокой себестоимости работ, ожидать широкого распространения и развития технологий из этой группы в ближайшее время по нашему мнению не приходится.

Наиболее перспективной группой развития технологий по срезанию и измельчению древесно-кустарниковой растительности является группа без разделения этих операций. Группа классифицирована на основе места расположения рабочего органа и подразумевает, что все операции (срезание и измельчение древесно-кустарниковой растительности) осуществляются одной машиной.

Для машин входящих в первую подгруппу характерна установка рабочего органа непосредственно на самоходное шасси. Рабочий орган представляет собой вращающийся барабан со срезающими элементами. Такой рабочий орган позволяет срезать и одновременно измельчать древесно-кустарниковую растительность.

Вторая подгруппа включает машины, у которых рабочий орган установлен на поворотной стреле. У машин третьей подгруппы рабочий орган навешивается на манипуляторе.

Общим названием машин вышеописанных трех подгрупп, получившим наибольшее распространение в литературе и обиходе, является «мульчер».

В целом анализ существующих технических и технологических решений в области срезания и измельчения кустарниковой растительности показывает, что именно мульчеры в наибольшей степени отвечают современным требованиям, предъявляемым к такого рода установкам, так как обладают значительной скоростью вырубки древесно-кустарниковой растительности, а также позволяют одновременно ее утилизировать. Полученные результаты исследования были использованы в Петрозаводском государственном университете при разработке машины для срезания и измельчения древесно-кустарниковой растительности [1; 2].

Литература

1. Патент 123635 РФ. Машина для измельчения древесно-кустарниковой растительности на корню / И. Р. Шегельман, П. В. Будник, Г. Н. Колесников, М. В. Ивашнев; опубл. 10.01.2013, Бюл. № 1.
2. Патент 127579 РФ. Машина для измельчения древесно-кустарниковой растительности на корню / И. Р. Шегельман, А. В. Демчук, П. В. Будник, М. В. Ивашнев; опубл. 10.05.2013, Бюл. № 13.

Хамидова Р.Р.
аспирантка 2-го года обучения специальности «05.11.17» ФГБОУ ВПО «ДГТУ»
E-mail: vip.blume@mail.ru

РАЗРАБОТКА И ВНЕДРЕНИЕ УСТРОЙСТВА ДЛЯ ЭКСПРЕСС-ОЦЕНКИ КАЧЕСТВА ПРОДУКТОВ ПИТАНИЯ

На всех стадиях своего развития человек был тесно связан с окружающим миром. Одним из самых важных факторов окружающей среды, влияющих на состояние здоровья, как отдельного человека, так и популяции в целом, является фактор питания. Экологическая чистота пищевых продуктов предполагает их безопасность для здоровья человека. В это понятие входят как составные элементы микробиологическая, химическая и радиационная безвредности. Проблема безопасности пищевых продуктов касается контроля качества пищевых продуктов на предмет содержания в них тяжёлых металлов, радионуклидов, пестицидов, других химических загрязняющих веществ, патогенных микроорганизмов, биологических токсинов, которые представляют опасность для здоровья человека. Безопасность пищевых продуктов затрагивает очень многие области нашей жизни: сельское хозяйство, пищевую промышленность, логистику, торговлю, сферы общественного или домашнего питания. Основными путями загрязнения продуктов питания и продовольственного сырья являются:

- загрязнение сельскохозяйственных культур и продуктов животноводства пестицидами;
- нарушение гигиенических правил использования удобрений;
- использование неразрешенных красителей, консервантов;
- несоблюдение санитарных требований в технологии производства и хранения пищевых продуктов и т.д.

Проведенные теоретические исследования показывают, что решение проблемы обеспечения качества продуктов питания включает:
- тесную взаимосвязь прикладных и фундаментальных исследований в области производства и хранения продуктов питания;
- совершенствование государственной системы контроля над уровнем безвредности пищевых сырья и продуктов;
- разработка и внедрение высокочувствительных и экспрессных методов и технических средств определения токсикантов, в том числе химической природы и т.д.

Определение и сохранение качества продуктов питания – одна из важнейших проблем современного общества. Рутинные методы определения качества продуктов питания либо весьма трудоемки и длительны, либо основаны на органолептике и, следовательно, необъективны. Выгодно отличается от них ультразвуковой метод.

В основе ультразвукового метода лежит метод оценки вязкоупругих свойств биоткани, основанный на измерении скорости распространения в ней поверхностной сдвиговой волны. В отличие от продольных акустических волн, распространяющихся в объеме среды, поверхностные сдвиговые волны затухают на расстоянии, равном нескольким длинам волны, что создает определенные трудности в изучении особенностей их распространения. Получают и регистрируют эти волны с помощью преобразователей биморфного типа, в которых используются пластины из пьезоэлектрического материала. Преобразователи снабжаются щупами, которые позволяют осуществить точечный контакт с исследуемым участком ткани. Исследования показывают, что сдвиговая упругость биологических тканей для малых амплитуд смещения частиц среды прямо пропорциональна квадрату распространения в ней акустической волны, возбуждаемой точечным осциллирующим преобразователем: $E = \rho k c^2$,

где E – динамический модуль сдвига; k – коэффициент пропорциональности, зависящий от направления колебательного смещения частиц среды; ρ – плотность среды; c – скорость распространения сдвиговой волны. Структурная схема прибора для экспресс-оценки качества продуктов питания представлена на рис.1.

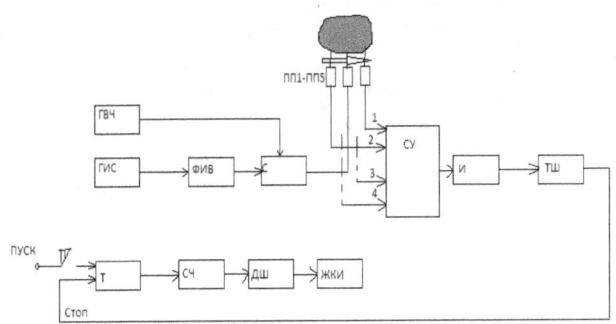

Рис. 1. Схема прибора для экспресс-оценки качества продуктов питания

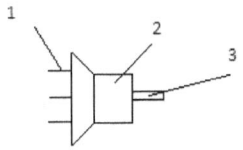

Рис.2. Контактная головка измерительного преобразователя

Предлагаемый в работе прибор работает следующим образом. На поверхность мяса накладывается контактная головка измерительного преобразователя (рис.2, 1 – щуп пьезопреобразователя; 2 – пьезопреобразователи; 3 – кабель отведения). Контактная головка включает в себя пять преобразователей ПП1 - ПП5 с щупами на концах для контакта с мясом, причем один из них (ПП1), расположенный в центре, является источником поверхностных сдвиговых волн, а остальные, установленные по окружности на одинаковом расстоянии от первого, являются приемниками этих волн. Это обеспечивает пространственное и временное суммирование колебаний в суммирующем усилителе СУ, что повышает чувствительность прибора, помехоустойчивость и достоверность измерений.

При нажатии кнопки «Пуск» происходит (см. рис.1) счет импульсов счетчиком СЧ с выхода генератора ГИС. С выхода двоично-десятичного счетчика СЧ импульсы подаются на дешифратор ДШ и на четырехразрядный жидкокристаллический индикатор ЖКИ для визуализации.

Одновременно на выходе формирователя ФИВ формируется огибающая радиоимпульсов питания центрального пьезопреобразователя ПП1. Сами радиоимпульсы питания формируются на выходе смесителя С, на второй вход которого подаются высокочастотные электрические колебания от генератора ГВЧ. Далее эти импульсы поступают на вход преобразователя ПП1, который возбуждает сдвиговые колебания на исследуемой поверхности мяса. В зависимости от вязкости мяса скорость распространения поверхностной волны имеет разные значения, эквивалентные текущей вязкости, фактически фиксируемой данным прибором. Для этого электрический сигнал с выхода суммирующего усилителя СУ подается на вход интегратора И, далее на триггер Шмидта ТШ, где формируется импульс, передним фронтом которого останавливается счет.

Литература

1. Акопян Б.В., Ершов Ю.А. Основы взаимодействия ультразвука с биообъектами: Уч. Пособие-М.: Изд-во МГТУ им. Н.Э. Баумана, 2005.
2. Эльпинер И.К. Биофизика ультразвука. М.: Наука, 1973.
3. Хмелев В.Н., Попова О.В. Многофункциональные ультразвуковые аппараты и их 4. применение в условиях малых производств, сельском и домашнем хозяйстве. Барнаул: АлтГТУ, 1997.
4. Рогов И.А., Горбатов А.В. Физические методы обработки пищевых продуктов. М.: Пищевая промышленность, 1974.

УДК 621.914

Козлов А.М. - д-р техн. наук,
Липецкий Государственный Технический Университет
Малютин Г.Е. - аспирант,
Липецкий Государственный Технический Университет
e-mail: kam-48@yandex.ru, malgena@rambler.ru.

РАСЧЕТ КОЭФФИЦИЕНТА УСАДКИ СТРУЖКИ ПРИ ЧИСТОВОЙ ОБРАБОТКЕ СФЕРИЧЕСКИМИ ФРЕЗАМИ

Объемная фрезерная обработка на станках с ЧПУ включает в себя послойное 2,5-D обдирочное, получистовое и чистовое фрезерование.

Черновая объемная обработка, как правило, производится цилиндрическими фрезами, после которой на обработанных поверхностях остается припуск на дальнейшую обработку, параметр которого задает технолог-программист. Кроме заданного припуска, на обработанных поверхностях образуется ступенчатый припуск, а на деталях с вогнутыми поверхностями - необработанные зоны (рис.1).

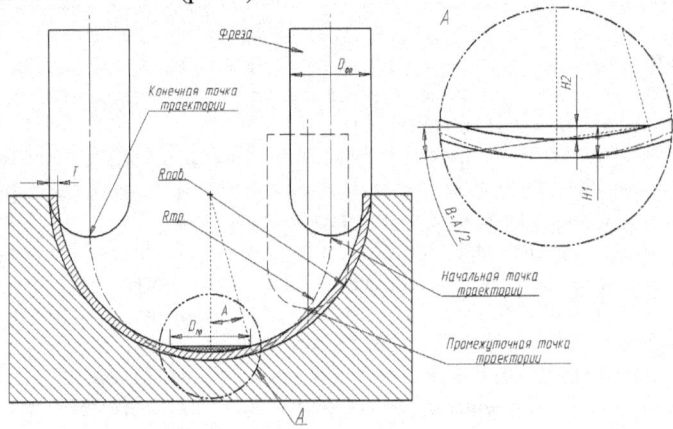

Рис. 1. Схема расчета необработанной зоны.

Параметр максимальной глубины необработанной зоны рассчитывается по выражению:
- для параболического сечения [2, 307]:

$$H1 = \frac{(R_{фр} + T)^2}{2,2R_{фр} - \Delta T} + T^2, \quad (1)$$

- для любого другого сечения вогнутой поверхности [3, 200]:

$$H_{1окр.} = \frac{R_{фр.} \cdot a\sin\dfrac{R_{фр.}}{R_{пов.}}}{2} + T, \quad (2)$$

где, $R_{фр}$ - радиус фрезы; Т- припуск на последующую обработку; ΔТ- заданная точность обработки; $R_{пов}$ - радиус участка обрабатываемой поверхности:

$$R_{пов.} = R_{mp} + R_{фр}. \qquad (3)$$

где, R_{mp} – радиус траектории инструмента:

Методика расчета радиуса траектории инструмента описана в статье [4, 14].

Чистовая обработка вогнутых фасонных поверхностей производится сферическими фрезами, по нормали к обрабатываемой поверхности.

Развитие САМ систем существенно упростили процесс разработки программ для объемного фрезерования, но в современных САМ системах производится только расчет траектории инструмента, при этом изменения геометрии зоны обработки не учитываются, а параметры подачи и скорости остаются постоянными. По этой причине, инструмент работает на неоптимальных режимах, что приводит к его преждевременному износу или к поломке, а параметры точности и качества обработки существенно ухудшаются.

Применение автоматических систем с обратной связью, для регулирования режимов резания, при объемном фрезеровании не нашло широкого применения, так как стоимость данной опции составляет 20-30 % от стоимости оборудования и данные устройства реагируют на изменение в зоне резания с некоторым запаздыванием.

На основании этого, вопрос по назначению оптимальных режимов резания на любом участке обрабатываемой поверхности должен быть решен на стадии разработки управляющей программы.

Известно, что параметры точности и качества обработки зависят от постоянства усилий резания, которые из-за непостоянства геометрии зоны резания, постоянно меняются. При расчетах усилий резания при чистовом фрезеровании необходимо учитывать множество различных факторов. В настоящее время методика расчета, предложенная Батуевым В.В. [1, 86] наиболее полно устанавливает связь между изменяющимися параметрами резания и усилиями в процессе чистовой обработки сферическими фрезами:

$$dP_z^\Sigma = \sum_{n=1}^{z} \sum_{j=1}^{k} 1{,}15\sigma_i \int_{\varphi_{inj}}^{\varphi_{enj}} \frac{a}{\sin\beta_1} \cos\beta R d\varphi + 0{,}252\mu\sigma_i \int_{\varphi_{inj}}^{\varphi_{enj}} I_3 R d\varphi; \qquad (5)$$

где, а- толщина срезаемого слоя; σ_i - физико-механические свойства обрабатываемого материала; φ_1 – угол профиля в рассматриваемой точке режущей кромки; R- радиус фрезы, Z- количество зубьев фрезы, L- степень износа зуба; μ- коэффициент трения.

β_1 -угол сдвига при обработке сферической фрезой будет иметь переменное значение, и связан с коэффициентом усадки стружки $K_а$ выражением:

$$\beta_1 = atg\left(\frac{\cos\gamma_\phi}{K_a - \sin\gamma_\phi}\right); \qquad (6)$$

где, γ_ϕ -передний угол инструмента.

Именно коэффициент усадки стружки характеризует степень деформации материала при стружкообразовании. Исследований влияния режимов резания на усадку стружки при объемном фрезеровании ранее не проводилось, а при проведении силовых расчетов на практике обычно пользуются результатами экспериментов, рассчитывая усадку по выражению:

$$K_a = \frac{h_1}{h}; \qquad (7)$$

Но по данной зависимости невозможно учитывать влияние скорости и подачи, а как показывают проводимые исследования, именно эти факторы больше всего влияют на усадку. По этой причине существует необходимость в аналитическом расчете данного коэффициента.

Методика аналитического определения коэффициента усадки стружки наиболее полно описана Швецовым И.В. в статье [5, 72], и определяется по выражению:

$$K_a = \frac{vx}{\ln\left[1 - \left(1 - th\frac{1}{(yv+z)^2}\right)^2\right]}; \qquad (8)$$

где, v- скорость резания; y, x, z- поправочные коэффициенты; th- гиперболический тангенс.

Данное выражение позволяет с высокой точностью определить коэффициент усадки стружки, и на скоростях свыше 40м/мин., теоретические и практические значения совпадают с точностью менее 10%, но при значениях скорости резания менее 30м/мин., расчетные параметры коэффициента усадки принимают значение менее 1, что не соответствует фактическим значениям.

Обработка сферическими фрезами производится в достаточно широком диапазоне скоростей резания, включая скорости близкие нулю, по этой причине предлагается выражение 8 привести к виду:

$$K_a = \frac{\left[\dfrac{vx}{\ln\left[1 - \left(1 - th\dfrac{1}{(yv+z)^2}\right)^2\right]}\right]^2}{4} + 1; \qquad (9)$$

Сравнительные значения параметров усадки стружки выражений 8 и 9 для стали 45 указаны в таблице и на рисунках 1, 2.

Расчетные параметры усадки стружки.

Vм/мин	F=0,125			F=0,35			F=0,49		
	X	Y	Z	X	Y	Z	X	Y	Z
	0,00003	0,00079	0,76	0,003	0,0025	0,88	0,0064	0,0047	0,9
	Ка (ф 2.26)	Ка (ф 2.27)		Ка (ф 2.26)	Ка (ф 2.27)		Ка (ф 2.26)	Ка (ф 2.27)	
0,1	0,008092	1,000016		0,015	1,000056		0,025819	1,000167	
1	0,079907	1,001596		0,146339	1,005354		0,247339	1,015294	
20	1,236279	1,382096		1,81755	1,825872		2,285742	2,306154	
60	2,268795	2,286858		2,499658	2,562072		2,383756	2,420573	
100	2,452044	2,503131		2,360145	2,392571		2,100549	2,103076	
150	2,293862	2,31545		2,106496	2,109332		1,896919	1,899576	
300	1,572045	1,617831		1,704825	1,726607		1,761221	1,775474	

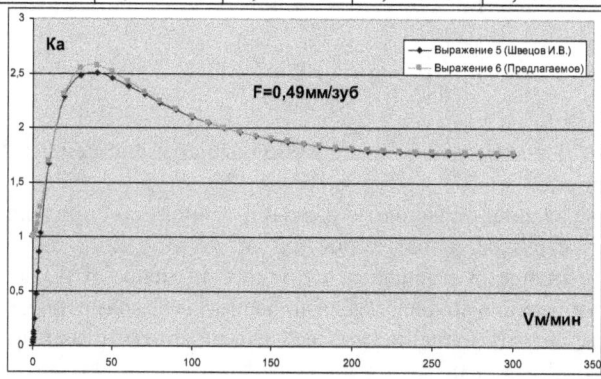

Рис. 1. Графики выражений 8, 9 для подачи F=0,49мм.

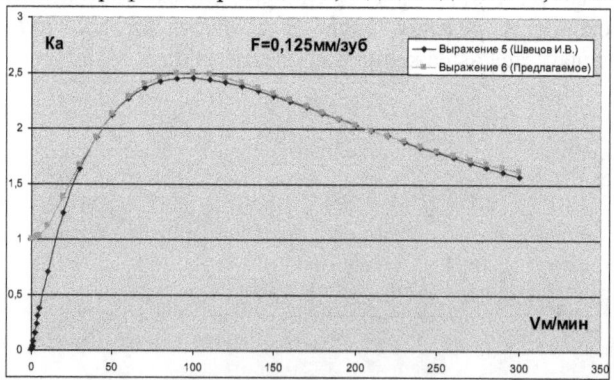

Рис. 2. Графики выражений 8, 9 для подачи F=0,125мм.

Таким образом, по выражению 9 можно производить расчет усадки стружки, в широком диапазоне скоростей включая скорости близкие нулю, что позволит привести режимы обработки к оптимальным значениям.

Используя выражение 9, был произведен расчет режимов объемной обработки сферической фрезой детали «МАТРИЦА» (рис.3).

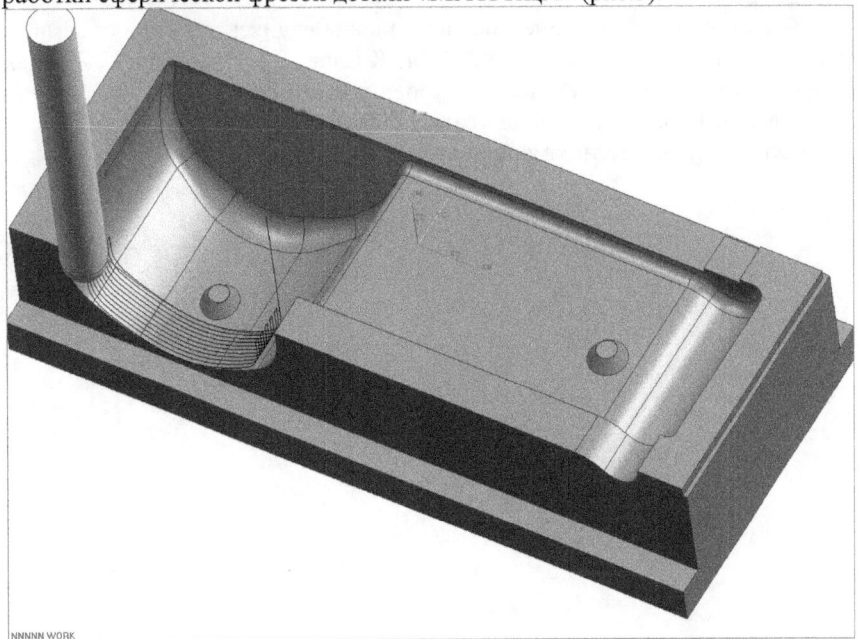

Рис. 3. Чистовая обработка матрицы.

По расчетным данным составлена управляющая программа с покадровым управлением подачи и оборотов шпинделя. Время обработки по данной программе сократилось в четыре раза, при этом параметры точности и качества обработки улучшились, по сравнению с обработкой без покадрового управления.

СПИСОК ЛИТЕРАТУРЫ

1. Батуев, В. В. Повышение производительности и точности чистового фрезерования пространственно-сложных поверхностей со ступенчатым припуском 05.02.08 — Челябинск, 2007.
2. Козлов А.М. Повышение производительности объемного фрезерования необработанных зон. / А.М. Козлов, Г.Е. Малютин // Материалы V Международной научно-технической конференции «Машиностроение- основа технологического развития России»: Сборник научных статей V Международной научно-технической конференции (Курск, 22…24 мая 2013 г.). – Курск, 2013.

3. Козлов А.М. Обеспечение точности объемного фрезерования на станках с ЧПУ при наличии ранее необработанных зон. / А.М. Козлов, Г.Е. Малютин // «Школа молодых ученых» по проблемам технических наук. Материалы областного профильного семинара. 26-27 сентября 2013г. – Липецк, 2013.
4. Козлов А.М. Автоматическое определение радиуса дуги при объемном фрезеровании на станках с ЧПУ./ А.М. Козлов, Г.Е. Малютин // Журнал «Наукоемкие технологии в машиностроении» 2013г. №11.
5. Швецов И.В. Определение усадки стружки при различных значениях скорости резания. Вестник машиностроения. 2005. №2.

Лузан В.Н., Аникина В.А.
д.т.н., профессор, аспирант, Восточно-Сибирский государственный университет технологий и управления

ИЗУЧЕНИЕ ПИЩЕВОЙ ЦЕННОСТИ ПИЩЕВЫХ ДОБАВОК СОДЕРЖАЩИХ КЛЕТЧАТКУ И РАЗРАБОТКА РЕКОМЕНДАЦИЙ ПО ИХ ИСПОЛЬЗОВАНИЮ

В настоящее время рынок вносит серьезные коррективы в процесс производства продуктов питания, ставя все новые и новые задачи перед производителями.

Возросшие потребительские требования к пищевой ценности, цене готовой продукции обязывают специалистов пищевой отрасли искать новые пути решения возникающих технологических проблем. Среди показателей пищевой ценности важное значение имеют эссенциальные факторы питания, одним из элементов которых являются пищевые волокна. Пищевые волокна на сегодняшний день являются одними из самых важных пищевых функциональных ингредиентов, в том числе благодаря их многофункциональности. С одной стороны, пищевые волокна используют как технологические добавки, изменяющие структуру и химические свойства пищевых продуктов, с другой стороны, они являются нутриентами способными оказывать благоприятное воздействие, как на отдельные системы организма человека, так и на весь организм в целом.

Источниками пищевых волокон могут служить пищевые продукты и пищевые добавки.

Одной из востребованных групп пищевых волокон является клетчатка.

Подход к производству пищевых добавок на основе пищевых волокон на зарубежном и российском рынке разный. Зарубежный рынок пищевых добавок направлен на улучшение функциональных свойств продукта, а российский рынок производит биологически активные добавки на основе пищевых волокон для индивидуального потребления с пищей. В России по реализумым пищевым добавкам содержащим клетчатку нет информации о полном углеводном составе, что затрудняет их использование в технологиях различных видов продуктов питания. Изучение углеводного состава различных видов пищевых добавок является актуальным, поскольку позволет оценить вид, количество пищевых волокон и разработать рекомендации по использованию пищевых добавок в технологиях продуктов питания.

Нами был изучен углеводный состав некоторых пищевых добавок, различных компаний российского производства, содержащих клетчатку (табл. 1).

Таблица 1 – Содержание пищевых волокон в пищевых добавках

Наименование	Целлюлоза, %	Гемицеллюлоза, %	Лигнин, %	Пектин, %
Клетчатка топинамбура	3,6	14,1	17,3	4,62
Топинамбур пищевой	3,6	8,8	22,0	9,24
Сибирская клетчатка «Корзинка здоровья»	11,0	21,6	20,0	0
Сибирская клетчатка «Крепкие сосуды»	12,6	22,0	18,0	18,47
Отруби пшеничные	13,8	20,4	18,0	0
Клетчатка мелкая	4,4	27,6	12,0	13,85
Отруби овсяные	5,3	12,8	2,0	4,62

Наибольшее количество целлюлозы содержится в пищевой добавке отруби пшеничные, гемицеллюлозы и пектина в клетчатке мелкой, лигнина в топинамбуре пищевом. Экспериментальным путем было доказано, что во всех исследуемых образцах кроме углеводов присутствуют белки и жиры, вкусовые вещества.

Перед использованием пищевых добавок в рецептурах пищевых продуктов кроме углеводного состава необходимо изучить их органолептические и функционально-технологические свойства (табл. 2,3).

Таблица 2 - Характеристика пищевых добавок по органолептическим показателям

Наименование	Показатели		
	Цвет	Запах	Вкус
Клетчатка топинамбура	От белого до светло-коричневого	нейтральный, чуть кисловатый	Сладковатый
Топинамбур пищевой			Сладко-соленый
Сибирская клетчатка «Корзинка здоровья»	Светло-коричневый	С выраженным фруктовым запахом	Слабо выраженный, пресный
Сибирская клетчатка «Крепкие сосуды»	Темно-коричневый	Ярко выраженный, травяной	
Отруби пшеничные	Светло-коричневый с белыми включениями	Нейтральный	Не имеют выраженного вкуса
Клетчатка мелкая			
Отруби овсяные	Белый с желтыми включениями		

Таблица 3 - Функционально-технологические показатели пищевых добавок

Наименование	Показатели

	Влажность, %	pH	Набухаемость,%	ВУС*, %
Клетчатка топинамбура	9	5,52	484	197,7
Топинамбур пищевой	9	6,15	380	112,5
Сибирская клетчатка «Корзинка здоровья»	8	6,16	100	90,8
Сибирская клетчатка «Крепкие сосуды»	9	5,22	100	50,5
Отруби пшеничные	8	7,29	84	72,4
Клетчатка мелкая	14	6,00	100	90,9
Отруби овсяные	9	6,73	140	63,1

*ВУС – влагоудерживающая способность, %

Как показывают исследования, пищевые добавки имеют разные органолептические показатели. Цвет образцов от белого до темно-коричневого. Запах различный, свойственный входящим в их состав компонентам. При набухании пищевой добавки Сибирская клетчатка «Корзинка здоровья» фруктовый запах становится более выраженным, что в дальнейшем может отрицательно повлиять на органолептические показатели продукта, а в образце Сибирская клетчатка «Крепкие сосуды» ярко выражен травяной запах. Вкус от нейтрального до сладко-соленого.

По данным представленным в таблице 3 значение pH ближе к нейтральной имеют два образца – отруби пшеничные и отруби овсяные. Набухаемость образцов колеблется от 84 до 484%. Наибольшая влагоудерживающая способность у пищевых добавок топинамбур пищевой и клетчатка топинамбура.

Проведенные исследования позволяют дать рекомендации по использованию пищевых добавок в различных пищевых системах (табл. 4).

Таблица 4 – Возможность использования пищевых добавок

Наименование пищевой добавки	Пищевые системы				
	мясные системы	рыбные системы	соусы красные	соусы белые	мучные изделия
Клетчатка топинамбура	+	+			+
Топинамбур пищевой					+
Сибирская клетчатка «Корзинка здоровья»			+		
Сибирская клетчатка «Крепкие сосуды»			+		
Отруби пшеничные	+	+		+	
Клетчатка мелкая	+	+	+		
Отруби овсяные				+	+

Митяков А.В., Татаринов Ю.С.

аспирант Санкт-Петербургского государственного электротехнического университета «ЛЭТИ»,

доцент, к.т.н. Санкт-Петербургского государственного электротехнического университета «ЛЭТИ»

MAPREDUCE: ПРОБЛЕМА ПОЛНОГО ПЕРЕБОРА В ИТЕРАТИВНЫХ АЛГОРИТМАХ И ПОДХОД К РЕШЕНИЮ

Введение

Часто реализация классических алгоритмов в распределенной среде, где отсутствует произвольный доступ к общим данным, приводит к тому, что задача решается методом "грубой силы" - процессорное время тратится в пустую на обработку данных, в чьей обработке, по сути, нет необходимости. В данной работе мы продемонстрируем одну из проблем реализации распределенных алгоритмов на популярной модели MapReduce [1, 25] и предложим подход к ее решению. В качестве демонстрации описываемых идей рассмотрим алгоритм параллельного поиска в ширину в графе.

Параллельный поиск в ширину (SSSP)

Для упрощения рассуждений примем веса всех дуг в графе равными единице. Основная идея параллельной реализации алгоритма SSSP заключается в следующем: расстояние до всех вершин смежных с исходной вершиной S равно 1. Расстояние до всех вершин, соединенных со смежными с S вершинами, равно 2 и так далее. При этом в связи с тем, что до одной и той же вершины в графе может быть множество различных путей, мы должны проверить каждый из них.

Таким образом, параллельная версия алгоритма SSSP представляет собой итеративный алгоритм, каждая итерация в котором представляется одной MapReduce-задачей. На первой итерации данного алгоритма обрабатываются все вершины смежные с начальной вершиной S, затем все связанные с ними и так далее. Таким образом, каждая итерация алгоритма затрагивает вершины, находящиеся на один шаг дальше, чем в предыдущей итерации. То есть общее количество итераций будет равно максимальному расстоянию в графе от начальной вершины S.

Важным моментом в реализации данного алгоритма на модели MapReduce является следующее. В связи с тем, что для каждой новой итерации в качестве исходных данных (структура графа с текущими расстояниями до всех вершин) требуются данные предыдущей итерации, возникает необходимость в передаче полной структуры графа из Mapузлов в Reduce-узлы на каждой итерации, что в свою очередь ведет к тому, что Map-узлы в каждой итерации должны обработать все имеющиеся в их распоряжении вершины графа, даже в случае если с точки зрения алгоритма их обработка не является необходимой (например, на первой итерации есть смысл обрабатывать только начальную вершину S, так как расстояние до других нам еще не известно).

Данная особенность модели ведет к большому количеству дополнительных временных затрат на дисковый и сетевой ввод-вывод. Данную проблему можно разделить на две составные части:

1. Дублирование структуры графа в каждой итерации (сетевой ввод-вывод)

2. Необходимость обхода всех доступных Map-узлу вершин (дисковый ввод-вывод).

Для решения первой проблемы существует несколько подходов [2, 34], основная идея которых заключается в разделении исходных для каждой итерации данных на две части: неизменяемые между итерациями данные (структура графа) и изменяемая (текущее минимальное расстояние). При этом неизменяемая часть данных кешируется в Map-узлах, позволяя значительно сократить дисковый и сетевой ввод-вывод. Существует несколько прототипов таких систем, реализованных как модификации свободной реализации модели MapReduce - ApacheHadoop.

Однако отсутствие необходимости передачи всех Map-данных в Reduce-узлы не избавляет от необходимости полного обхода всех доступных в Map-узлах вершин, что зачастую является совершенно не обязательным. В качестве примера вновь обратимся к алгоритму SSSP.

Рассмотрим ситуацию, продемонстрированную на рисунке 1.

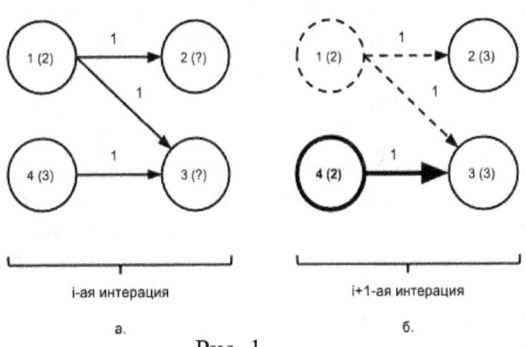

Рис. 1.

На рисунке 1-а представлено состояние фрагмента графа на i-ой итерации. Расстояние до вершины 1 равно 2, расстояние до вершины 4 равно 3. Параллельный поиск в ширину должен "раскрыть" вершины 2 и 3, то есть рассчитать расстояния до вершины 2 и 3 с помощью путей из 1 и 4.

На следующей итерации видно (рисунок 1-б), что после фазы Reduce расстояние до вершины 1 не изменилось, а до вершины 4 изменилось (с 3 до 2). Это означает, что на данной итерации есть смысл пересчитывать только расстояние до вершин смежных с вершиной 4, так как вершина 1 уже никак не повлияет на результат. Однако в модели MapReduce отсутствует обратная связь между Reduce и Map фазами, позволяющая исключать из следующей итерации часть данных, подлежащих обработке.

В классическом MapReduce при исполнении итеративных алгоритмов выход одной MapReduce-задачи идет на вход следующей. В частности, в случае примера с алгоритмом SSSP, MapReduce программа должна "проталкивать" все данные о структуре графа между всеми итерациями и между всеми Map и Reduce фазами в них. Это условие обусловлено необходимостью загружать данные в Map-узлы в каждой итерации, что в свою очередь обусловлено требованиями к отказоустойчивости модели. В процессе "проталкивания" данных они обогащаются дополнительными параметрами, такими как, например, текущая минимальная длина до вершины.

Таким образом, выход функции Reduce в рамках исполнения итеративных алгоритмов задает данные, обрабатываемые в следующей Map-фазе. В связи с этим, в случае, если мы хотим ограничить часть данных обрабатываемых на следующей итерации, то на фазе Reduce необходимо передавать только соответствующие данные, однако при этом мы потеряем полную структуру графа и в дальнейших итерациях обрабатываться будет только его фрагмент.

Таким образом, реализовать предложенный подход в рамках классической модели MapReduce не представляется возможным и необходимо расширять как модель, так и её реализацию.

Для того чтобы добавить описанную выше возможность контроля в модель MapReduce, необходимо введение в модель двух дополнительных функциональных моментов:

1. Механизм обратной связи между Reduce и Map фазами, позволяющий на уровне Reduce задать те данные в Map-узлах, которые следует обработать в следующей итерации. Данное условие приведет к увеличению объема данных, который необходимо передать по сети.

2. Индексирование данных в Map-узлах. В классической реализации модели MapReduce фаза Map по очереди обрабатывает все доступные ей данные. Для того чтобы сократить дисковый ввод-вывод, Map-узлы должны напрямую обращаться только к тем данным, которые были заданы в фазе Reduce.

Для демонстрации избыточности модели MapReduce с точки зрения эффективности обработки данных при реализации итерационных алгоритмов мы провели эксперимент на реальных графах компаний Amazon и Youtube, взятых здесь [3]. Суть эксперимента заключается в следующем: посчитаем количество байт, которые считываются с диска и передаются по сети в каждой итерации в двух вариантах:

а. Базовая реализация алгоритма SSSP на модели MapReduce с полным обходом всех доступных в Map-узлах данных.

б. Реализация с предположением о наличии обратной связи между Map и Reduce фазами. То есть в Map-узлах обрабатываются только те данные, которые были выбраны для обработки в следующей итерации на фазе Reduce.

Обе реализации предполагают модифицированную версию реализации MapReduce, подходящую для эффективного выполнения итеративных алгоритмов. Результаты симуляции приведены на рисунке 2.

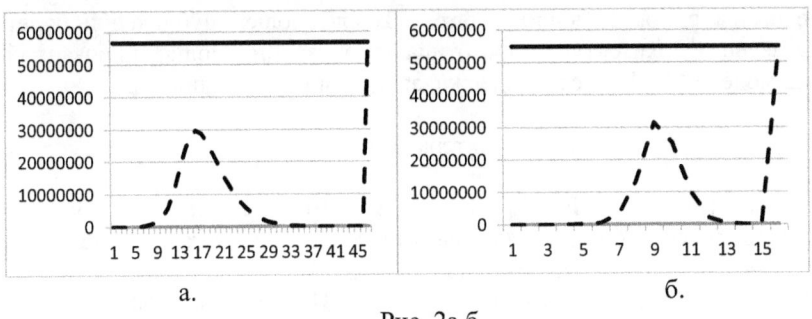

Рис. 2а,б.

На рисунке 2 показана реализация алгоритма параллельного поиска в ширину на двух наборах данных. На рисунке 2а - рекламный граф компании Amazon, на рисунке 2б рекламный граф сервиса Youtube.

График демонстрирует количество прочитанных с диска байт информации в зависимости от текущей итерации. Сплошной линией показан объем данных в случае реализации алгоритма на классической модели MapReduce, пунктирной - в случае наличия управляющей обрабатываемыми данными обратной связи между Reduce и Map фазами. Зависимость передаваемых по сети данных практически совпадает с результатами операции чтения.

Как видно из графика, возможность на фазе Reduce влиять на обрабатываемые в следующей итерации данные могло бы сократить время, затраченное на дисковый и сетевой ввод вывод с 50 до 98%.

Заключение

Модель распределенных вычислений MapReduce построена по принципу BSP (Bulk Synchronous Parallel), то есть обмен данными между параллельно работающими узлами возможен только в одну сторону и только на фазе Reduce. В классической реализации MapReduce при исполнении на ней итеративных алгоритмов фаза Reduce служит лишь поставщиком данных для следующей итерации. Расширение функции Reduce дополнительной возможностью передачи управляющих данных в следующую итерацию повышает гибкость в разработке эффективных алгоритмов на данной модели.

Предложенный подход позволяет сократить дисковый и сетевой ввод-вывод (в случае алгоритма SSSP теоретически до 50-98%), уменьшив при этом время исполнения алгоритма. Безусловно предложенные изменения невозможно включить в модель без потери ряда её важнейших характеристик, основным из которых является отказоустойчивость. Модификация модели MapReduce в рамках предложенного подхода и изучение его влияния на основные характеристики модели будут исследованы в последующих работах. В следующей публикации будет представлена архитектура прототипа реализации модифицированной версии модели MapReduce, поддерживающей описанный подход.

Литература

1. Д.Л. Петров, С.В. Кротов, А.В. Митяков. Модель системы MapReduce основанная на инфрструктуре облачных вычислений. // Известия ЛЭТИ, Вып. 10, 2011 С. 25-31.
2. А. В. Митяков, Татаринов Ю. С. Подходы к эффективному исполнению итеративных алгоритмов на модели MapReduce. // Известия ЛЭТИ, Вып. 2, 2014 С. 30-41.
3. University of Massachusetts [Электронныйресурс]. - Режимдоступа: http://rio.ecs.umass.edu/~yzhang/data/

Ягопольский А.Г - старший преподаватель кафедры "Металлорежущие станки" МГТУ им. Н.Э. Баумана

Руднев С.К. - студент кафедры "Металлорежущие станки" МГТУ им. Н.Э. Баумана, serezharudnev@yandex.ru

ПРИНИПЫ ОБЕСПЕЧЕНИЯ ЭКСПЛУАТАИОННЫХ СВОЙСТВ СТАНИН ПРИ ИХ ИЗГОТОВЛЕНИИ

Одной из основных задач, стоящих перед машиностроителями, является обеспечение качества и конкурентоспособности изготавливаемой продукции, а ее качество во многом зависит от надежности того технологического оборудования на котором оно произведено. Именно технологическое оборудование и формирует показатели качества деталей готовых изделий.

Обеспечение стабильного уровня надежности технологической машины (оборудования) зависит от большого количества различных факторов и процессов, происходящих в самой технологической машине. Надежность технологической машины – это динамика ее качества, поскольку рассматривается изменение характеристик технологической машины во времени. Поэтому негативные процессы, приводящие к отказам технологической машины, следует классифицировать по скорости их протекания и анализировать картину взаимодействия технологической машины с этими процессами. Для оценки степени изменения качества технологической машины во времени целесообразно все процессы, происходящие в технологической машине и изменяющие ее первоначальные параметры, разделить на три группы по скорости их протекания.

Быстро протекающие процессы – они возникают в пределах цикла работы станка и к ним относятся: вибрация узлов и механизмов, изменение сил трения в подвижных соединениях, колебания рабочих нагрузок и др.

Процессы средней скорости – они протекают за время непрерывной работы оборудования в течение смены и к ним относятся: тепловые деформации, изменения параметров окружающей среды, износ и коррозия некоторых малостойких элементов и др.

Медленно протекающие процессы – протекают в течение всего периода эксплуатации технологической машины и к ним относятся: изнашивание, коррозия, перераспределение внутренних напряжений, ползучесть материалов и др. Эти процессы, как правило, проявляются на станинах и корпусных деталях, существенно снижая и ухудшая их эксплуатационные характеристики, а так же они оказывают определенное влияние на баланс формирования погрешностей обработки изделий и, соответственно, снижают надежность и качество технологического оборудования в целом.

Одной из ответственных частей любой технологической машины (металлорежущего станка, прокатного стана, кузнечно-прессового оборудования и пр.) является станина – основная корпусная часть самой технологической машины, на которой монтируются ее рабочие узлы и механизмы, и от прочности, жесткости и износостойкости которой зависит качество работы всей машины в целом. Станина воспринимает усилия, действующие при работе, установленных на ней, узлов и механизмов, и обеспечивает точное взаимное расположение всех основных узлов технологической машины.

Подавляющее большинство станин металлорежущего оборудования изготавливают методами литья из чугуна, причем наиболее распространённым видом чугуна остается серый чугун, однако в последнее время получают все большее применение другие виды чугунов. Решающее влияние на выбор марки серого чугуна оказывают направляющие, которые должны обладать высокой износостойкостью, т.к. во время работы, например, металлорежущего станка по ним перемещаются подвижные органы станка. Многолетние наблюдения и исследования позволяют установить, что направляющие износятся тем медленнее, при прочих равных условиях, чем ближе структура чугуна к перлитной и ,чем выше удельное давление на трущиеся поверхности, тем очевиднее преимущества такой структуры чугуна.

В применении к металлорежущим станкам важнейшими требованиями к отливкам станин являются износостойкость, стабильность геометрической формы и жесткость. Одним из основных процессов ухудшающих технические параметры станка, является изнашивание направляющих, которые являются составной частью литой станины, т.к. на протяжении всей работы станка направляющие должны соответствовать критерию неизменности формы. Процесс изнашивания приводит к нежелательному изменению траектории движения суппорта, что в свою очередь, приводит к погрешностям в изготовлении конечной продукции.

Обеспечение надлежащей структуры и твердости в литых станинах возможно различными путями, из которых наиболее эффективными являются подбор состава металла и скорости охлаждения отливок. Особенно важно правильно подобрать легирующие компоненты, обеспечивающие дисперсность перлита и микротвёрдость чугуна.

Существенное влияние на требуемую структуру чугуна литой станины оказывает скорость ее охлаждения. Для регулирования скорости охлаждения отливок, обычно, применяют холодильники. Плоские холодильники для отливок станин, столов, траверс, стоек изготавливают толщиной 0,3 – 0,4 от толщины направляющих, шириной 0,7 – 0,8 от ширины направляющих, а длиной 1,0 – 1,5 от ширины направляющих. Для крупных отливок желательно применять, плоские холодильники. При охлаждении криволинейных поверхностей холодильники выполняют по их контуру. В средних отливках они, создавая резкое переохлаждение металла, способствуют возникновению в чугуне междендритного и сетчатого графита и образованию структурно – свободного феррита или цементита. Поэтому их в средних и иногда тяжелых отливках заменяют шиловидными, ребристыми или карборундовыми холодильниками с меньшей теплопроводностью. Такие холодильники обеспечивают требуемую графитовую структуру чугуна в отливках.

Эффективность методов принудительного охлаждения отливок, как средства снижения остаточных напряжений и сокращения технологического цикла, существенно возрастает при автоматическом регулировании процесса охлаждения отливки. Одной из наиболее простых и надежно реализуемых является система, в которой регулирующим параметром автоматически служит разность температур между основными элементами отливки, т.е. тонкой стенкой и массивной направляющей. Она фиксируется дифференциальной термопарой, образованной двумя термопарами, установленными соответственно в стенке и направляющей отливки.

Учитывая вышеперечисленные факторы, влияющие на процесс изготовления литых станин металлорежущих станков и высокие технологические требования, предъявляемые им, может быть предложена следующая схема изготовления литой станины (рис. 1).

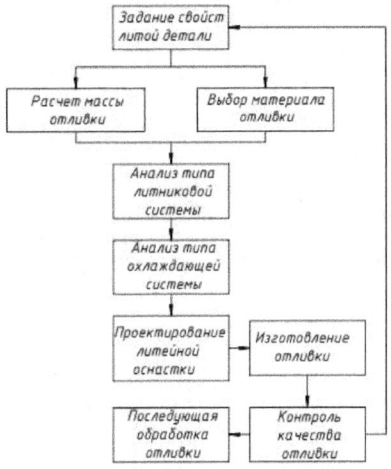

Рис.1. Технологическая схема изготовления литой станины.

Список литературы:
1. Мухин А.В., Спиридонов О.В., Схиртладзе А.Г., Харламов Г.А. Производство деталей металлорежущих станков: Учебное пособие для машиностроительных специальностей вузов. – М: Машиностроение, 2001. – 560с.
2. Проников А.С. Параметрическая надежность машин. – М: Машиностроение, 2002. – 592с.

Кузнецов С.Е.
доктор техн. наук, профессор, ГУМРФ им. адм. С.О.Макарова
Башкирев О.О.
аспирант ГУМРФ им. адм. С.О. Макарова

АНАЛИЗ НАДЕЖНОСТИ ЭЛЕКТРОСНАБЖЕНИЯ В РАЗЛИЧНЫХ РЕЖИМАХ РАБОТЫ СУДОВОЙ ВЫСОКОВОЛЬТНОЙ ЭЛЕКТРОЭНЕРГЕТИЧЕСКОЙ СИСТЕМЫ

Анализ надежности электроснабжения выполняется применительно к глубоководному дноуглубительному самоотвозящему судну. Такие суда предназначены для дноуглубительных работ на глубине до 50 м (до 80 м при удлиненной грунтовой трубе), работ по очистке (например акватории порта), подготовительных работ для дальнейшей прокладки трубопроводов, выдачи грунтового материала на берег, выполнения насыпей и других видов грунтовых работ.

Основными типовыми элементами судовой электроэнергетической системы (СЭЭС) такого судна являются два высоковольтных главных генератора, вспомогательный дизель-генератор (ВДГ) и аварийный дизель-генератор (АДГ). Структурная схема данной СЭЭС приведена на рис. 1.

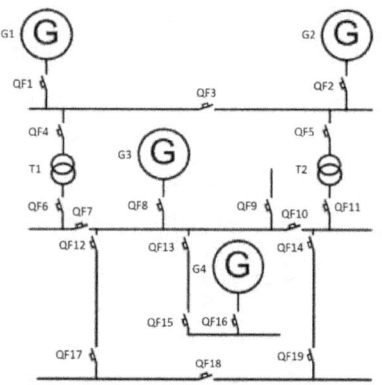

Рис. 1. Структурная схема САЭЭС.

G1, G2 – главные генераторы;
G3 – вспомогательный генератор;
G4 – аварийный генератор;
T1, T2 – трансформаторы 6.3кВ/0.4кВ;
QF1÷QF5 – высоковольтные автоматические выключатели;
QF6÷QF19 – автоматические выключатели.

Основными режимами работы такой СЭЭС являются:

1) Режим выполнения грунтовых работ, используется при выполнении грунтовых работ на глубине до 50 м и при выполнении насыпи.

2) Стояночный режим, используется при стоянке, бункеровке, выполнении ремонтных работ.

3) Режим обеспечения максимальной мощности, используется при выполнении грунтовых работ на глубине 80 м, при разгрузке через шаровое соединение на берег.

4) Режим питания с берега, может использоваться в течение стоянки в доке или у причала.

5) Ходовой режим, используется при переходе судна от места выполнения грунтовых работ до места разгрузки. Если время перехода не превышает 30 минут, то, как правило, используется режим выполнения грунтовых работ.

6) Маневренный режим, аварийный режим судна. Маневренный режим используется при заходе в порт и выходе из порта, при проходе каналов и пребывании в сложных навигационных условиях Аварийный режим судна используется в аварийных ситуациях судна (пожар, пробоина).

7) Аварийный режим СЭЭС, используется при обесточивании основной электростанции.

Для анализа надежности электроснабжения произведен расчет показателей надежности электроснабжения в этих основных режимах работы судна, а именно вероятности безотказной работы Р, интенсивности отказов λ и средней наработки на отказ Т. При этом рассматривается два вида нарушения электроснабжения: 1)обесточивание при отказе, 2)невосстановление питания за установленное время при отказе. В первом случае отказом считается любое обесточивание аварийного распределительного щита (АРЩ), во втором – обесточивание на время, более чем на 45 с.

Расчет выполняется применительно к электроснабжению АРЩ. Этот выбор наиболее рационален, т.к. от АРЩ получают питание наиболее ответственные приемники электроэнергии. Расчет выполнен во всех основных режимах работы судна за период, равный 1000 часам работы в период нормальной эксплуатации (установившийся режим эксплуатации, когда происходят внезапные отказы, носящие случайный характер).

Справочные данные по интенсивностям отказов элементов судовой электростанции [1, 93; 2, 71-72]:

главный двигатель и главный генератор переменного тока - $\lambda_{ГГ} = 50 \cdot 10^{-6}$ 1/ч;

вспомогательный дизель-генератор – $\lambda_{ВДГ} = 70 \cdot 10^{-6}$ 1/ч;

аварийный дизель-генератор – $\lambda_{АДГ} = 80 \cdot 10^{-6}$ 1/ч;

автоматический выключатель – $\lambda_{АВ} = 13 \cdot 10^{-6}$ 1/ч;

силовой трансформатор – $\lambda_Т = 4 \cdot 10^{-6}$ 1/ч.

Например, расчет показателей надежности для работы СЭЭС в режиме выполнения грунтовых работ выполняется следующим образом. Строится структурная схема СЭЭС для данного режима (см. рис. 2).

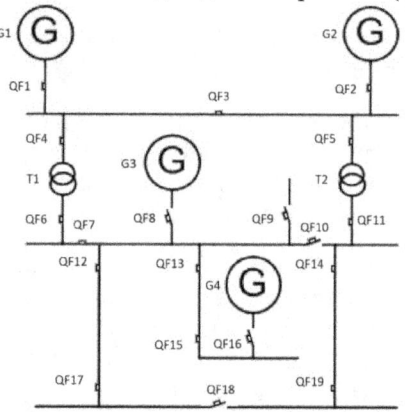

Рис. 2. Режим выполнения грунтовых работ

От структурной схемы СЭЭС выполняется переход к структурной схеме для анализа надежности (рис.3). Прямоугольниками на рис.3 обозначены элементы системы электроснабжения с соответствующими вероятностями их безотказной работы. При составлении структурных схем кабели ГРЩ, АРЩ, их шины, кабельные наконечники не учитывались, т.к. их надежность существенно выше надежности других элементов.

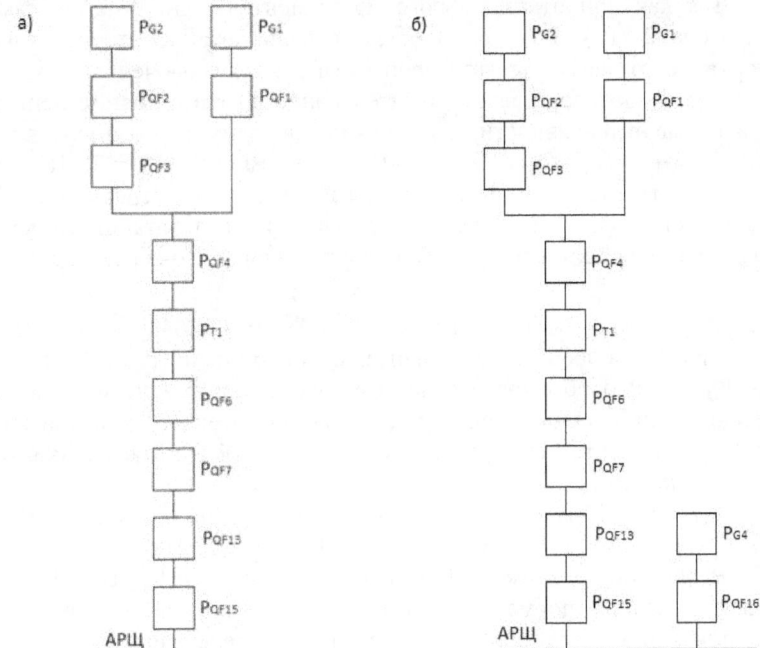

Рис. 3. Структурные схемы для расчета надежности электроснабжения в режиме выполнения грунтовых работ: а) при любом обесточивании АРЩ; б) при обесточивании АРЩ более, чем на 45с.

Согласно рис. 3а, АРЩ будет получать питание, если хотя бы одна из двух цепей (P_{G2}, P_{QF2}, P_{QF3}, P_{QF4}, P_{T1}, P_{QF6}, P_{QF7}, P_{QF13}, P_{QF15} или P_{G1}, P_{QF1}, P_{QF4}, P_{T1}, P_{QF6}, P_{QF7}, P_{QF13}, P_{QF15}) будет работоспособна. С точки зрения надежности, это будет расчет надежности схемы «голосования» один из двух.

Так как при отказе любого из элементов цепи питания главного генератора 1 (P_{G1}, P_{QF1}) откажет цепь питания первого главного генератора, то элементы этой цепи оказываются включенными в смысле надежности последовательно, а интенсивность отказов одной цепи будет равна сумме интенсивности отказов входящих в эту цепь элементов.

$$\lambda_{ГГ1} = \lambda_{G1} + \lambda_{QF1} = 50 \cdot 10^{-6} + 13 \cdot 10^{-6} = 63 \cdot 10^{-6} \text{ 1/ч.}$$

Вероятность безотказной работы цепи главного генератора 1 $P_{ГГ1}(t)$ за 1000 часов работы в период нормальной эксплуатации могут быть определены с использованием экспоненциального закона распределения:

$$P(t) = e^{-\lambda t};$$
$$P_{ГГ1}(1000) = e^{-63 \cdot 10^{-6} \cdot 1000} = 0{,}9386.$$

Так как при отказе любого из элементов цепи питания главного генератора 2 (P_{G2}, P_{QF2}, P_{QF3}) откажет цепь питания второго главного генератора, то элементы этой цепи оказываются включенными в смысле надежности последовательно, а интенсивность отказов одной цепи будет равна сумме интенсивности отказов входящих в эту цепь элементов.

$$\lambda_{ГГ2} = \lambda_{G2} + \lambda_{QF2} + \lambda_{QF3} = 50 \cdot 10^{-6} + 13 \cdot 10^{-6} + 13 \cdot 10^{-6} = 76 \cdot 10^{-6} \text{ 1/ч}.$$

Вероятность безотказной работы цепи главного генератора 2 $P_{ГГ2}(t)$ за 1000 часов работы в период нормальной эксплуатации могут быть определены с использованием экспоненциального закона распределения:

$$P(t) = e^{-\lambda t};$$
$$P_{ГГ2}(1000) = e^{-76 \cdot 10^{-6} \cdot 1000} = 0{,}9264.$$

При отказе любого из элементов основной цепи (P_{QF4}, P_{T1}, P_{QF6}, P_{QF7}, P_{QF13}, P_{QF15}) АРЩ обесточится, поэтому элементы этой цепи оказываются включенными в смысле надежности последовательно, а интенсивность отказов одной цепи будет равна сумме интенсивности отказов входящих в эту цепь элементов.

$$\lambda_{ОЦ} = \lambda_{QF4} + \lambda_{T1} + \lambda_{QF6} + \lambda_{QF7} + \lambda_{QF13} + \lambda_{QF15} = 13 \cdot 10^{-6} + 4 \cdot 10^{-6} + 13 \cdot 10^{-6} + 13 \cdot 10^{-6} + 13 \cdot 10^{-6} + 13 \cdot 10^{-6} = 69 \cdot 10^{-6} \text{ 1/ч}.$$

Вероятность безотказной работы основной цепи $P_{ОЦ}(t)$ за 1000 часов работы в период нормальной эксплуатации могут быть определены с использованием экспоненциального закона распределения:

$$P(t) = e^{-\lambda t};$$
$$P_{ОЦ}(1000) = e^{-69 \cdot 10^{-6} \cdot 1000} = 0{,}9329.$$

Как указывалось выше, вероятность безотказной работы обеих генераторных цепей в этом режиме работы судна может рассматриваться как вероятность работоспособности какой-либо одной цепи питания из двух, поэтому возможны следующие четыре гипотезы Г (табл.1) о состояниях двух цепей питания (Р – работоспособное состояние, НР – неработоспособное состояние):

Табл. 1. Таблица гипотез о состояниях двух цепей питания

Цепь питания, номер	Гипотезы			
	$Г_1$	$Г_2$	$Г_3$	$Г_4$
1	Р	НР	НР	Р
2	Р	НР	Р	НР

Вероятность безотказного электроснабжения аварийного распределительного щита, т.е. работоспособность хотя бы одной цепи питания из двух согласно приведенной таблице гипотез будет:

$$P_{ГГ} = \text{Вер}(Г_1) + \text{Вер}(Г_3) + \text{Вер}(Г_4) = P_{ГГ1} \cdot P_{ГГ2} + (1 - P_{ГГ1}) \cdot P_{ГГ2} + P_{ГГ1} \cdot (1 - P_{ГГ2}).$$

Таким образом, за тысячу часов работы t = 1000 ч вероятность безотказной работы обеих генераторных цепей составит:

$P_{ГГ}(1000) = 0{,}9386 \cdot 0{,}9264 + (1-0{,}9386) \cdot 0{,}9284 + 0{,}9386 \cdot (1-0{,}9284) =$
$= 0{,}9956.$

Вероятность безотказной работы всей цепи питания АРЩ за тысячу часов работы t = 1000 ч будет равна

$P_Ц(1000) = P_{ОЦ}(1000) \cdot P_{ГГ}(1000) = 0{,}9956 \cdot 0{,}9329 = 0{,}9288.$

Средняя наработка на отказ в предположении о постоянстве интенсивности отказов для всей системы электроснабжения АРЩ

$$\lambda_C = -\frac{1}{t}\ln P_Ц(t) = -\frac{1}{1000}\ln 0{,}9288 = 73{,}86 \cdot 10^{-6} \frac{1}{ч}$$

составит

$$T_0 = \frac{1}{\lambda_Ц} = \frac{1}{73{,}86 \cdot 10^{-6}} = 13539 \text{ ч.}$$

Следует понимать, что получены значения показателей надежности электроснабжения при условии, что отказом считалось любое обесточивание АРЩ. Согласно требованиям Российского морского регистра судоходства, при обесточивании АДГ должен запускаться и принимать нагрузку за время, не превышающее 45 с. Если считать отказом обесточивание АРЩ более, чем на 45с, то значения показателей надежности электроснабжения будут отличаться от полученных ранее. Расчет, аналогичный приведенному выше, произведенный по структурной схеме на рис. 3б, показывает:

$P_Ц(1000) = 0{,}994,$

$\lambda_Ц = 6{,}02 \cdot 10^{-6}$ 1/ч,

$T_0 = 166113$ ч.

Для сравнения полученных показателей надежности электроснабжения в различных режимах работы СЭЭС данные сведены в табл. 2 для случая обесточивания при отказе и табл. 3 для случая невосстановления питания за установленное время (45с.) при отказе.

Табл. 2. Результаты расчета показателей надежности(считая отказом любое обесточивание АРЩ)

Режим работы судна	P	$\lambda_Ц$, 1/ч	T_0, ч
Ходовой режим	0,8757	$132 \cdot 10^{-6}$	7576
Стояночный режим	0,8961	$109 \cdot 10^{-6}$	9174
Аварийный режим СЭС	0,911	$93 \cdot 10^{-6}$	10753
Режим выполнения грунтовых работ	0,9288	$73{,}86 \cdot 10^{-6}$	13539
Маневренный режим	0,9663	$34{,}27 \cdot 10^{-6}$	29149
Режим обеспечения максимальной мощности	0,8112	$208 \cdot 10^{-6}$	4808

Табл. 3. Результаты расчета показателей надежности(считая отказом обесточивание АРЩ на время, более чем 45 с)

Режим работы судна	P	$\lambda_\text{ц}$, 1/ч	T_0, ч
Ходовой режим	0,989	$11{,}06 \cdot 10^{-6}$	90416
Стояночный режим	0,991	$9{,}04 \cdot 10^{-6}$	110620
Аварийный режим СЭС	0,911	$93 \cdot 10^{-6}$	10753
Режим выполнения грунтовых работ	0,994	$6{,}02 \cdot 10^{-6}$	166113
Маневренный режим	0,998	$2 \cdot 10^{-6}$	500000
Режим обеспечения максимальной мощности	0,983	$17{,}15 \cdot 10^{-6}$	58309

С увеличением числа элементов СЭЭС, включенных в смысле надежности последовательно, вероятность безотказной работы всей системы, средняя наработка до отказа уменьшаются, а интенсивность отказов увеличивается. С увеличением количества включенных параллельно в смысле надежности элементов СЭЭС (резервирование) вероятность безотказной работы всей системы и средняя наработка до отказа увеличиваются, а интенсивность отказов уменьшается.

Приведенная методика расчета показателей надежности электроснабжения в различных режимах работы СЭЭС может быть использована и для других типов судов.

Список использованной литературы:

1. Кузнецов, С.Е., Филев, В.С. Основы технической эксплуатации судового электрооборудования и автоматики, , СПб.: Судостроение, 1995. – 448с.
2. Кузнецов, С.Е. и др. Техническая эксплуатация судового электрооборудования, М.: Проект, 2010. – 512с.

Макин В.А., Татаринов Ю.С.
аспирант Санкт-Петербургского государственного электротехнического университета «ЛЭТИ»,
доцент, к.т.н. Санкт-Петербургского государственного электротехнического университета «ЛЭТИ»

ПРИМЕНЕНИЕ СПЕЦИАЛИЗИРОВАННЫХ ОНТОЛОГИЧЕСКИХ МОДЕЛЕЙ ДЛЯ ВЕРИФИКАЦИИ КОНСИСТЕНТНОСТИ ДАННЫХ В РЕЛЯЦИОННЫХ ХРАНИЛИЩАХ ДАННЫХ

Введение

В настоящее время, разработка корпоративных информационных систем (КИС) является довольно трудоемкой задачей. Этому способствует, с одной стороны, всевозрастающая сложность информатизируемых предметных областей, с другой - их динамичность. В таких условиях, изменениям подвергается не только схема хранимых данных, но и их семантика. При этом неизменной остается одна из важнейших задач КИС - возможность хранения и анализа данных за исторический период, где не последнюю роль играет консистентность исходных данных.

Верификация консистентности данных

Согласованность данных в реляционной базе данных(БД) можно разделить на два уровня: согласованность по схеме и согласованность по смыслу. Задачу первого уровня для реляционных хранилищ данных успешно решает контроль со стороны таких программных средств, как системы управления базой данных и инструменты объектно-реляционного отображения (ORM). Ответственность за решение задачи второго уровня на сегодняшний день возлагается на программиста. Написанный им программный код для обеспечения максимальной надежности с точки зрения верификации данных должен содержать в себе методы для работы с данными во все временные периоды а так же набор тестов для проверки консистентности данных объекта и контролировать сложные зависимости связанных с ним объектов. Очевидно, что описанный подход является неструктурированным и сильно подвержен влиянию человеческого фактора.

Другим, более перспективным решением, видится применение специализированных онтологических моделей в совокупности с набором семантических правил. В этом случае, онтология предстает своего рода эталоном, сравнение с которым необходимо осуществлять перед каждой операцией записи, обновления и удаления. Также, с применением онтологии осуществляется приведение исходных данных к единообразному виду, пригодному для аналитической обработки. В этом случае, при необходимости внести изменения в структуру или семантику данных КИС, в первую очередь изменения вносятся в онтологическую модель и правила, а затем уже в программный код и схему БД. Важно отметить, что изменения онтологии должны носить "нарастающий" характер, при котором устаревший участок онтологии не удаляется, а ограничивается по времени действия.

Описанная выше модель должна удовлетворять следующим критериям:

• возможность поддержки версионности онтологии как на уровне версий концептов, так и на уровне версий соответствующих им индивидов.

• возможность описания сложных правил на ограничения данных и поддержки разных версий правил для разных версий онтологии.

• Машина логического вывода (МЛВ), способная провести верификацию данных на соответствие онтологической модели и правилам.

Таким образом, для реализации модели необходимо наличие следующих компонентов:

• язык описания онтологии, с возможностью привязки классов, индивидов и свойств к оси времени. Для этой цели наиболее пригодным видится связка язык описания онтологий OWL [1] и его расширений [2] [3] [4]

• язык описания правил, позволяющий контролировать сложные зависимости между классами и их свойствами [5] [6].

• машина логического вывода - наименее проработанный на сегодняшний день компонент. Существующие на сегодняшний день МЛВ, такие как CoBrA имеют ряд серьезных ограничений при обработке временных данных [7].

Рассмотренный подход, несмотря на увеличение трудоемкости разработки ПО, обеспечивает ряд преимуществ по сравнению с классическим подходом, среди которых:

• автоматическая проверка системы на предмет правильного функционирования

• гарантия, что внесенные в программный код КИС изменения соответствуют онтологической модели.

• онтологическая модель дает декларативное описанием предметной области, что помогает проектировать изменения и обеспечивает преемственность знаний о КИС.

• помощь при анализе исторически разнородных данных

Заключение.

Описанный подход позволяет в существенной мере повысить качество хранимых в КИС данных. Однако, на пути промышленного внедрения такого подхода имеются препятствия, среди которых можно отметить недостаточную проработанность некоторых компонентов и стандартов. Так же к ограничениям метода можно отнести высокую трудоемкость разработки и поддержания модели. Помимо этого, добавление такой прослойки между программным кодом и РХД неизменно скажется на производительности системы и увеличит время выполнения транзакций.

Список литературы

1] J. R. a. P. F. Hobbs, «An Ontology of Time for the Semantic Web,» ACM Transactions on Asian Language Processing (TALIP): Special issue on Temporal Information Processing, т. %1 из %2Vol. 3, , № No. 1, pp. pp. 66-85, March 2004.

2] «Ontology Evolution Analysis with OWL-MeT,» International Workshop on Ontology Dynamics, 2007.

3] «Ontology Evolution: Not the Same as Schema Evolution,» Knowledge and Information Systems, т. Volume 6, № Issue 4, pp. pp 428-440, July 2004.

4] J. R. Hobbs, A DAML Ontology of Time, November 2002.

5] «THE DESIGN AND IMPLEMENTATION OF ONTOLOGY AND RULES BASED KNOWLEDGE BASE FOR TRANSPORTATION,» The International Archives of the Photogrammetry, Remote Sensing and Spatial Information Sciences, т. Part B2, № Vol. XXXVII, pp. pp. 335-340, 2008.

6] J. B. L. K. a. R. M. Alessandra Toninelli, «Proceedings of the Semantic Web and Policy Workshop,» в Rule-based and Ontology-based Policies: Toward a Hybrid Approach to Control Agents in Pervasive Environments, 2005.

7] H. T. F. a. A. J. Chen, «An Intelligent Broker for Context-Aware Systems,» Adjunct Proceedings of Ubicomp 2003, Seattle, Washington, USA,, pp. 12-15, October, 2003..

Ерослаев А.В.[1], Трубочкина Н.К.[2]

1 - факультет информационных технологий и вычислительной техники, сотрудник лаборатории "Nano-3D", МИЭМ НИУ ВШЭ, Eroslaev-av13@narod.ru

2 - руководитель лаборатории "Nano-3D", д.т.н., профессор, МИЭМ НИУ ВШЭ, nadin@miem.edu.ru

ПЕРЕХОДНЫЕ ОДНОСЛОЙНЫЕ НАНОСТРУКТУРЫ – ПЕРСПЕКТИВНОЕ НАПРАВЛЕНИЕ РАЗВИТИЯ ЭЛЕМЕНТНОЙ БАЗЫ ВЫЧИСЛИТЕЛЬНЫХ СИСТЕМ

Аннотация

В данной статье представлены однослойные переходные наноструктуры ИЛИ-НЕ [2,228] для процессоров с предельной информационной плотностью. При синтезе использована проектная норма 10 нанометров, что соответствует передовому мировому уровню в кластере технологических фирм.

Введение

Предметная область исследований – компьютерная наносхемотехника, построенная по новой концепции. Областями применения являются – разработка классических компьютеров, оптических компьютеров[1, 312], биокомпьютеров[4,1], и прочее. Так же можно использовать в проектах в регенерационной медицине в совокупности с матрицами нанопроводов [3,1].

Принципиальным отличием элементной базы, разработанной в лаборатории «Nano-3D» является более точная с точки зрения физической реализации, не транзисторная, а переходная схемотехника[2,118], которая позволяет синтезировать элементы, оптимальные по количеству областей и количеству соединений.

Наша элементная база обладает свойствами продукции двойного назначения.

Преимущества данной концепции можно проиллюстрировать на синтезе и моделировании логической наноструктуры ИЛИ-НЕ.

Об эксперименте

В результате проведения эксперимента:
1. Была разработана математическая модель наноструктуры ИЛИ-НЕ класса НСТЛ [2,113], представленная на рисунке 1, где p1 - кремниевая область p типа, n2 - кремниевая область n типа, p3 - кремниевая область p типа, p4 - кремниевая область p типа, n5 - кремниевая область n типа, ….

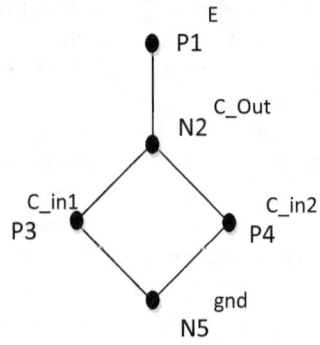

Рис. 1. Математическая модель

2. По математической модели разработана однослойная наноструктура, при наличии двух логических входов, имеющая всего пять физических областей. Модель наноструктуры изображена на рисунке 2.

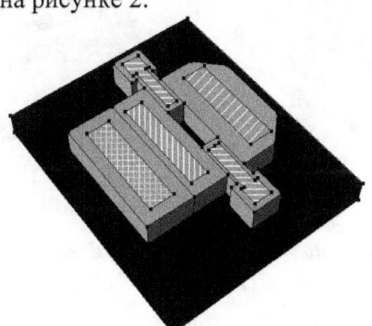

Рис. 2. Модель однослойной наноструктуры

3. Подготовлен расчетный файл для последующего физического моделирования (сетка).

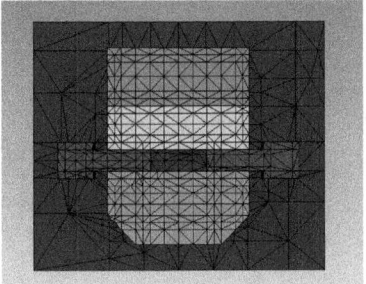

Рис. 3. Расчетная сетка

4. Проведено физическое компьютерное многократное моделирование для определения системы параметров работоспособной наноструктуры ИЛИ-НЕ класса НСТЛ в TCAD Synopsys (Sentaurus Device).
5. Проведено исследование наноструктуры на предмет влияния количества входов ее входов на работоспособность.
6. Получены результаты окончательного физического моделирования наноструктуры с двумя логическими входами: на рисунке 4а показано распределение зарядов в ней, на рисунке 5а - распределение электростатического потенциала. Для наноструктуры с тремя логическими входами на рисунке 4б показано распределение зарядов, на рисунке 5б - распределение электростатического потенциала.

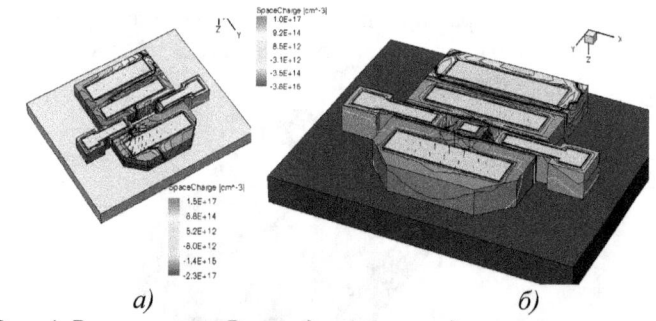

Рис. 4. Результаты. Распределение зарядов в наноструктуре

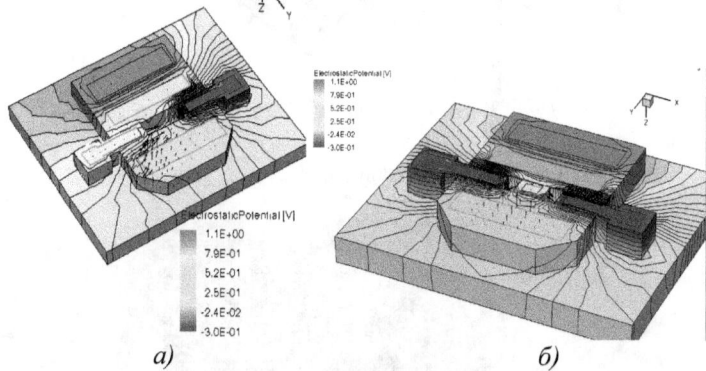

Рис. 5. Результаты. Распределение электростатического потенциала в наноструктуре

Заключение

Разработана переходная однослойная наноструктура ИЛИ-НЕ класса НСТЛ в новой переходной концепции с проектной нормой 10нм. Данная наноструктура обладает преимуществами, по сравнению с известной элементной базой:

- При проектной норме 10 нанометров и средней площади логической наноструктуры ИЛИ-НЕ класса НСТЛ 40*60 нм^2, информационная плотность биполярных процессоров, построенных на этой элементной базе, составляет $5*10^{10}$ вентилей на 1 см^2.
- Достоинством данной наноструктуры помимо информационной плотности, является повышенная радиационная стойкость и то, что расположение этой наноструктуры на подложке устраняет возможность создания паразитных эффектов, а это делает схему более надёжной.
- Для создания однослойной наноструктуры требуется меньшее количество технологических операций, что значительно удешевляет создание элементной базы в данной концепции.

Литература

1. Рахман Ф. «Наноструктуры в электронике и фотонике» Техносфера, 2010г, 320с.
2. Трубочкина Н.К. «Моделирование 3D наносхемотехники» Бином. Лаборатория знаний, 2012г, 499 стр.
3. Jun Yao, Hao Yan and Charles M. Lieber, 2013, A nanoscale combing technique for the large-scale assembly of highly aligned nanowires. Публикация (Web): 21 APRIL 2013.
4. Tian-Ming Fu, Xiaojie Duana, Zhe Jiang, Xiaochuan Dai, Ping Xie, Zengguang Cheng, and Charles M. Lieber, 2013, Sub-10-nm intracellular bioelectronic probes from nanowire–nanotube heterostructures. Публикация (Web): 12 DECEMBER 2013.

Технические науки

Стрелюхина А.Н.[1], Петрунин Д.А.[2]
[1]- д.т.н., проф., ФГБОУ ВПО МГУПП, г. Москва, Россия
[2]- аспирант, ФГБОУ ВПО МГУПП, г. Москва, Россия
dapetrunin@yandex.ru

МЕТОДЫ ПОВЫШЕНИЯ СТАБИЛЬНОСТИ ДОЗИРОВАНИЯ СЫПУЧИХ ПИЩЕВЫХ МАСС

Важность проблемы обеспечения стабильности дозирования обусловлена широким применением процесса в различных отраслях пищевой промышленности при дозировании ингредиентов в ходе технологических процессов, а так же при проведении финишных операций - фасовки продуктов в потребительскую тару.

Известно, что на стабильность процесса дозирования влияют физико-механические характеристики продуктов и технологические параметры работы дозирующего устройства, в частности уровень дозируемого продукта в расходном бункере устройства.

Основной целью наших исследований являлось изучение влияния уровня продукта на работу дозирующего устройства для последующего выбора обоснованных технических решений, позволяющих повысить стабильность дозирования. Исследования проведены с использованием дозирующего устройства Б-1400, используемого в промышленности и выпускаемого серийно, который обеспечивает заданную точность и стабильность дозирования сыпучих компонентов. Точность этого дозирующего устройства соответствует требованиям ГОСТ Р 8.579-2002.

При проведении исследований, в качестве дозируемого продукта использована крупа рисовая, высшего сорта, отвечающая требованиям ГОСТ 6292-93, с влажностью 15%

Дозирующее устройство состоит из расходного бункера, объемом 80л, с коническим днищем, в выходной части которого располагается шнек , вращающийся прерывисто. Привод шнека состоит из серводвигателя и планетарного редуктора. Для предотвращения сводообразования внутри расходного бункера установлен ворошитель, привод которого состоит из асинхронного трехфазного двигателя и червячного редуктора. Контроль уровня осуществляется ультразвуковым датчиком.

В работе изучено влияние уровня продукта в расходном бункере на процесс дозирования.

Рабочие границы уровня продукта в бункере первоначально выбраны в диапазоне от 300 до 400мм над выходным патрубком расходного бункера.

Рабочий диапазон установлен заводом изготовителем таким образом, чтобы при максимальном уровне продукта верхняя свободная поверхность сыпучего материала не касалась датчика и элементов узлов привода, а при минимальном уровне сохранялся слой продукта над шнеком. Этот слой необходим для полного заполнения межвиткового пространства дозирующего шнека. В противном случае завод-изготовитель не гарантирует паспортную точность наполнения тары. Рабочий диапазон имеет наибольшие допустимые границы (с условием сохранения точности и стабильности дозирования) для обеспечения минимального числа включений/выключений загрузочного устройства с целью экономии электроэнергии.

Загрузка продукта производится ленточным элеватором, с оребренной лентой. При включении загрузки дозирование продукта останавливается, для исключения влияния динамических факторов

В результате эксперимента получены значения масс дозы продукта и значения уровня продукта в расходном бункере.

Для оценки стабильности по ГОСТ Р 50779.21 использована дисперсия значений масс дозы. Уменьшение дисперсии означает повышение стабильности процесса, увеличение дисперсии означает уменьшение стабильности процесса дозирования. В табл. 1 внесены результаты эксперимента.

Табл. 1. Результаты Эксперимента

Масса наполнения:	Минимальная, г	995
	Максимальная, г	1005
	Средняя, г	999,93
Уровень продукта:	Максимум, мм	400
	Минимум, мм	300
	Средний, мм	350
Дисперсия выборки значений		5,99

Анализ результатов эксперимента показывает, что нижний предел измерений, регламентированный ГОСТ Р 8.579-2002 не выходит за допустимый уровень. Однако за счет существования верхнего нерегламентируемого предела существует перерасход, который по нашим оценкам при заданной производительности составляет 0,058кг/мин при сохранении производительности, точности и стабильности дозирования. Исходя из этого существует задача сужения диапазона колебания дозы.

Для снижения значения перевеса были рассмотрены основные его причины.

Установлено, что основная причина вариации массы - изменение насыпной плотности продукта в результате вариации его уровня в расходном бункере.

Для исследования были выбраны следующие значения уровней: от 290мм до 410мм, от 310мм до 380мм, от 330мм до 370мм и от 340мм до 360мм. Непрерывно-поточный метод загрузки позволил сузить рабочие границы уровня продукта в бункере. При каждом из четырех диапазонов проводилось 60 повторов дозирований.

При минимальном уровне в 290мм от выходного патрубка сохранялся минимальный слой уровня продукта над дозирующим шнеком. Уменьшение минимального значения уровня продукта недопустимо, т.к. это приведет к неполному заполнению межвиткового пространства шнека. При максимальном уровне в 410 мм сохранялся минимальный зазор до элементов рабочих органов и датчика уровня.

В таблице 2 приведены результаты эксперимента.

Табл. 2. Результаты Эксперимента

Показатель		Диапазон уровней продукта			
		290-410	310-380	330-370	340-360
Масса наполнения	Минимум, г	994	995	997	997
	Максимум, г	1006	1002	1002	1001
	Средняя, г	999,2	998,63	999,067	998,8
Измеренный уровень продукта	Максимум, мм	390	370	370	360
	Минимум, мм	300	310	340	340
	Средний, мм	346	340,8	351,67	350
Дисперсия выборки значений		10,24	3,26	1,93	1,4

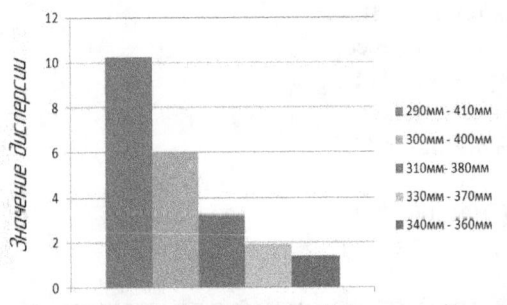

Рис. 1. Дисперсия значений выборок при различных рабочих диапазонах уровней

Обработка результатов показала, что, что при сохранении среднего значения массы для всех каждый эксперимент отличался по стабильности. В эксперименте с разностью уровней минимума и максимума в 120мм наблюдается дисперсия в 7,3 раза большая, чем в эксперименте с разностью уровней в 20мм.

Установлена зависимость между разницей уровней рабочего диапазона и дисперсией (Рис. 2).

Полученную кривую можно аппроксимировать экспоненциальной кривой с величиной достоверности аппроксимации $R^2 = 0,992$, описываемой уравнением $f(x) = 0.886e^{0.019x}$ (Рис. 2).

Рис. 2. Аппроксимирующая функция

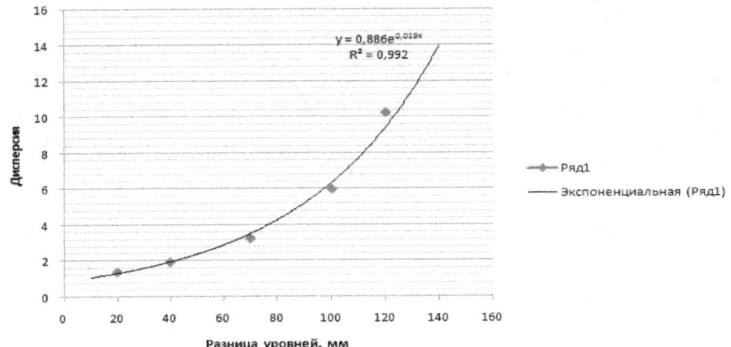

Выводы:

1. В Экспериментально подтверждено влияние уровня продукта в расходном бункере на стабильность дозирования

2. Получено аппроксимирующее уравнение зависимости дисперсии и разницы уровней $f(x) = 0.886e^{0.019x}$.

УДК 637.1

Евдокимов И.А.
д.т.н., профессор
Куликова И.К.
к.т.н., доцент
Грешнякова М.Е.
аспирант
Смирнов А.А.
студент

ВЛИЯНИЕ УСЛОВИЙ ФЕРМЕНТАТИВНОЙ ОБРАБОТКИ ПЕРМЕАТА НА РАВНОВЕСИЕ РЕАКЦИЙ ГИДРОЛИЗА И ТРАНСГЛИКОЗИЛИРОВАНИЯ

В последнее время в России активно развиваются мембранные технологии (микрофильтрация, ультрафильтрация, нанофильтрация и обратный осмос). При использовании этих технологий неизбежно появляются новые продукты, одним из них является пермеат. Этот продукт находит широкое применение в производстве лактозы, спирта, молочной кислоты, а также используется при производстве питьевого молока для нормализации по белку, при этом, не изменяя углеводный и минеральный состав [1].

В качестве сырья для ферментативной обработки использовались образцы пермеата обезжиренного молока, прошедшие ультрафильтрацию, с последующим сгущением нанофильтрацией до концентрации сухих веществ (18,2±0,1)%. Для ферментативной обработки использовался ферментный препарат «Lactozym® 3000 L HP-G».

При обработке сгущенного пермеата препаратом β-галактозидазы протекают два противоположных процесса – гидролиз, при котором молярная концентрация увеличивается и трансгалактозилирование, при котором молярная концентрация раствора уменьшается. Для текущего контроля процесса ферментации применялся криоскопический метод, основанный на определение температуры замерзания растворов лактозы и пермеата.

Известно [2], что оптимальными условиями реакции полимеризации в сыворотке при использовании фермента β-галактозидазы являются температура 55°C, содержание лактозы 12,5%, концентрация фермента 1-100 единиц.

Согласно полученным нами данным, при температурах 35-45°C в образцах пермеата проходила реакция гидролиза, то есть точка замерзания находилась на уровне от -1,8 °C до -1,9 °C.

Изменение точки замерзания пермеата при температурах 50-55°C (табл. 1) свидетельствует о том, что протекает реакция трансгликозилирования, в процессе которой образуются галактоолигосахариды, которые придают образцам более сладкий привкус.

Таблица 1 – Изменение температуры замерзания в пермеате

Температура, °C	Точка замерзания °C		
	Время, мин		
	0	30	60
35	-1,918	-2,57	-2,73
45	-1,949	-2,68	-2,81
50	-1,973	-2,00	-2,07
55	-1,904	-1,904	-1,83
55Д	-2,66	-2,57	-2,61

На основании полученных данных были рассчитаны степени трансформации лактозы, представленные в графическом виде (рис. 1).

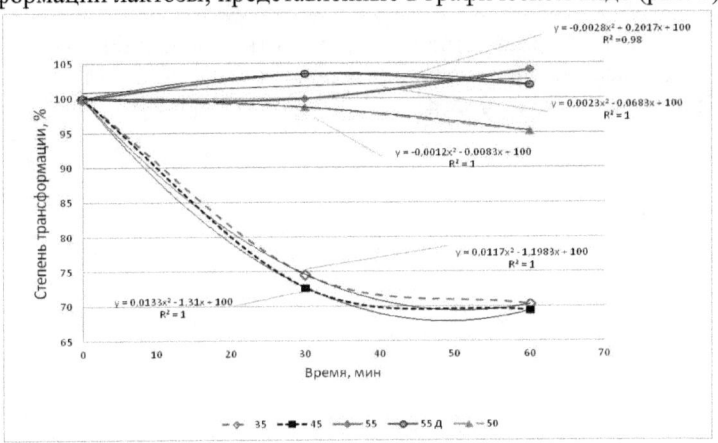

Рисунок 1 – Влияние температуры и продолжительности обработки на степень трансформации лактозы в пермеате обезжиренного молока

Анализ зависимостей (рис.1) подтверждает, при температурах (35 – 45)°C степень трансформации составляет около 60%, что свидетельствует о протекании реакции гидролиза с образованием глюкозы и галактозы.

Аналогично подтверждается, при температурах (50 – 55)°C степень трансформации составляет около 90%, что свидетельствует о протекании реакции полимеризации с образованием галактоолисахаридов.

Таким образом, оптимальной температурой, при которой действует фермент, и происходит реакция трансгликозилирования, при которой образуются галактоолигосахариды является температура 55°C. Предварительные исследования показали, что большая степень трансформации достигается быстрее при использовании деминерализованного пермеата. Поэтому, если пермеат планируется направлять на выработку напитков, содержащих галактоолигосахариды, предпочтительно использовать обессоливание. Следует отметить, что после ферментативной обработки молочный пермеат приобретает приторно сладкий вкус, чем до реакции трансгликозилирования за счет образования моносахаров и галактоолигосахаридов. Это позволит исключить либо уменьшить использование подсластителей в рецептурах разрабатываемых напитков.

Литература

1. Свитцов А.А. Введение в мембранные технологии/ А.А.Свитцов - М.: ДеЛи принт, 2007.
2. Абелян В.А. Ферментативная переработка молочной сыворотки с получением галактоолигосахаридного сиропа // Прикладная биохимия и микробиология.-1998.-Т.34.-№4

Мкртычев О.В. - профессор, доктор технических наук, Московский государственный строительный университет, mkrtychev@yandex.ru

Бусалова М.С. - магистрант 2-го года обучения, Московский государственный строительный университет, marina8busalova@gmail.com

ИССЛЕДОВАНИЕ РЕАКЦИИ СИСТЕМЫ "СООРУЖЕНИЕ-НЕЛИНЕЙНО ДЕФОРМИРУЕМОЕ ОСНОВАНИЕ" НА ВЕРТИКАЛЬНУЮ КОМПОНЕНТУ АКСЕЛЕРОГРАММЫ ЗЕМЛЕТРЯСЕНИЯ

Введение

В настоящее время при проектировании особо ответственных сооружений нормами проектирования предписано учитывать нелинейные свойства грунтовой среды [1].

При расчете на землетрясения напряжения и деформации изменяются в большом диапазоне и зависимость между ними становится существенно нелинейной, возникает необходимость учитывать эту нелинейность при описании определяющих соотношений. При этом наряду с упругими возникают и значительные пластические деформации.

Модель грунта должна удовлетворять следующим основным требованиям.

1. Быть способной реально отображать механизм деформирования грунта.

2. Содержать параметры, которые могут быть определены из стандартных лабораторных испытаний.

3. Иметь общность и простоту использования с вычислительной точки зрения.

Постановка задачи

Рассмотрим плиту, лежащую на нелинейно деформируемом полупространстве. К данной плите приложена равномерно распределенная нагрузка эквивалентная весу 18-ти этажного здания. Расчетная схема представлена на рис.1, а на рис.2 акселерограмма внешнего воздействия, приложенного по вертикальному направлению Z. Решение задачи будем искать во временной области путем прямого интегрирования уравнений движения по явной схеме с помощью программного комплекса LS-DYNA [2]. Моделирование выполнено с помощью объемных конечных элементов.

Рис.1. Расчетная схема

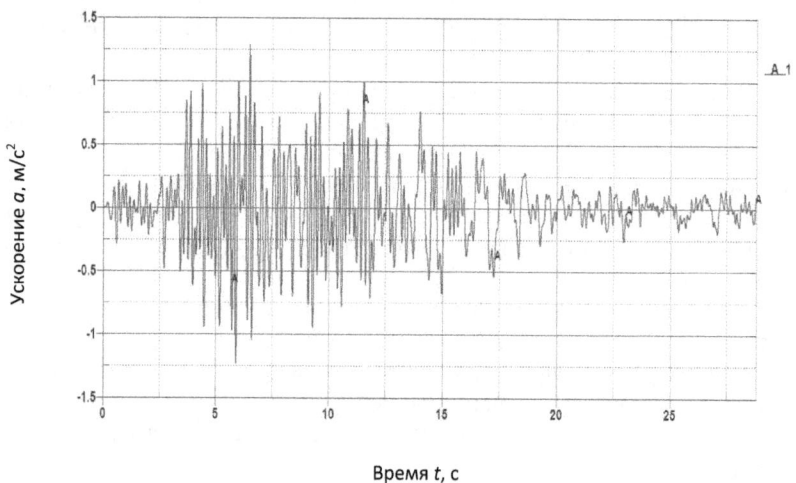

Рис.2. Акселерограмма внешнего воздействия

Приняты следующие исходные данные.

Плита: размер в плане $20\text{м} \times 20\text{м}$; толщина 1 м; модуль упругости $E_{пл} = 3 \cdot 10^4 \text{МПа}$; коэффициент Пуассона $\nu = 0.2$; плотность материала плиты $\rho = 2500 \dfrac{\text{кг}}{\text{м}^3}$. Вес каждой массы, сосредоточенной в узлах плиты равен 70 000 кг.

Грунт основания задан в виде нелинейно деформируемого полупространства по модели Мора-Кулона.

При умеренных статических нагрузках в качестве критерия перехода грунта в пластическое состояние можно применять следующее линейное соотношение, выражающее известный закон Кулона для грунтов:

$$|\tau_n| = c + tg\varphi \cdot \sigma_n, \qquad (1)$$

где τ_n и σ_n – касательная и нормальная (сжимающая) компоненты напряжения на элементарной площадке с нормалью n;

c – удельное сцепление;

φ – угол внутреннего трения грунта.

Переходя к более удобной в общем случае трактовке сжимающих напряжений как отрицательных и обобщая критерий Кулона (1) для случая трехмерного НДС, получаем следующее условие текучести:

$$\left.\begin{array}{l}|\sigma_1 - \sigma_2| = (2c \cdot ctg\varphi - \sigma_1 - \sigma_2)\sin\varphi; \\ |\sigma_2 - \sigma_3| = (2c \cdot ctg\varphi - \sigma_2 - \sigma_3)\sin\varphi; \\ |\sigma_3 - \sigma_1| = (2c \cdot ctg\varphi - \sigma_3 - \sigma_1)\sin\varphi \end{array}\right\} \qquad (2)$$

Уравнения (2) образуют в пространстве главных напряжений поверхность текучести в виде шестигранной пирамиды (часто называемой пирамидой Мора-Кулона), ось которой совпадает с гидростатической осью, а вершина находится в точке с координатами $\{c \cdot ctg\varphi; c \cdot ctg\varphi; c \cdot ctg\varphi\}$.

По результатам теоретических и экспериментальных исследований, проведенных в мире за последние десятилетия, условие (2) сегодня рассматривается как критерий, дающий наиболее точные результаты в случае сложного НДС реальных грунтов различных типов. Вторым преимуществом критерия Мора-Кулона является то, что для его использования в практических расчетах требуются только нормативные характеристики физико-механических свойств грунтов.

Активные теоретические исследования по построению эффективных алгоритмов численного решения упругопластических задач механики деформируемого твердого тела с негладкими поверхностями текучести в настоящее время только ведутся, поэтому при практическом численном анализе трехмерных задач механики грунтов общепринятым подходом остается аппроксимация кусочно-линейной поверхности Мора-Кулона гладкой поверхностью текучести вида:

$$f(I_1, J_2, J_3) = 0, \qquad (3)$$

где $I_1 = \sigma_1 + \sigma_2 + \sigma_3$ – первый инвариант тензора напряжений;

$J_2 = \dfrac{1}{2} s_{ij} s_{ij}$ – второй инвариант девиатора тензора напряжений;

$J_3 = \dfrac{1}{3} s_{ij} s_{jk} s_{ki}$ – третий инвариант девиатора тензора напряжений;

$s_{ij} = \sigma_{ij} - \delta_{ij} \dfrac{I_1}{3}$ – компоненты девиатора тензора напряжений.

Физико-механические характеристики грунта заданы следующим образом: плотность $\rho = 2000 \dfrac{\text{кг}}{\text{м}^3}$; коэффициент Пуассона $\nu = 0.3$; модуль деформации 100МПа, удельное сцепление $c = 34$кПа, угол внутреннего трения $\varphi = 23°$.

Расчет производился с применением методики SSI (Soil-Structure Interaction) [3]. Данный алгоритм позволяет эффективно моделировать взаимодействие конструкции с линейно и нелинейно деформируемым полупространством в виде ограниченного массива с «прозрачными» границами.

Результаты расчета

На рис. 3 показан фрагмент ускорения точки плиты на нелинейно деформируемом полупространстве (кривая А). Для сравнения на графике приведена акселерограмма исходного воздействия (кривая В), приложенного по вертикальному направлению Z. Синтезированная акселерограмма исходного воздействия получена Институтом физики земли (ИФЗ) РАН для района Имеретинской низменности г. Сочи.

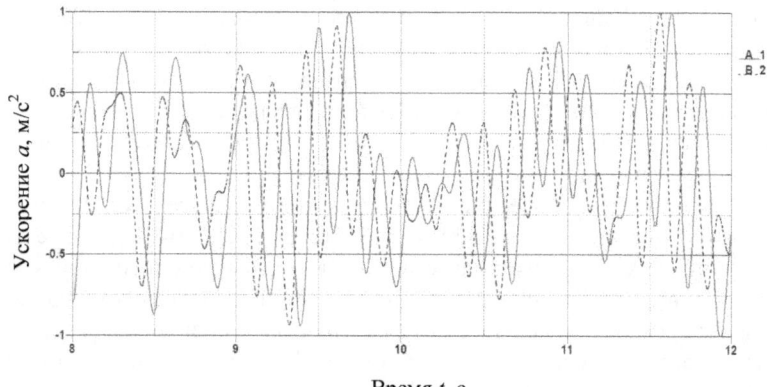

Рис.3. Исходная акселерограмма (кривая В) и ускорение точки плиты (кривая А)

На рис. 4 приводится сравнение спектра исходной акселерограммы (кривая В), полученной для свободной поверхности грунта и спектра ускорения середины плиты (кривая А).

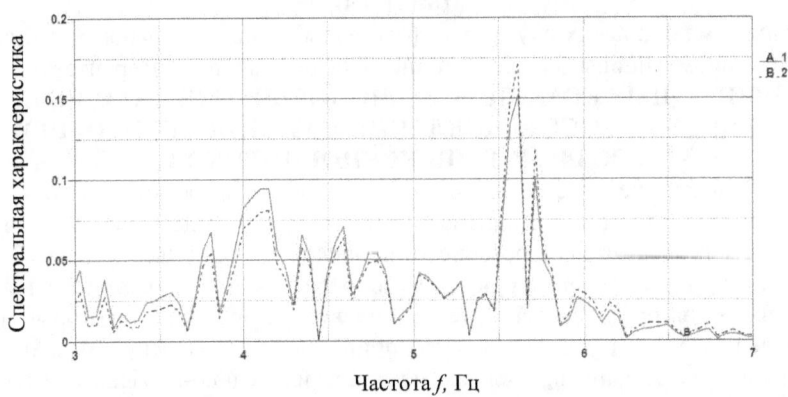

Рис.5. Спектр исходной акселерограммы (кривая В) и спектр ускорения середины плиты (кривая А)

Выводы

Таким образом, в ходе данного исследования определены ускорения фундаментной плиты, лежащей на нелинейно деформированном основании, принятом по модели Мора-Кулона при действии вертикальной составляющей акселерограммы землетрясения. По результатам видно, что исходная акселерограмма претерпевает коррекцию, из чего следует вывод о необходимости учета трансформации параметров исходного воздействия при расчете зданий и сооружения на землетрясения.

Список литературы

1. Мкртычев О.В. Безопасность зданий и сооружений при сейсмических и аварийных воздействиях. – М.: МГСУ, 2010. – 152 с.
2. Мкртычев О.В., Джинчвелашвили Г.А. Проблемы учета нелинейностей в теории сейсмостойкости (гипотезы и заблуждения). – М.: МГСУ, 2012. – 192 с.
3. J. Bielak, K. Loukakis, Y. Hisada and C. Yoshimura. Domain reduction method for three-dimensional earthquake modeling in localized regions, Part I: Theory. Bulletin of the Seismological Society of America, April 2003.

Момот Т.В.
кандидат медицинских наук, доцент кафедры фундаментальной медицины Школы биомедицины Дальневосточного Федерального университета

ПРИРОДНЫЕ КОМПЛЕКСЫ БИОЛОГИЧЕСКИ АКТИВНЫХ ВЕЩЕСТВ В ВОССТАНОВЛЕНИИ ФУНКЦИИ ПЕЧЕНИ ПРИ ВОЗДЕЙСТВИИ КСЕНОБИОТИКОВ

В настоящее время остро стоит вопрос разработки медицинских технологий защиты организма человека от воздействия вредных химических веществ техногенного происхождения. Известно, что при проживании людей на территориях с экологически неблагоприятными условиями на организм действует комплекс факторов риска, которые при определенных ситуациях могут приводить к запуску массивных радикальных реакций и, в случае не принятия медико-профилактических мероприятий – возникновению различных болезней. В связи с этим разработана серия биологически активных добавок (БАД) из отходов от переработки дикоросов Уссурийской тайги Дальневосточного региона России: «Диприм®» (А.с. № 1072309) из гребней (кисти, освобожденные от ягод) винограда амурского, «Калифен®» (патент № 2177330) из отжима после отделения сока калины, «Экликит®» (патент № 2179031) из гребней лимонника китайского, «Армафен®» (патент № 2329056) из осей соцветий аралии манчжурской. В состав БАД входит комплекс природных флавоноидных соединений – катехины, лейкоантоцианы, флавонолы, процианидины, олигомерные таннины и лигнин, способных гасить свободные радикалы и этим защищать липиды биологических мембран от перекисного окисления.

Исследование в печени крыс динамики активности лизосомальных ферментов (бета-галактозидазы и бета-глюкозидазы), а также ферментных систем, участвующих во второй фазе метаболизма ксенобиотиков (бета-глюкуронидазы и УДФ-глюкуронилтрансферазы), показало отсутствие статистически достоверных различий от контроля при потреблении 5%-ных водных растворов разработанных БАД в течение 8 месяцев. Содержание гексуроновых кислот, также находилось в пределах нормы, что свидетельствует об отсутствии достоверно выраженной индукции системы детоксикации под действием изученной концентрации полифенольных соединений. Это согласуется с данными по низкой острой токсичности препаратов (LD_{50} = 28-36 мл/кг). В экспериментах на крысах было показано, что после поражения четыреххлористым углеродом (введение внутрижелудочно в дозе 1,25 мл на кг массы тела 50% раствора на оливковом масле в течение 4 дней), оксидами азота (интоксикация в дозе 4,3 мг/л в течение 6 мин), ацетоном (интоксикация в течение 3-х недель в дозе 200 мг/м^3) (основные компоненты техногенных катастроф) отмечалось снижение осмотической резистентности эритроцитов, увеличение количества лизоформ фосфолипидов в эритроцитарной мембране, что определяет повышение ее проницаемости. Снижение среднего гемоглобина эритроцита предполагает развитие тканевой гипоксии. Введение БАД до-, в период и после поражения химическими токсикантами сопровождалось восстановлением соотношения фракций фосфолипидов, жирных кислот, физиологических характеристик эритроцитов.

Жировая инфильтрация печени крыс была смоделирована введением 33% этилового спирта внутрибрюшинно в дозе 7,5 мл/кг в течение 7 дней. Так как этанол является сильным стрессорным агентом, то происходит выброс катехоламинов и в жировой ткани активизируются реакции липолиза. Триацилглицерины разрушаются до глицерина и жирных кислот, которые транспортируются в печень, где вновь ресинтезируются в триацилглицерины. Ацетил-КоА, образовавшийся при окислении этанола, из-за недостаточности Цикла Кребса идет на синтез холестерина и насыщенных жирных кислот, что ведет к их накоплению в печени. Нарушение этерифицирующей функции печени не дает возможности преобразованию триацилглицеринов в фосфолипиды, а неэтерифицированного холестерина в его эфиры. Меняется соотношение фракций фосфолипидов: снижается количество основных структурных компонентов мембран - фосфатидилхолина и фосфатидилэтаноламина при одновременном увеличении количества их лизоформ, что обусловлено повышением активности фосфолипаз. В жирнокислотном спектре нарушается соотношение насыщенных и ненасыщенных жирных кислот. Композиция из этанола с биологически активными добавками способствовала сохранению метаболических реакций печени. Снижение триацилглицеринов можно объяснить синтезом из них фосфолипидов, сохранением этерифицирующей функции печени, что подтверждается и увеличением эфиров холестерина при одновременном снижении неэтерифицированного холестерина. Среди фракций фосфолипидов отмечается снижение количества лизоформ и нормализация концентрации метаболически активных фракций, необходимых для функционирования мембраносвязанных ферментов. В жирнокислотном спектре сохраняются реакции каскада арахидоновой и эйкозапентаеновой кислот. Биохимический механизм действия разработанных БАД обусловлен тем, что растительные полифенолы имеют способность улавливать свободные оксигенные и пероксильные радикалы, образуя при этом относительно стабильный феноксил-радикал, взаимодействие которого с другими свободными радикалами приводит к обрыву цепи свободнорадикального процесса. Это в значительной степени сдерживает реакции перекисного окисления липидов и снимает состояние оксидативного стресса. Систематическое применение разработанных БАД способно защищать печень от агрессивного действия ксенобиотиков, устранять нарушения метаболических реакций, вызванных ими.

Клишкова М.Л.
аспирант кафедры Управления и Экономики фармации и медицинского и фармацевтического товароведения, ВолГМУ
Ганичева Л.М.
д.ф.н., доцент, зав.каф. Управления и Экономики фармации и медицинского и фармацевтического товароведения, ВолГМУ
klishkova@mail.ru

СРАВНИТЕЛЬНЫЙ АНАЛИЗ РЕГИОНАЛЬНОГО АССОРТИМЕНТА ЗАРУБЕЖНЫХ И ОТЕЧЕСТВЕННЫХ ЛС ДЛЯ ЛЕЧЕНИЯ ОРВИ И ГРИППА У ДЕТЕЙ РАННЕГО ВОЗРАСТА

Анализ ассортимента ЛС для лечения ОРВИ и гриппа у детей раннего возраста был проведен на базе 46 розничных аптечных учреждений Московского региона.

Региональный ассортимент ЛС для лечения ОРВИ и гриппа у детей раннего возраста представлен 70 торговыми наименованиями, насчитывает 16 групп согласно фармакологической и 13 групп согласно анатомической терапевтической и химической классификациям [1,311].

На региональном рынке большинство ЛС изучаемой группы имеют зарубежное производство, этот сегмент насчитывает 58 торговых наименований, что оставляет 82,8% ассортимента (рис.1).

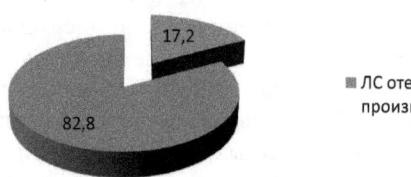

Рисунок 1. Структура регионального рынка ЛС для лечения ОРВИ и гриппа, %

Таблица 1.
Характеристика отечественного и зарубежного регионального рынка ЛС для лечения ОРВИ и гриппа у детей раннего возраста

Возраст	Число торговых наименований		ЛФ	Число торговых наименований	
	Зарубеж. пр.-ва	Отечест. пр.-ва		Зарубеж. пр.-ва	Отечест. пр.-ва

С 0 лет	8	3	Капли	18	1
			Сироп	16	3
С 1 мес	3	2	Раствор	12	2
			Спрей	7	1
С 2 мес	2	0	Таблетки	4	2
			Суппозитор.	3	2
С 3 мес	5	1	Гранулы	2	0
			Суспензия	2	1
С 6 мес	9	1	Порошок	2	0
			Эмульсия	1	0
С 1 года	10	4	Эликсир	1	1
			Капсулы	1	0
С 2 лет	24	2	Гель	0	1
			Мазь	0	1

Как следует из таблицы 1, на зарубежном и отечественном сегментах региональных рынка ЛС для лечения ОРВИ и гриппа у детей раннего возраста преобладают жидкие ЛФ (50 и 8 наименований), только в первом сегменте лидирующую позицию занимают капли, а во втором - сироп (18 и 3 наименования соответственно).

При этот зарубежный ассортимент отличается большим разнообразием ЛФ и включает в себя 12 видов, а отечественный - 10, в нем не представлены ЛС в форме гранул, порошка, эмульсии и капсул.

Если говорить о возрастном ограничении, то большинство наименований, а именно 24, ЛС зарубежного производства применяется с 2 лет, а отечественного с 1 года (4 наименования). При этом детям в возрасте от 0 до 3 месяцев для лечения ОРВИ и гриппа могут быть назначены 18 ЛС зарубежного и только 6 ЛС отечественного производства [2].

Заключение

Зарубежный сегмент регионального рынка ЛС для лечения ОРВИ и гриппа у детей раннего возраста отличается большим разнообразием лекарственных форм и предлагает больший выбор в назначении детям различных возрастных групп.

Список литературы:

1. Ганичева Л.М., Иванова Е.В., Клишкова М.Л. ЛС для лечения ОРВИ и гриппа у детей: Анализ ассортимента в аптечных учреждениях//Материалы 68-й открытой научно-практической конференции молодых ученых и студентов с международным участием, посвященной 75-летию ВолГМУ Волгоград, издательство ВолГМУ – 2010 г., с.311.

2. Энциклопедия лекарственных средств и товаров аптечного ассортимента – Режим доступа: http://www.rlsnet.ru/

Салаватуллин А.А.
аспирант, КГАСУ
Сафиуллин Р.К.
профессор, доктор физико-математических наук

МАТЕМАТИЧЕСКОЕ МОДЕЛИРОВАНИЕ ФИЗИЧЕСКИХ ПРОЦЕССОВ РАБОЧИХ СРЕДАХ CO_2-ЛАЗЕРОВ

Развитие вычислительной техники и численных методов дает возможность математически моделировать реальные лазерные системы и физические процессы в них. Ввиду сложности полного моделирования реальных систем разрабатываются приближенные модели [1-3]. В данной работе предлагается приближенная самосогласованная модель, включающая описание тлеющего разряда (ТР) в потоке газа, уравнение состояния, уравнение для энергии газа, уравнения колебательной кинетики в газовой смеси.

Уравнение переноса заряженных частиц в плазме проточного тлеющего разряда

В общем виде нестационарные уравнения представляют собой баланс электронов и ионов:

$$\frac{\partial n_e}{\partial t} + div\vec{\Gamma_e} = \nu_i(E/N)n_e - \beta_{+e}n_e n_+ - \nu_a n_e + \nu_d n_-, \quad (1)$$

$$\frac{\partial n_+}{\partial t} + div\vec{\Gamma_+} = \nu_i(E/N)n_e - \beta_{+e}n_e n_+ - \beta_{+-}n_+ n_-, \quad (2)$$

$$\frac{\partial n_-}{\partial t} + div\vec{\Gamma_-} = \nu_a n_e - \nu_d n_- - \beta_{+-}n_+ n_-. \quad (3)$$

В эти уравнения входят плотности потока заряженных частиц:

$$\vec{\Gamma_e} = -n_e \mu_e \vec{E} - D_e \vec{\nabla}(n_e) + \vec{v_k} n_e, \quad (4)$$

$$\vec{\Gamma_+} = n_+ \mu_+ \vec{E} - D_+ \vec{\nabla}(n_+) + \vec{v_k} n_+, \quad (5)$$

$$\vec{\Gamma_-} = -n_- \mu_- \vec{E} - D_- \vec{\nabla}(n_-) + \vec{v_k} n_-. \quad (6)$$

Здесь n_e, n_+, n_- — концентрации электронов, положительных и отрицательных ионов, μ_e, μ_+, μ_- — подвижности электронов и ионов в электрическом поле; D_e, D_+, D_- — коэффициенты диффузии заряженных частиц; $\nu_i = A(N) \approx \exp(-B/(E/N))$ – частота ионизации; $\nu_d, \nu_a = k_a N$ – частота отлипания и прилипания; β_{+e}, β_{+-} — коэффициенты электрон-ионной и ион-ионной рекомбинации; v_k — скорость газового потока.

Уравнение Лапласа для поля

В рассматриваемых условиях проточного ТР основной вклад в ток обусловлен дрейфом зарядов в поле [1]. Из уравнения непрерывности для тока $div\vec{j} = 0$, где $\vec{j} = e(\vec{\Gamma_e} + \vec{\Gamma_-} - \vec{\Gamma_+})$ следует, что

$$div(n\vec{E}) = 0. \quad (7)$$

Уравнение энергии для плотности газа

Уравнение сохранения энергии записывается в виде

$$c_{pcm} k_\delta T (\partial N / \partial t + v_k \nabla N) = -(\alpha \vec{j} E + (\varepsilon_v - \vec{\varepsilon}_v)/\tau_{vt}). \quad (8)$$

Уравнения колебательной кинетики в активной среде лазера

Колебательная кинетика описывается двумя уравнениями:

$$v_k \frac{\partial e_3}{\partial R} = \frac{jE\eta_{34}}{\theta_3 k_\delta N(x_N + x_C)} + \frac{x_C}{x_N + x_C} pk_{32}$$
$$\times \left(e_2^3 (e_3 + 1) exp\left(-\frac{\theta_3 - 3\theta_2}{T} \right) - e_3 (e_2 + 1)^3 \right), \quad (9)$$

$$v_k \frac{\partial e_2}{\partial R} = \frac{jE\eta_{12}}{\theta_2 k_\delta N x_C \beta} \times \frac{1}{\beta} [pk_{20}(\bar{e}_2 - e_2)$$

$$-\frac{3}{2} pk_{32} \left(e_2^3 (e_3 + 1) exp\left(-\frac{\theta_3 - 3\theta_2}{T} \right) - e_3 (e_2 + 1)^3 \right)]. \quad (10)$$

Первое из них описывает объединенную симметричную и деформационную моду CO_2, второе – объединенную с колебательной модой азота антисимметричную колебательную моду CO_2.

Система уравнений (9, 10) при использовании типичных допущений линеаризуется [4]:

$$v_k \frac{\partial e_3}{\partial R} = \frac{jE\eta_{34}}{\theta_3 k_\delta N(x_N + x_C)} + \frac{x_C}{x_N + x_C} pk_{32}^0 (\bar{e}_3 - e_3), \quad (11)$$

$$v_k \frac{\partial e_2}{\partial R} = \frac{jE\eta_{12}}{\theta_2 k_\delta N x_C} + pk_{20}(\bar{e}_2 - e_2) - \frac{3}{2} pk_{32}^0(\bar{e}_3 - e_3). \quad (12)$$

Определение коэффициента усиления слабого сигнала

Коэффициент усиления слабого сигнала для лазерных уровней ($\lambda = 10{,}6$ мкм) рассчитывается по формуле:

$$k_\nu = \frac{c\sqrt{ln2}}{8\pi^{3/2}\nu^2} A_{mn}^{jj'} \frac{2H(\alpha,w)}{\Delta\nu_g} \Delta N, \quad (13)$$

где $A_{mn}^{jj'}$ — коэффициент Эйнштейна; $\Delta\nu_g$ — доплеровская полуширина линии; $\alpha = \Delta\nu_0/\Delta\nu_g\sqrt{ln2}$ ($\Delta\nu_0$ — столкновительная полуширина); w — разница между центром линии ν_0 и рассматриваемой частотой излучения; ΔN — инверсия заселенностей уровней $\Delta N = N_m - g_m/g_n N_n$, где g_m, g_n — статистические веса вращательных уровней, $g_m = 2J_m + 1, g_n = 2J_n + 1$,

$$N_m = \frac{N_0}{z} \frac{2\theta_{00m}}{T} g_m exp\left[-\frac{\theta_3}{T_3} - \frac{\theta_{00m}}{T} J_m(J_m + 1)\right], \quad (14)$$

$$N_n = \frac{N_0}{z} \frac{2\theta_{00n}}{T} g_n exp\left[-\frac{\theta_3}{T_3} - \frac{\theta_{00n}}{T} J_n(J_n + 1)\right]. \quad (15)$$

Литература:

1. Завалова В.Е., Леденев В.И., Панченко В.Я., Райзер Ю.П., Суржиков С.Т. Численное исследование процессов в положительном столбе многосекционированного разряда в быстропроточном технологическом CO2-лазере. Сборник препринтов, НИЦТЛ АН СССР, Шатура, 1991.
2. В.В. Бреев, С.В. Двуреченский, А.Т. Кухаренко, С.В. Пашкин. Метод расчета нестационарных процессов в тлеющем разряде в двумерном приближении //ПМТФ, 1988, № 1; препринт ИАЭ № 4602/6, М.: ЦНИИатоминформ, 1988.
3. Ю.П. Райзер, С.Т. Суржиков. Математическое моделирование самостоятельного тлеющего разряда в двумерной постановке// Препринт ИПМ № 304, 1987, 39 с.
4. Лосев С.А. Газодинамические лазеры. М.: Наука, 1977. – 336 с

Советная А.В., Лисун О.В.
доцент, к.филол.н., Черкасский державный технологический университет

ОСОБЕННОСТИ КОМПОЗИЦИИ РОМАНОВ АННЫ КАСТИЛЛО "ПИСЬМА МИКСКВИГУАЛУ" И "ОСВОБОДИ МОЮ ЛЮБОВЬ ОТ ЛЕПЕСТКОВ"

До недавнего времени представители этнических групп мало интересовали литературных критиков. Сегодня жс, учитывая стремление ученых переоценить литературное наследие Соединенных Штатов, мексикано-американскому компоненту в литературе США уделяется значительное внимание. Творчеством Анны Кастилло занимаются Норма Аларкон, Альвина Квинтана, Эрлинда Гонсалес-Берри, Барбара Куриель.

Актуальность работы обусловлена современным состоянием американистики, одной из основных задач которой является проблема пересмотра общекультурного и теоретического канона науки. Для лучшего понимания творческого наследия А. Кастилло следует обратиться к художественным особенностям романов "Письма Мискквигуалу" и "Освободи мою любовь от лепестков".

Отдельным **объектом** статьи выступит художественное новаторство автора в композиционной организации произведений.

Первый роман "Письма Мискквигуалу" – "роман-мозаика", поскольку писательница из отдельных писем, как мозаичных элементов, составляет одно целое полотно. Также это "роман-лабиринт", который состоит из трех самостоятельных, но внутренне связанных между собой частей. В начале романа есть инструкция для прочтения – ключ для дешифровки текста, где указано, что этот роман не является тем произведением, которое следует читать от начала до конца. Письма пронумерованы, что позволяет А.Кастилло предложить три варианта прочтения романа. "Для конформиста целесообразным будет прочитать письма 2, 3, 6, 7, 9, 10-27, 30, 31, 35, 39, 40, 37, 34. Для циника – 3, 4, 6-12, 14, 16, 18-33, 35, 36, 13, 37, 38. Для Дон Кихота – 2, 3, 4-10, 12-33, 35, 37, 1. Конечно, Вы можете читать каждое письмо как отдельную историю" [2, 4-11]. Более того, их можно читать, начиная с последнего письма и заканчивая первым, выборочно или традиционно от начала до конца.

Писательница освобождает читателя от собственных убеждений, субъективной интерпретации. Тут целесообразной является концепция Умберто Эко про "открытое произведение"[1] (*Open Work*), про которое он пишет в своей фундаментальной работе "Открытое произведение" (*Opera Aperta*, 1962). Произведение характеризуется подвижностью и приглашением читателя к сотрудничеству с автором в создании

---

[1] Произведение, которое в своей структуре содержит возможности и перспективы для творческого взаимодействия с читателем, для игры его воображения.

целостного текста. Такие произведения являются открытыми для целого ряда внутренних связей, которые читатель может увеличивать и выбирать, чтобы создать текстуальную целостность. "Каждое произведение, даже если его создавали, руководствуясь поэтикой по необходимости, фактически является открытым для неограниченного количества прочтений, каждое из которых приводит к тому, что произведение приобретает новые оттенки, исходя из особенностей читателя, вкуса, перспективы, персонального перформанса" [3, 63]. Структура "открытого" романа позволяет Кастилло быть активным участником культурной репрезентации.

В зависимости от выбранного порядка чтения, мы имеем три разные развязки. С одной стороны, женщины принимают решение вернуться в Мексику, чтобы вспомнить прошлое и события тех дней. Другим финалом является решение Терезы и Алисии каждой идти своим путем. Подобный шаг указывает на зрелость обеих протагонисток. И наконец, перед читателем может раскрыться новый сюжет, который указывает на то, что мужчина всегда будет стоять между женщинами. Тереза ревнует Алисию к своему экс-другу и женщины навсегда расходятся. Известный литературовед Барбара Куриель считает, что, изменив роман с традиционной концовкой на произведение, которому не хватает единой развязки, роман Кастилло дает более правдоподобный комментарий. Писательница не только отказывается от фиксированной концовки, но и помогает адресату детерминировать свой выбор.

Роман "Письма Микссквигуалу" – эпистолярный. Обычно даты на письмах показывают, насколько быстро или медленно происходят какие-либо изменения. Кастилло не датирует письма, поскольку повествование – нелинейное, разорванное. Она дает возможность читателю самому выбирать, как читать письма, а из контекста становится понятным, когда именно они писались.

Эпистолярное повествование является диалогической структурой, а это предусматривает сопоставление в одном произведении писем разных персонажей и дает возможность продемонстрировать разные взгляды касаемо событий и даже "сталкивать их, что придает истории объективности" [4, 54]. В романе представлены письма Терезы, поэтому протагонистка в своих письмах указывает на возможность неправильного, с ее точки зрения, изложении событий.

Роман "Освободи мою любовь от лепестков" похожий на музыкальное произведение "повествовательной синтезированной формой", поскольку А. Кастилло использовала средства музыкальной выразительности, а именно "организовала романную структуру по примеру музыкальной формы" [6, 65]. Именно композиционная структура произведения и названия разделов определяют общие черты с музыкальным произведением, составление которого базируется на определенном чередовании акцентов. Роман как-будто разбит на такты, с первым предложением как ударной долей и следующими безударными. Первое предложение служит названием каждого из разделов. Очевидно Кастилло стремилась достичь того же эффекта, что и дирижер, который указывает на начало каждого такта движением руки [5, 19].

Каждый раздел состоит из нескольких подразделов, пронумерованных на испанском языке. Их количество в разных разделах неодинакова – от четырех до семи. По структуре роман похож на лирическую песню, в которой ударения также расположены неравномерно – то ближе, то дальше одно от другого, расстояние между сильными частями (долями) все время меняется. Таким образом, Кастилло удалось достичь эффекта музыкальности, окунуть читателя в атмосферу, наполненную песнями, музыкой, танцами фламенко [5, 19].

Музыка, в романном контексте, обусловила усложнение повествователой структуры, придавая тексту новые возможности, стимулируя художественное воображение реципиента, благодаря чему произведение сохранило эстетически открытый характер.

Известная в академических кругах как феминистка, чье творчество отрицает стереотипы чикана, перцепции общества, которые поддерживаются как чикано, так и чикана, Кастилло использует неординарную композицию в своих романах, демонстрируя специфику авторского видения.

Литература:

1. Castillo, Ana. Peel My Love Like An Onion. – New York : Doubleday, 1999. – 213 p.
2. Castillo, Ana. The Mixquiahuala Letters. – New York : Doubleday, 1992. –138 p.
3. Eco, Umberto. The Role of The Reader : Explorations in the Semiotics of Texts. – Bloomington : Indiana Univ. Press, 1984. – 284 p.
4. Виноградова Е. М. Закономерности и аномалии эпистолярного повествования в художественном произведениии / Е. М. Виноградова. // Русский язык в школе. – 1991. – №6. – С. 53–58.
5. Книга о музыке: Популярные очерки / [сост. Головинский Г., Ройтерштейн]. – М. : Советский композитор, 1988. – 220 с.
6. Фіськова С. Стратегія та комунікативність музичного твору / Світлана Фіськова. // Слово і час. – 2005. – №1. – С. 65–67.

Козел Н.Я.
к. филол. н., Московский педагогический государственный университет

ЗЕВГМА В СБЛИЖЕНИИ С ГРАММАТИКОЙ КИНЕМАТОГРАФА

Зевгмой в настоящей работе называется экспрессивная синтаксическая конструкция, которая состоит из центрообразующего (ядерного) слова и функционально соотнесенных с ним слов, грамматически однородных, но семантически разноплановых: *Варина маменька **бегала по портнихам и чаям*** (Н.Тэффи).

Зевгма рассматривается нами с позиций коммуникативной грамматики, что дает возможность дополнить существующие исследования этой языковой аномалии (см. [1], [5], [7], [9], [10]) результатами наблюдения ее в тексте, связанном с речевой ситуацией и коммуникативным процессом. Значимыми «инструментами» изучения зевгмы являются для нас понятия (1) коммуникативного регистра речи – модели речевой деятельности, обусловленной точкой зрения и интенциями говорящего, и (2) субъектной перспективы высказывания – модели взаимодействия субъектных сфер диктума (субъекта сообщаемого факта) и модуса (субъекта факта сообщения). Регистровая характеристика текста учитывает семантико-грамматические признаки конкретности/абстрагированности от конкретного, референтности/нереферентности, наблюдаемости/ненаблюдаемости; субъектная перспектива высказывания позволяет «прочертить» ось между *Он* субъекта исходной модели и *Я* говорящего (подробнее см. [3]). В таком случае зевгма – модусно окрашенное явление, функционально-семантическая суть которого (функциональное притяжение семантически противоречивого) мотивируется точкой зрения субъекта модуса на положение дел.

Для изучения механизма образования в тексте зевгмы аналогией большой объяснительной силы, на наш взгляд, оказывается грамматика кинематографа – «весь механизм сопоставлений и различий, связывающий кинообразы в повествование» [4, 58]. Идея применения понятий кинематографа к анализу текста, как известно, принадлежит С. М. Эйзенштейну [11], и к настоящему времени она нашла довольно широкое отражение в кругу собственно лингвистических исследований (см., например, [2], [3], [6]). Устройство зевгмы как языковой аномалии – это монтаж в универсальном смысле слова, где в то же время находят отражение многие законы кинематографического монтажа: контраст ракурса, крупности, направления, содержания и т.д. Следуя этому сопоставлению, зевгму в самом общем виде можно представить и как «монтаж аттракционов» - свободный монтаж, острый стык произвольно выбранных самостоятельных воздействий, рассчитанный на поражающий эффект. Сам С. М. Эйзенштейн в начале своей театральной деятельности понимал монтаж аттракционов дословно [12]. Позже, комментируя последующее словоупотребление, М. И. Ромм отмечал: «<…> в слове [аттракцион], как и в отдельной ноте, ничего оскорбительного быть не может, оно просто выражает, это слово, крайнюю, предельную выразительность страшного или смешного, пугающего или удивляющего, веселого или, наоборот, зловещего характера» [8, с. 310].

Предлагаемая классификация зевгмы учитывает способы монтажной кинотехники, но не ограничивается ее возможностями (кинокамера только «видит» и «слышит»), обращаясь к широкому осмыслению понятия «монтаж» и представляя обобщенные типы аномалии по способу восприятия диктума:

– зевгма перцептивного (наблюдаемого) типа;
– зевгма ментального (осмысляемого) типа;
– зевгма совмещенного типа.

Принадлежность зевгмы к тому или иному типу определяется ведущей задачей, ключевой ролью, устанавливаемой в сфере субъекта модуса, а именно направленностью аномалии на игру ментальной, перцептивной точкой зрения или обыгрывание их взаимодействия в сообщаемом. Дифференциация внутри каждого типа строится на разных основаниях, в большей или меньшей степени конкретизации позволяющих, апеллируя одновременно к грамматике текста и к грамматике кинематографа, уточнять параметры наблюдаемого – ненаблюдаемого в отношении компонентов паратактического ряда (понятие паратактического ряда для обозначения «цепочки грамматически однородных членов предложения» предложено в [1, с. 55]).

Наиболее близка грамматике кино в многообразии монтажных форм, зевгма **перцептивного типа**. Свойственные этому типу грамматически однородные слова – наблюдаемые имена, организующие внутри зевгматической цепочки определенный (разный или, напротив, одинаковый) масштаб/ракурс или композицию изображения, а значит, разные на уровне языковой игры приемы монтажа, предназначенные для репродуктивного регистра.

Монтаж «общего плана» и «крупного кадра»: *Серые стены бывшего Благородного собрания* **оклеены туманом, тенями, золотыми бумажками фонарей** *и* **афишами** *горлопастыми: «Шпре-егарт. Шпреегарт. Шпреегарт»* (А.Мариенгоф); *Лес* **вымок** *до последней осинки. Лиса - до самого кончика хвоста* (С.Козлов). В «крупном кадре» визуально наблюдаемого оказываются обычно носители конкретно-референтного значения – лица, живые существа вообще, предметы.

Монтаж кадров «среднего плана» (применяемого в кинематографе для показа взаимодействия двух или более объектов), где одновременно вовлеченными в сферу внимания говорящего, равнозначными для наблюдения являются объекты живого и неживого мира, в языковом выражении функционирующие как семантически разноплановые компоненты паратактического ряда: *Никита Псов разулся перед ковчегом и вынул из сапога «катеньку», за что был **допущен** внутрь **с женой** и вечнозеленым **фикусом*** (И.Ильф, Е.Петров); ***Я** и **мои книги**, вооруженные наркомпросовской охранной грамотой, **переехали** к Ольге* (А.Мариенгоф). Эффект аномалии, как видим, достигается иной модусной тактикой – одноплановой композицией кадров, аттракционом средних планов, нарочито, искусственно стирающим в передаче кинетостатического восприятия границы между человеком/живым существом и вещно-предметным миром.

Монтаж кадров «дальнего плана», охватывающего значительное пространство, применяется для характеристики окружающей среды, показа места событий (пейзажной съемки, панорамы) или большой группы людей, при этом модусная тактика организации компонентов зевгмы в паратактическом ряду определяется возможностями зрительного или кинетостатического восприятия наблюдателя: *Лечу ущельями, свист приглушив. **Снегов** и **папах седины**. Сжимая кинжалы, стоят ингуши, следят из седла осетины* (В.Маяковский); *Плакучий Харьковский уезд, Русалочьи начесы лени, И **ветел**, и **плетней**, и **звезд**, как сизых свечек, **шевеленье*** (Б.Пастернак).

Монтаж кадров «детального плана» востребован в портретном описании, где зевгма образуется, как правило, на контрасте наиболее примечательных, колоритных с точки зрения говорящего особенностей внешнего вида личного субъекта, при этом оппозитивность составляют в основном антропологические черты/признаки и детали вещно-предметного мира – предметы гардероба или атрибуты, выполняющие роль подсказок, определяющих моральный/социальный статус, шире – весь диапазон качеств портретируемого: Одноплановая модусная тактика, таким образом, связана со сферой зрительного восприятия, превращаясь в своеобразный аттракцион деталей: *Агафия Федосеевна **носила** на голове **чепец**, три **бородавки** на носу и кофейный **капот** с желтенькими цветами* (Н.Гоголь); *А когда разогнулся он, то фигурка его перед ней выдавалась даже с чрезмерной отчетливостью, **обвисая брючками, пальтецом** (никогда не бывшего цвета) и **множеством новых морщинок**, двумя, разрывавшими все лицо и новыми какими-то взорами* (А.Белый). В рамках зевгмы перцептивного типа этот тип монтажа ориентирован на репродуктивный регистр, но в случае выхода в узуально-характеризующее описание, как в первом примере, используется информативный регистр.

«Внутрикадровый монтаж» (в кинематографе понимаемый как результат работы оператора с камерой в течение съемки одного кадра, как способ построения глубинной мизансцены, мизанкадра, с присущей ему сложной, объемной композицией: сочетанием действия и обстановки происходящего, переходом фокуса изображения и т.д.), который создается за счет различного категориального характера сенсорно воспринимаемых явлений (в их динамике или статике) и/или соединением разных источников перцепции в общем пространстве: *Во дворе березки и прохлада. В горле ходит жесткое бревно* (С. Черный); *Через полчаса мы входили в сад, где нас **встретила** давно ждавшая меня **семья** «дяди» и прекрасный **ужин**...*(В.Гиляровский).

«Параллельный монтаж» обозначает метод стыковки двух, трех параллельно происходящих действий, процессов; в проекции на игровые возможности зевгмы это не только соотношение наблюдаемых ситуаций во времени (совпадение – несовпадение), но и различный характер действий, процессов и/или объектов их направленности (человек – вещно-предметный мир, мир животных): *Днем Пенелопа ткала, ночью **порола сотканное**, а заодно и **сына** своего Телемаха* (Н.Тэффи); *Вечером в трактире купца Власова один посетитель напился водки, наелся семги, а когда с него потребовали деньги, - начал **бить посуду, зеркала, посетителей**<…>*(В.Дорошевич).

Зевгма **ментального типа** соотносится с понятием монтажа в универсальном приложении. Имеется в виду монтаж не наблюдаемого, как в зевгме перцептивного типа, а осмысляемого, ментального в рамках «закадрового» текста, что, при желании связать с грамматикой кино, можно было бы назвать *«интеллектуальный монтаж»* (ср.: его целью в кинематографе является экранное отображение мыслей, воспоминаний, устремлений человека, соединение кадров, сюжетно не связанных) или, в его усложненной форме, – *«ассоциативный монтаж»* (сопоставление различных по содержанию кадров, часто основанное на символах, метафорах и способствующее восприятию эпизода в более заостренной художественной форме). Для аномалии, в языковом выражении, ассоциация нередко оказывается частным случаем каузации, результатом представления в сознании модусного субъекта диктумных ситуаций как взаимообусловленных – в рамках зевгмы или независимо от ее условий. Если рассматривать семантическую природу языковой аномалии этого типа, то зевгма строится вокруг интерпретирующих, оценочных значений (представленных как аттракцион оценок) либо информации и оценки, одновременно проявляющихся в контексте игрового приема вообще.

Монтаж объектов оценки или воспоминаний, желаний, устремлений (▪каузативно взаимодействующих): ***Ветшают лица и одежды. Бездельничают рыбаки У мертвой Яузы-реки*** (С.Гандлевский); ▪ - <…> *А я с бабушкой остался. Только мы с ней характерами не сошлись. Я люблю, когда у человека характер веселый – колбасно-угощательный. А у нее наоборот – тяжелый характер. Венико-выгонятельный. - Это точно, -*

*поддерживает кот, - и **характер тяжелый**, и **веник** тоже* (Э.Успенский).

Монтаж оценок (▪каузативно взаимодействующих): ▪*Высокий, представительный беллетрист, **обладатель известного имени** и целой **тучи** заработанных всюду **авансов**, стоял у прилавка* (А.Аверченко); *Выпустил он за короткий срок книг тридцать, книги **прославились беспримерным отсутствием** на них **покупателя** и своими **восточными ударениями в русских словах*** (А.Мариенгоф).

Монтаж информации и оценки (▪каузативно взаимодействующих): *Подруг у ней никогда **не бывало, ума тоже*** (Ф.Достоевский); ▪*По-видимому, у каждой в прошлом был **роман с бухгалтером** и **с бельем на пятьдесят рублей*** (А.Чехов).

Ментальный модус – сфера знания, размышления, поэтому он связан прежде всего с информативным регистром речи, обеспечивающим здесь решение преимущественно двух типовых задач:

– аналитически прокомментировать/оценить явление, событие, ситуацию, положение дел;

– дать общую «презентационную» характеристику лица, группы лиц.

Вторая из этих задач решается и в зевгме **совмещенного типа**. Ее монтажный аттракцион заключается в соединении способов восприятия и познания мира – сенсорного и ментального («кадра» и «закадровой» информации, оценки).

Монтаж наблюдаемого и известного, осмысляемого (▪в их каузативном взаимодействии). ▪ *А Варвара Петровна **переехала** в Рим с **маленьким мальчиком**, с **крошечной дочкой**, с **грудой** запыленных **этюдов** и **горой** неизбывных **забот*** (С.Черный); *Софья Ивановна кое-как влезла, оборвав окончательно кружевную оборку и запачкав платье обо что-то очень скверное. За нею следом вскочил и декадент, **обнаружив необычайную ловкость** и **розовые чулочки** с голубыми крапинками* (Н.Тэффи).

Монтаж перцептивно ощущаемого и известного, осмысляемого (▪в их каузативном взаимодействии): *С берега **веяло лимоном и розами**. От газет над головою – **уголовщиною**, **крахами банков**, **юбилеями** и **бракоразводными делами*** (А.Амфитеатров); *Детство золотое, праздник Первомай – Только это помни и не забывай. Потому что в школу нынче не идем. Потому что **пахнет счастьем и дождем*** (Б.Рыжий).

Сочетание в зевгме этого типа двух ипостасей субъекта – воспринимающего и мыслящего – наиболее ярко и выразительно демонстрирует диалектические отношения между диктумным и модусным планом текста. Отличительное свойство зевгмы этого типа отражается и в ее композиционно-синтаксических характеристиках, конкретнее - в феномене контаминации регистров, как в примерах с ядерными словами *веяло* и *пахнет*, где реализуется сразу два регистра – репродуктивный (*веяло лимоном и розами, пахнет дождем*) и информативный (*веяло уголовщиною, крахами банков, юбилеями и бракоразводными делами, пахнет счастьем*).

Таким образом, коммуникативный аспект исследования зевгмы позволяет представить ее классификацию в соответствии с позицией говорящего, характеризовать зевгму как модусно ориентированный прием языковой игры. Аналогия «устройства» зевгмы с монтажной техникой в кинематографе помогает объяснить те трудные для традиционной грамматики случаи, где «…речь может идти не о разных значениях ядерного слова, а лишь о каких-то тонких, едва уловимых смысловых нюансах лексико-семантических вариантов» [1, 68].

Литература

1. Береговская Э.М. Экспрессивный синтаксис. Смоленск: СГПИ им. К. Маркса, 1984. 92с.

2. Гаспаров М. Л. Композиция пейзажа у Тютчева // Гаспаров М. Л. Избранные труды. М.: Языки русской культуры, 1997. Т. 2. С. 332-361.

3. Золотова Г.А. , Онипенко Н.К., Сидорова М.Ю. Коммуникативная грамматика русского языка. М., 1998. 528с.

4. Лотман Ю.М. Семиотика кино и проблемы киноэстетики. Таллинн: Ээсти Раамат, 1973. 140 с.

5. Лукьянов С.А. О классификации зевгматических конструкций //Филологические науки, 1993. № 1. С 70-80.

6. Одинцов В. В. Стилистика текста. Изд. 5-е. М.: Книжный дом «ЛИБРОКОМ», 2010. 264 с.

7. Пекарская И.В. Контаминация в контексте проблемы системности стилистических ресурсов русского языка: автореф. дисс. … д. филол. н. М., 2001. 44 с.

8. Ромм М.И. Возвращаясь к монтажу аттракционов//Ромм М.И. Избранные произведения: В 3 т. М.: Искусство, 1980. Т. 1. С. 308-332.

9. Санников В.З. Русский язык в зеркале языковой игры. Изд. 2, испр. и доп. М.: Языки славянской культуры, 2002. 552 с.

10. Смолина А.Н. Зевгматические конструкции в современном русском языке: дисс. … к. филол. н. Красноярск, 2004. 252 с.

11. Эйзенштейн С.М. Избранные произведения: в 6-ти т. М.: Искусство, 1964. Т. 2. 566 с.

12. Эйзенштейн С.М. Монтаж аттракционов: К постановке «На всякого мудреца довольно простоты» А.Н.Островского в московском Пролеткульте //Леф. 1923. № 3. С.70-75.

Ожерельев К.А.
магистр филологического образования, аспирант кафедры литературы и культурологии ФГБОУ ВПО «ОмГПУ», г. Омск,
E-mail: kozherelev@rambler.ru

ПОЭТИЧЕСКОЕ ОСМЫСЛЕНИЕ ТРАДИЦИЙ РУССКОГО КЛАССИЦИЗМА В РАННЕЙ ЛИРИКЕ К. С. АКСАКОВА

Лирическое наследие К. С. Аксакова отражает не только развитие романтического метода, но и поэтическую рецепцию предшествующих стилей и методов, прежде всего классицизма, одической традиции М. В. Ломоносова и Г. Р. Державина. В натурфилософской лирической миниатюре «Водопад» (1835) К. С. Аксаков диалектически представляет природный мир. Г. В. Косяков, исследующий художественную натурфилософию русского поэта, отмечает, что его «лирический субъект ищет слияния с природным миром» [4, 44].

Романтик продолжает ставшую уже классической традицию изображения водопада, восходящую к оде Г. Р. Державина «Водопад» (1791–1794) и представленную в поэзии П. А. Вяземского («Нарвский водопад», 1825) и Н. М. Языкова («Водопад», 1830). Миниатюра К. С. Аксакова развивает философскую проблему «человек и природа», намеченную ранее в его лирике («Гроза», 1835; «Скала», 1835).

Первые строки произведения К. С. Аксакова создают иллюзию описательности, мнимой экфрастичности, снабженной богатой колоратурой и яркой звукописью с преобладанием согласных [с], [п], [р], [д], [т], [л] или их сочетаний:

И гул **р**а**з**дается по лесу далеко;

Приветны **ст**уденые волны **п**о**т**ока [1, 319].

Но аллюзивная отсылка к державинской оде «Водопад» не способствует широкому развертыванию лирического сюжета, как у предшественника. Метафорическая насыщенность оды Державина христианской символикой («алмаз», «жемчуга») оттеняет конфликт между блистанием земной славы и неумолимым течением времени. Образ водопада у русского поэта-классициста сближается с необратимой «рекой времен»:

О водопад! в твоем жерле

Всё утопает в бездне, в мгле! [3, 179].

В миниатюре К. С. Аксакова находят оригинальное развитие поэтические интенции Г. Р. Державина о бренности земного бытия, иллюзорности успеха и творческого пути. Лирический текст наполняется подлинно притчевым содержанием. Ослепительная картина вольной стихии обрывается предупреждением об опасности «очарованных вод», «коварной красы» прекрасного потока. Природа у славянофила предстает своей темной, неизведанной стороной, становится опасной и неукротимой. Лирический герой пытается оградить случайного путника от соблазна насладиться живительной влагой источника:

   Струя их не хладом по жилам пройдет,

    Но огненной, бурно кипящей волной…[1, 319–320].

  Проникнутая аллегоризмом, данная миниатюра, на наш взгляд, помимо «внешней» темы двойственности природы, включает в себя мотив тернистого пути поэта и его наследия, наряду с вытекающими отсюда темами безумия художника и непонимания со стороны толпы. Данные темы через обращение к образу водопада развивались и в поэзии так называемых «представителей вульгарного романтизма» 30-х гг. XIX в., например, в творчестве Л. А. Якубовича («Водопад») [2, 158].

  Лирическая миниатюра в читательском восприятии неизбежно вызывает сложные, противоречивые впечатления. Это обусловлено резкой переменой в настроении и чувстве лирического субъекта, проявленной уже с пятой строки противительным союзом «но»:

   Но, жаждой томяся в полдневны часы,

    О путник, страшись их коварной красы …[1, 319].

Напряженный характер авторского чувства, динамика переживания лирического субъекта характеризуются нарастанием трагизма и опасности. В лирическом тексте своеобразными «полюсами напряженности» являются антитетичные строки в начале и в конце миниатюры, подчеркивающие многосложный и непредсказуемый характер могучей стихии водопада. Так, образ бегущих с гор вод представлен как вожделенная животворная влага («Приветны студеные волны потока»). В финале же текста струи водопада изображены «огненной, бурно кипящей волной», что качественно меняет интонационно-смысловую доминанту лирической миниатюры и подготавливает трагическую кульминацию.

  Поэтическая лексика в «Водопаде» фиксирует наличие имен существительных, обозначающих природные объекты («гора», «водопад», «лес», «волны / волна», «струи / струя», «поток», «воды»). Среди имен существительных, сфокусированных вокруг абстрактного образа «человека», выделяются его дополнительные оценочные коннотации («путник», «люди», «безумец»). Многоаспектный мотив жажды (физической, духовной, поэтической) выражен в лексемах «жажда», «тень», «сень», «хлад», «жилы», «краса». Сам образ водопада постепенно утрачивает конкретность описания и приобретает черты символа («призрак из мглы»). Условность временных границ («в полдневны часы») вместе с аллегоричностью топоса лесного водопада акцентируют внимание на философском подтексте данной миниатюры. Имя существительное «гул» орнаментально оформляет акустическую сторону образа водопада, наряду с глаголами («спадает», «кипят», «гремят», «раздается»). Поэтическая лексика у К. С. Аксакова органично вбирает старославянизмы («сребристый», «жажда», «страшись», «краса», «древесный», «хлад»). Художественные определения и эпитеты также раскрывают различные проявления природной силы («сребристые», «студеные», «коварной», «роскошною», «очарованных», «огненной, бурно кипящей»). Трижды в тексте звучит императив «страшись / страшися», нагнетая тревожную интонацию. Последние три стиха примечательны анафорическим усилением. Поэтический синтаксис в миниатюре К. С. Аксакова «Водопад» характерен отсутствием строфической организации. Емкость и полнота стихотворных строк, отсутствие анжамбеманов иллюстрируют законченность и афористичность мысли. Поэт использует прямую форму обращения к адресату: «О путник...», – что оттеняет притчевое наполнение миниатюры.

В сопоставлении миниатюры К. С. Аксакова с одой Г. Р. Державина «Водопад» проявляется своеобразие поэтики и проблематики натурфилософской поэзии славянофила. Отказываясь от подробных, развернутых описаний, русский романтик выражает идею двойственности природы при помощи емких художественных деталей. К. С. Аксаков стремится вложить в традиционные для школы гармонической точности образы диалектическое философское содержание.

Литература

1. Аксаков, К. С. Стихотворения [Текст] / К. С. Аксаков // Поэты кружка Н. В. Станкевича / гл. ред. В. Н. Орлов. – М. ; Л., 1964. – С. 289–428.
2. Гинзбург, Л. Я. О лирике [Текст] / Л. Я. Гинзбург. – М. : Интрада, 1997. – 416 с.
3. Державин, Г. Р. Стихотворения [Текст] / Г. Р. Державин. – Л. : Советский писатель, 1957. – 469 с.
4. Косяков, Г. В. Поэтическая функция образа бессмертной души в лирике И. С. Аксакова [Текст] / Г. В. Косяков // Вестник Новосибирского государственного университета. Серия : История, филология. – 2006. – Т. 5. – Вып. 2 : Филология. – С. 43–46.

Вишняков Д.В.
аспирант кафедры Философии, факультета Социологии Экономики и Права, Московского Педагогического Государственного Университета

СИМБИОЗ ПОРЯДКА И ХАОСА

Человеческая цивилизация всегда стремилась к порядку, к некому устойчивому положению равновесия в обществе. Но Порядок не может быть постоянным, более того, он регулярно сменяется состоянием под названием - Хаос. Даже если рассматривать этот симбиоз Порядка и Хаоса вне человеческого социума, то можно увидеть, что в окружающем нас мире идет постоянная борьба этих состояний. Так, одновременно существуют: движение планет по своим орбитам, размеренный стук маятника и в то же время броуновское хаотичное движение частиц, вихри турбулентности и т.д.

В окружающей нас природе протекает огромное количество хаотических процессов, однако нам они не видятся хаосом, и мир, который мы воспринимаем, кажется нам стабильным. Мы не замечаем, как сознание передает нам аккумулированную информацию об окружающем мире в обобщенном виде, без акцентирования на малозаметных флуктуациях, «вибрациях», которые имеют место быть в природе.

Мы живем во времена Атомной энергетики. Сегодня технический прогресс диктует условия появления все более сложных систем, основной задачей которых становится возможность обеспечения стабильной и устойчивой работы и отсутствие непредсказуемых сбоев. Катастрофа, произошедшая в 1986 году, показала, насколько страшными могут быть последствия нестабильной работы агрегатов, дающих такие огромные мощности в виде энергии (ЧАЭС, авария 26 апреля 1986 года).

Понятно, что теперь нам требуется принципиально новый подход к решению проблемы анализа нелинейных процессов, которые могут привести к непрогнозируемому поведению, к «хаосу». Даже если учесть, что окончательных, общепринятых определений, что есть Хаос и что есть Порядок еще не выведено, однако на фоне общего понимания данных состояний, человечество сегодня не теряет надежды объяснить себе характер поведения механизмов непредсказуемости, аналогично и разобраться в особенностях перехода «порядок – хаос», «хаос – порядок».

Все же попробуем задать себе вопрос: что такое порядок и беспорядок или хаос? Попытаемся разобраться в проблеме определения этих понятий. Так, порядок – есть некое периодическое расположение частиц или объектов по всему занимаемому объему, либо последовательный ход чего-нибудь, либо правила, согласно которым происходит что-нибудь, или числовая характеристика той или иной величины. Т.е. это исходное понятие теории систем, которое подразумевает определенное расположение элементов или их последовательность во времени. С другой стороны – Хаос (греч.) – полный беспорядок, нарушение некой последовательности, неразбериха или неопределенное состояние вещества.

Многим кажется, что эти понятия не имеют отношения к реальной картине Мира, и лишь придают им оценочно-эмоциональное значение. Относительность данных понятий очевидна. К примеру, если ночью, взглянуть на небо, то пред нашим взором предстанет хаос в виде блестящих точек. Но, посмотрев на небо через телескоп, мы осознаем ошибочность нашего мнения и в этом хаотичном скоплении видим четкую картину порядка в образе звездных систем, галактик и т.д. Как считали древние греки, космос характеризуется такими словами, как: гармония, порядок, красота, выполняет упорядочивающую функцию и эстетическую, т.е. обладает определенной структурной организацией и одухотворенностью. Происхождение космоса – есть акт сотворения его из беспорядка, хаоса, и мыслилось процессом, схожим с «лепкой», совершаемой божественным умом. Философ Анаксагор писал: «Все вещи были вперемешку, бесконечные по множеству и по малости, так как и малость была бесконечной. И пока все было вперемешку, ничто не было ясно различимо: все обнимал аэр (туман) и эфир, оба бесконечные. Ибо изо всех тел, которые содержатся во Вселенной, эти два самые большие и по малости и по величине. Ум же есть нечто неограниченное и самовластное и не смешан ни с одной вещью, но единственный сам по себе... И совокупным круговращением мира правит ум, так что благодаря ему круговращение вообще началось» [1,531].

Современное же представление хаоса наделяет его неопределенностью, движением в виде флуктуаций любых количественных характеристик, вводит формальные понятия, такие как связанные степени свободы, где под степенями свободы подразумевается число независимых параметров движения и параметров состояния. В состоянии хаоса не образуются устойчивые во времени структуры и отсутствуют согласованные направленные процессы.

Категория противоположная хаосу – есть «антихаос», или порядок. Под порядком сегодня подразумевается существование в системах устойчивых движений, наличие закономерности и запоминаемость определенных конфигураций. Упорядоченное состояние обладает одним из основных признаков, которым является уменьшенное по сравнению с хаотическим количество параметров, определяющих данное состояние, а также наличие связей в системе и некая согласованность у параметров. Иными словами, с точки зрения кодирования, для записи состояния порядка требуется меньшее количество символов, чем для беспорядка.

В греческой мифологии значением слова «chaos» было первобытное состояние мира, из которого был создан космос – мир, мыслимый упорядоченным единством. Противопоставление хаоса и космоса аналогично таким диадам, как: тьма и свет, земля и небо, натура и культура. В нынешнем понимании хаос – есть беспорядочное и неопределённое состояние вещей, таким образом, антитезой хаоса обычно считается порядок, причём хаос – это бесструктурность, неустойчивость, стихийность, а порядок – это, соответственно: структурность, устойчивость, организованность. Отсюда напрашивается следующий вывод: хаос – это «плохо», а порядок – это «хорошо».

Но, как сказал Антуан де Сент-Экзюпери, «Жизнь создаёт порядок. Порядок же бессилен создать жизнь». [2, 15]. А Поль Валери ещё в 1919 г. предупреждал, что в мире есть две опасности, угрожающие самому миру, это порядок и беспорядок, т.е. как абсолютный порядок, так и абсолютный хаос в равной доле являются угрозой. Из чего можно заключить, что миру, при всей его направленности к упорядочиванию, для существования необходима определенная доля хаоса.

Течение жизни неравномерно. Спокойным периодам на смену приходят напряжённые критические состояния, когда решается, каким будет дальнейший путь. И в эти моменты определяющая роль не за порядком, а за хаосом. А это значит, что без подобной неконтролируемой, случайной и неупорядоченной составляющей нашего бытия были бы невозможными качественные изменения и переход к существенно новым состояниям.

Если разобраться, то по существу порядок и хаос есть лишь крайние состояния одного и того же явления – некое состояние эволюционирующей материи, непрерывно и направлено самоорганизующейся. В этом плане, у самой эволюции достаточно сложный характер, и она не относится ни к полностью упорядоченным процессам, ни к полностью разупорядоченным. Как писала Е.Н. Князева: «Эволюция как бы подчиняется законам гармонии между порядком и хаосом, смысл которых отражает понятие «золотого сечения», введенного много веков назад Птолемеем для обозначения пропорциональности правильного телосложения» [3,75].

Список литературы:

1. Лебедев А.В. сост. и пер.. Фрагменты ранних греческих философов. Часть 1. От эпических теокосмогоний до возникновения атомистики / Серия "Памятники философской мысли". М.: Наука. - 576 с., 1989.

2. Тасалов В.И. Хаос и порядок: социально-художественная диалектика: М.: 62 с.,1990.

3. Горбачев В. В. Концепции современного естествознания. М.: ООО «Издательский дом «ОНИКС 21 век»: 592 с: ил., 2003.

Сажин В.Б.
доктор технических наук, профессор; РИИФ «Научная Перспектива»
Сажин Б.С.
доктор технических наук, профессор; Текстильный институт им. А.Н. Косыгина Московского государственного университета дизайна и технологий
электронная почта: sazhin@muctr.ru; vbs@vicman.net

ИННОВАЦИОННАЯ СТРАТЕГИЯ РЕАЛИЗАЦИИ ПРОМЫШЛЕННЫХ ПРОЦЕССОВ СУШКИ В ВЗВЕШЕННОМ СЛОЕ

Инновационное развитие промышленности предполагает современное кадровое и материальное обеспечение, включающее эффективное оборудование, передовые технологии, решение проблем энергосбережения, экологической и производственной безопасности.

Повышенный интерес к процессу сушки определяется тем, что сушка является одной из заключительных стадий промышленного производства, а кроме того, сушка (являясь наиболее энергоемким промышленным процессом) часто определяет общее энергопотребление производства в целом. Одна из самых актуальных проблем связана с необходимостью снижения энергоемкости и рационального аппаратурно-технологического оформления процесса сушки, особенно сушки дисперсных и диспергируемых материалов. Многочисленные фундаментальные работы в области сушки дисперсных и диспергируемых материалов (составляющих почти 90% от подлежащих сушке материалов во всех отраслях промышленности, в сельском хозяйстве, топливно-энергетическом комплексе) позволили нам рассмотреть вопрос о научных основах и стратегии выбора эффективного сушильного оборудования. Научной школой профессора Б.С. Сажина на основании теоретических и прикладных исследований подготовлено и издано более десятка монографий, посвященных решению ряда важнейших задач в рамках этой проблемы [1]. Основное внимание нами уделено систематизации достигнутых результатов и изложению научных основ выбора эффективных сушильных аппаратов и установок, включающих вспомогательное оборудование. Должное внимание обращено на снижение энергоемкости процессов на основе эксергетического анализа, алгоритмизацию технологических задач и аппаратурно-технологическое оформление процессов, созданию достаточных предпосылок для последующей комплексной автоматизации и автоматического управления технологическими процессами, а также повышению экологической и производственной безопасности. Для понимания процессов и разработки оптимальных инженерных решений нужно учитывать и решать ряд вопросов, например, вопрос связи термических характеристик со структурой материала и внешними условиями процесса сушки (хотя, в целом, по вопросам теплообмена имеется весьма обширная литература). Нами рассмотрены вопросы выбора рациональных методов определения термических (теплофизических) характеристик, дано описание выбранных методов, а также представлены термические характеристики типичных представителей различный групп дисперсных материалов, в том числе полимерных материалов и волокнообразующих полимеров. Для обеспечения воспроизводства в промышленных аппаратах выбранного гидродинамического режима сушки исключительное значение имеют механические характеристики дисперсных материалов. Поэтому нами уделено достаточное внимание механическим характеристикам, особенно вопросам математического описания дисперсных структур [2]. В основу разработанной школой Б.С. Сажина классификации материалов как объектов сушки положены гигротермические и сорбционно-структурные характеристики материалов. Нами в последнее время разработана уточненная *классификация материалов как объектов сушки* и разработаны *коды сушильных аппаратов* с учетом типа гидродинамического режима, а также представлена процедура определения кода (а, следовательно, состава) *сушильной установки в целом*, включая теплогенераторы (калориферы, топки и др.), питатели-дозаторы, загрузочно-разгрузочное оборудование и систему пылегазоочистки на основе анализа технологической задачи и комплексного анализа материалов как объектов сушки. Учитывая решающее значение гидродинамической обстановки в аппарате при сушке дисперсных материалов, нами уделяется достаточное внимание выбору гидродинамического режима взвешенного слоя в зависимости от технологической задачи (на основе комплексного анализа материалов как объектов сушки) с учетом выполненного в рамках научной школы капитального анализа достоинств и недостатков каждого режима и разработанной нами классификации типовых гидродинамических режимов взвешенного слоя [3]. Нами введено понятие «активного гидродинамического режима», который, в отличие от общепринятых представлений об активности как режима с высокими относительными скоростями движения фаз, предполагает при подборе гидродинамического режима диктат энергоэффективности (например, для материалов с трудно отделяемой влагой, большие относительные скорости движения фаз бессмысленны и неэффективны) при полном соответствии характеру поставленной технологической задачи и с учетом сорбционно-структурных характеристик материала. Позднее нами введено понятие «эффективного гидродинамического режима», который, наряду с требованиями «активности режима» (в нашем его понимании) и его энергоэффективности (определяемой не балансовыми уравнениями – что, как мы доказали, - неточно, а анализом эксергетической оптимальности) должен отвечать и требованиям экологической чистоты и общей ресурсоэффективности. Важнейший вопрос экологической чистоты сушильных установок нами рассматривается как в аспекте безуносных сушилок, реализующих сушку с одновременным улавливанием пыли, так и в аспекте расчета и промышленного применения двухканальных пылеуловителей и газоочистителей типа ВЗП (встречные закрученные потоки), разработанных и широко внедренных в различных производствах школой Б.С. Сажина (внедрено более 8 тысяч аппаратов в различных отраслях промышленности). Такие аппараты (типа ВЗП) *превосходят по своим технико-экономическим показателям все зарубежные аппараты* этого типа, в том числе по производительности (*производительность при равных габаритах в три раза выше* из-за того, что запыленная газовая смесь в отечественных аппаратах ВЗП подается по обоим каналам, в то время как у зарубежных аппаратов типа ВПУ (вихревые пылеуловители) по основному каналу во избежание пылеуноса подается очищенный газ, который составляет до 70% от общего количества газов, подаваемых по обоим каналам в аппарат). При этом *в отечественном аппарате ВЗП значительно меньше расход энергии на пылеочистку* (у аппаратов ВПУ много больше гидравлическое сопротивление, чем у аппаратов ВЗП). В отличие от зарубежных аппаратов ВПУ, у которых тягодутьевые средства представлены компрессором по основному каналу и двумя вентиляторами высокого давления на входе и выходе из аппарата, в отечественном ВЗП имеется только один вентилятор среднего давления, установленный на выходе из аппарата [1-2].

Нами уделяется должное внимание эксергетическому анализу работы сушильных установок и термоэкономической оптимизации с учетом того, что эксергетический анализ в научной школе Б.С. Сажина в отличие от большинства известных работ получил применение для анализа работы крупномасштабных промышленных установок. Кроме того, впервые в мировой практике эксергетический анализ применен для определения сравнительной эффективности активных гидродинамических режимов, что открыло возможность объективной оценки эффективности различных конкурирующих технических решений (и не только в области сушки) по значениям эксергетического КПД. Нами применительно к процессам сушки и сушильному оборудованию представлены инженерные расчеты и эксергетический анализ работы ряда типовых промышленных сушилок и установок, включая вспомогательное оборудование. Разработка и широкая реализация стратегии выбора эффективного сушильного оборудования является одной из важных проблем, решенных школой Б.С. Сажина, наряду с другими проблемами: создание новой теории массопередачи на базе обобщенного уравнения массопередачи, отражающего наличие поля равновесных состояний и неравновесной массодинамики; разработка теории и научных основ техники активных гидродинамических режимов, теории и научных основ техники взвешенного слоя; разработка теории и научных основ эксергетического анализа промышленных технологий с созданием и внедрением эффективных энергосберегающих процессов и аппаратов; разработка теории и создание эффективного оборудования для сверхтонкой очистки газов и др. [3] (Для справки: из научной школы Б.С. Сажина под его руководством вышло 45 докторов и более 180 кандидатов наук, издано более 40 монографий).

Разработка и реализация стратегии выбора эффективного сушильного оборудования уже позволила и в дальнейшем позволит получить огромную экономию за счет сокращения в 30-40 раз времени на исследование процессов сушки десятков тысяч продуктов, количества экспериментальных установок, образцов исследуемых продуктов, производственных площадей и т.д., т.к. для реализации разработанной стратегии достаточно осуществить экспресс - анализ материала как объекта сушки и определить его место в *классификационной таблице*; то же относится и к вспомогательному оборудованию (по типу технологической задачи определяется код сушильной установки и *все входящее в нее оборудование*). Разработанная стратегия может быть использована (и уже используется) при выборе оптимального оборудования для ряда других технологических процессов (грануляции, в том числе получения непылящих выпускных форм, например, красителей; промывки, в том числе рулонных материалов, например, тканей в текстильной промышленности и др.) [4].

Выбор оптимального оборудования для технологических процессов в соответствии с разработанной стратегией *не требует экспериментального исследования* самого процесса, а определяется по месту в соответствующей классификационной таблице, которое легко и быстро определяется, исходя из технологической задачи и экспресс анализов материалов как объектов обработки. Для разработки классификационных таблиц и соответствующих им кодов аппаратов и другого оборудования авторам стратегии потребовалась огромная работа по созданию базы данных, теоретических и экспериментальных исследований, выделению модельных материалов, процессов и установок, благодаря чему *сравнение* с детально исследованными оптимальными моделями, материалами, процессами и установками дает возможность быстро определить по экспресс - анализу *оптимальное аппаратурно-технологическое оформление нового процесса без его воспроизводства в лабораторных и опытных масштабах*, т.е. попутно решается задача распознавания образов, что может быть использовано в компьютерных методах моделирования.

Литература

1. Б.С. Сажин, В.Б. Сажин. Научные основы техники сушки. М.: Наука, 1997. - 448 с.
2. Scientific principles of drying technology / B.S. Sazhin and V.B. Sazhin, Begell House, Inc., New York, 2007. - 509 pp. (I-IX pp.: Contents & Introduction).
3. Сажин Б.С., Сажин В.Б. Научные основы термовлажностной обработки дисперсных и рулонных материалов. М.: Химия, 2012. – 776 с.
4. Сажин В.Б., Сажин Б.С. Научные основы стратегии выбора эффективного сушильного оборудования. М.: Химия, 2013. – 544 с.

Романов Е.В.
доктор педагогических наук, профессор, Магнитогорский государственный университет
evgenij.romanov.1966@mail.ru

МЕТОДОЛОГИЧЕСКИЕ ОСНОВАНИЯ ИННОВАЦИОННОГО РАЗВИТИЯ ВЫСШЕГО ПРОФЕССИОНАЛЬНОГО ОБРАЗОВАНИЯ В РОССИИ: К ВОПРОСУ О ФИЛОСОФИИ ЭКОНОМИКИ ОБРАЗОВАНИЯ

Инновационное развитие высшего профессионального образования в России требует разработки соответствующей методологии и на этой основе теоретических моделей модернизации. Переход страны от постиндустриального к информационному обществу, и далее к шестому технологическому укладу, должен менять сущность образования в части понимания того: «зачем учить?», «чему учить?» и «как учить?». Традиционно на эти вопросы отвечает педагогика. Однако, проблемы связанные с составом формируемых компетенций, содержанием образования, которое должно обеспечить формирование этих компетенций и технология передачи «спрессованного человеческого опыта» подрастающим поколениям престает быть проблемой только педагогической. Ответ на три вышеприведенных вопроса связывает педагогику и экономику в части оптимального использования ограниченных ресурсов (финансовых, материально-технических, кадровых) для получения максимального результата в соответствии с требованиями модернизируемой экономики.

В.П. Казначеев, А.И. Субетто, С.К. Булдаков отмечают следующие изменения, влияющие на образование [1]:

а) интеграция образования, науки и промышленности;
б) становление системы непрерывного образования;
в) интеграция средней и высшей школы;
г) автономизация университетов с усилением их ответственности за весь комплекс процессов подготовки кадров с высшим образованием и высокой квалификацией;
д) усиление роли образования в экономике развитых стран;
е) становление науки об образовании как новой парадигмы в корпусе знаний об образовании, сменяющей парадигму педагогики как науки об обучении и воспитании в школе.

Образование становится отраслью экономики. Во-первых, образовательные организации высшего профессионального образования превращаются в корпорации по генерированию, использованию и продаже знаний. Именно с этим мы связываем активные исследования в области менеджмента знаний.

Во-вторых, коммерциализация образования вовлекает в эту сферу достаточно большие финансовые ресурсы (как бюджетные, так и заказчиков (организаций и частных лиц)). Заказчики (государство, предприятия и организации, физические лица) заинтересованы в эффективном использовании этих ресурсов.

В-третьих, возрастает роль методологических исследований, требующих категориально-понятийной определенности, позволяющей разрабатывать теоретические модели модернизации образования вообще, и высшего профессионального образования, в частности. Например, появилось понятие «образовательная услуга». Понятие «услуга» предполагает ее платность. И в этой связи использование термина «платные образовательные услуги» – это «масло масляное». При этом понятие «образовательная услуга», зачастую подменяет само понятие «образование». Подобная подмена – результат реализации определенных методологических установок. И таких примеров можно привести достаточное количество.

Существенные изменения в российской системе образования связанные с его коммерциализацией, создают ситуацию, при которой образование перестает играть роль «социального лифта».

Именно с этим мы связываем правомочность введение понятия «философия экономики образования» как отрасли знания, одной из основных функций которой является мировоззренческая.

Закономерен вопрос: как соотносятся философия образования и философия экономики образования?

Мы согласны с точкой зрения Б.С.Гершунского, что философия образования «рассматривает наиболее общие проблемы сущего и должного в весьма специфической и в то же время «вечной» сфере общественной жизни любой страны: сфере воспроизводства и качественного преобразования человеческих ресурсов социально-экономического и социокультурного, нравственного прогресса, с одной стороны, и, что еще важнее, в сфере удовлетворения естественных и постоянно меняющихся образовательных потребностей личности, с другой» [2, 85-88].

Знания о сущем (сути образования) реализуется в политике развития образования, которой необходимо придать нормативный характер. Эти нормы (индикаторы развития системы образования) приобретают характер долженствования. Исходя из диалектики сущего и должного приоритетом образовательной политики должно быть воспроизводство и качественное преобразование человеческих ресурсов, обеспечивающего воспроизводство материальных и духовных ценностей (научно-технический прогресс) в процессе которого удовлетворяются потребности личности и государства.

И в этой связи, говоря об объекте философии образования Б.С. Гершунский указывает – « философия образования имеет один единственный целостный **объект - образование** во всех его **ценностных, системных, процессуальных и результативных** характеристиках, учитывающих, естественно, и междисциплинарные, внешние, фоновые параметры и факторы, так или иначе влияющие на функционирование и развитие сферы образования» [2, 80-81].

Исходя из сказанного, мы должны определить ценностные, системные, процессуальные и результативные характеристики образования.

В этой связи важным представляется замечание Б.С. Гершунского о том, что сфера образования практически во всех странах мира занялась и занимается главным образом трансляцией из поколения в поколение сугубо прагматичных данных разных наук, передачей нацеленных на быструю отдачу достаточно узких, по существу фрагментарных, технократически ориентированных знаний, умений и навыков. «Что же касается формирования у учащихся **целостной** картины окружающего человека материального и духовного мира, способствующей осознанию принадлежности каждого из них к единому человеческому сообществу, трансляции из поколения в поколение **ценностей духовных, культурных, нравственных** в их национальном и общечеловеческом понимании, то эти образовательно-воспитательные, гуманитарные по своей природе цели в лучшем случае лишь декларируются на популистском, лозунговом уровне, а в худшем - игнорируются вовсе». [2, 21].

Недостаточно ясное понимание того факта, что образование и общество – это одна целостная система – «главная причина провалов преобразований и реформ не только в сфере образования, но и в социуме… Именно этой недооценкой объясняются крайне непродуктивные, наивные даже по своему замыслу, попытки реформировать, трансформировать, стандартизировать, дифференцировать, деполитизировать, национал-патриотизировать и т.д., и т.д. систему образования в одной отдельно взятой стране, регионе, городе или школе в надежде на решение каких-то локальных, собственно образовательных или воспитательных задач вне решения задач более общих, глобальных, общественных, цивилизационных...» [2, 136].

Эта идея Б.С. Гершунского имеет принципиально важное значение. Изменения в образовании должны осуществляться в контексте изменений в обществе.

Например, сокращение бюджетных мест (под любыми благовидными предлогами) рассмотренное вне контекста повышения уровня благосостояния, изменения систем поддержки тех, кто желает получить высшее профессиональное образование и т.д., приведет к технологическому застою, невозможности «прорыва» в шестой технологический уклад. В этом смысле показателен опыт Китая, который по существу реализует концепцию «всеобщего высшего образования». Очевидно, что повышение образовательного уровня субъектов экономической деятельности создает питательную среду для восприятия и внедрения инноваций.

Наконец, касаясь процессуальных и результативных характеристик образования, мы полностью разделяем точку зрения Б.С. Гершунского о том, что «прогностические сценарии развития российского социума на пороге XXI века самым непосредственным образом влияют на ценности и цели российского образования, предопределяя те принципиальные различия в образовательных доктринах и концепциях, которые уже достаточно явственно просматриваются в связи с коренными идеологическими и политическими расхождениями взглядов о будущем России в целом. Не видеть этих различий, прикрываться неверным в принципе лозунгом о деполитизации и, тем более, о деидеологизации сферы образования - значит, в конечном счете, пустить решение серьезнейших аксиологических (ценностно-целевых) и прогностических проблем российского образования на самотек» [2, 154].

Процессуальные и результативные характеристики образования взаимосвязаны. В общем виде можно выделить два подхода к системе образования. «Узкий подход», сводит образование к подготовке специалиста с теми навыками, которые обеспечивают выполнение возложенных на него профессиональных функций, его непосредственную деятельность на рабочем месте. Как правило, в рамках данного подхода, от специалиста не требуется владение аналитическими способностями. Внедрение в высшую школу прикладного бакалавриата – отражение «узкого подхода», когда компетентность специалиста сводится к обладанию знаниями, умениями и навыками, обеспечивающими выполнение функциональных обязанностей на определенном уровне. «Широкий подход» рассматривает профессионально компетентного специалиста, как профессионала, который помимо владения профессиональными знаниями, умениями и навыками имеет опыт творческой деятельности и сформированное эмоционально-ценностное отношение к себе и окружающим. То есть «широкий подход» обеспечивает на самом деле образование, как совокупность обучения (передача «спрессованного» человеческого опыта от обучающего к обучаемому), воспитания (сформированные ценности) и развитие (через приобщение к творческой деятельности). Данный подход рассматривает образование как фактор «встраивания» будущего специалиста в культурную среду современного общества, построенного на знаниях.

Как говорил создатель философии техники в России П.К. Энгельмейер: «Сколько вы его (т.е. инженера) ни начинайте специальными познаниями, это будет ученый ремесленник, пока вы ему не дадите гуманитарного взгляда на социально-экономические стороны его профессии» [3,12]. Формирование такого взгляда у будущего специалиста обеспечивается во многом за счет философии. Нашу точку зрения на роль гуманитарного образования в процессе профессиональной подготовки специалиста мы представляли в статье «Неэффективные вузы: миф и реальность» на страницах журнала «Университетское управление: практика и анализ» [4,73-76].

Таким образом, в определенной степени можно говорить о том, что в рамках «узкого подхода» оказывают «образовательные услуги», а в рамках «широкого подхода» – образовывают и, таким образом, социализируют личность.

Что касается результативных характеристик образования, то следует признать, что в современной России (как в экономике в целом, так и в образовании в частности) до сих пор фетишизируется по существу один критерий – минимум затрат. Существующие подходы к оценке результатов образования отражаются на оценке эффективности деятельности вузов, когда определяется не столько качество образовательной, сколько результаты финансово-коммерческой деятельности вуза.

Рассматривая предмет философии образования как науки мы разделяем точку зрения В.С. Гершунского, что «…им (в качестве рабочего определения) можно считать наиболее общие, фундаментальные основания функционирования и развития образования, определяющие, в свою очередь, критериальные основы оценки тоже достаточно общих, междисциплинарных **теорий, законов, закономерностей, категорий, понятий, терминов, принципов, постулатов, правил, методов, гипотез, идей и фактов,** относящихся к образованию и, ввиду интегративной сущности оснований, также имеющих интегративную природу» [2, 81].

В данном определении фиксируется междисциплинарность и интегративность образования. Философское знание объединяет педагогику, психологию, экономику, социологию, этику, эстетику, информатику, культурологию, физиологии и т.д. То есть именно философское знание и является основанием – наиболее общими, фундаментальными положениями, определяющими исходные, базовые знания в рассматриваемой науке.

Говоря о методологической основе философии образования (как самостоятельной области научных знаний) важно понимать, что общефилософские учения, обращенные к образованию, несомненно должны учитываться, но оценка «применимости» того или иного учения должна осуществляться через призму ответа на вопрос: в какой мере то или иное учение способно «высвечивать» объективные противоречия и закономерности развития образовательной сферы во всех аспектах ее функционирования.

Так И.П. Суслов в своей работе «Методология экономического исследования» [5] предлагал использовать как инструмент философско-экономического исследования три гегелевских закона диалектики – единства и борьбы противоположностей, закон перехода количества в качество и закон отрицания отрицания. Для нас важной представляется и высказанная И.П. Сусловым мысль о необходимости тщательного категориального анализа в экономической науке о важности которого говорит и Б.С. Гершунский, называя этот метод методом «категориального синтеза теорий». Сущность этого метода может быть представлена схемой: понятия – категории – совершенствование средств мыслительной деятельности человека – ступени познания субъектом объективной действительности.

Чем точнее сущность явления отражается в понятиях, которые, наполняясь более полным содержанием приобретают характер категорий, тем совершеннее становится мыследеятельность субъекта. В прикладном аспекте это означает (в том числе) критичность мышления, не столько в отношении чужих точек зрения, сколько своих собственных.

Исходя из сказанного именно понятийная и категориальная определенность в сфере образования становится основой для выработки взвешенной образовательной политики. Это предъявляет и соответствующие требования к лицам, которые ответственны за выработку такой политики и ее «технологизирование».

В настоящее время в сфере высшего профессионального образования методологию определяет «экономический империализм»: наличие ресурсов диктует политику развития сферы образования, а не образование, во всех его аспектах (в соответствии с разработанной моделью специалиста), определяет требование к ресурсам. Философия экономики образования должна обосновать возможность «экономической вассальности», когда экономическое исследование ведется в соответствии с методологическими и теоретическими основаниями другой науки (или других наук). При этом на первое место (так же как и в философии экономики) должен быть выдвинут критерий – минимум ущерба человеку и биосфере. Философия экономики образования должна базироваться на понимании инновационной природы современной экономики, которая требует системы образования, ориентированной не на создание условий для механического заучивания больших объемов информации и ее воспроизведение, а на развитие творческого мышления, в основе которого лежит умение отбирать полезную информацию, ее «препарировать» и использовать в практической деятельности.

Литература

1. Алиев Н.З., Ивушкина Е.Б., Лантратов О.И. Становление информационного общества и философия образования. – М.: Изд-во «Академия естествознания», 2008.
2. Гершунский Б.С. Философия образования: Учеб. пособие для студентов высших и средних педагогических учебных заведений. – М.: Московский психолого-социальный институт, 1998.
3. Горохов В.Г., Розин В.М. Введение в философию техники: Учеб. пособие. – М.: ИНФРА-М, 1998.
4. Романов Е.В. Неэффективные вузы: миф и реальность// Университетское управление: практика и анализ – 2012. – №6. – С. 70-76.
5. Суслов И.П. Методология экономического исследования – 2-е изд., перераб. – М.: Экономика, 1983.

Псарева Н.Ю.
д.э.н., профессор, ОУП ВПО «Академия труда и социальных отношений»
Кондрашина О.Н.
к.э.н., доцент ОУП ВПО «Академия труда и социальных отношений»
Бабкин Л.В.
аспирант ОУП ВПО «Академия труда и социальных отношений»

МЕТОДИКА ОПРЕДЕЛЕНИЯ МОДЕЛИ ПРОМЫШЛЕННОЙ ПОЛИТИКИ ДЛЯ ОТРАСЛЕЙ ПРОМЫШЛЕННОСТИ РОССИИ

Современная эффективная промышленная политика, скорее всего не будет иметь однонаправленное действие, а представляют собой сочетание методов и инструментов экспортноориентированной, импортозамещающей и инновационной моделей промышленной политики (ПП).

Выбор приоритетов той или иной модели промышленной политики для различных отраслей промышленности предлагается установить на основе интегральной оценки факторов, характеризующих каждую модель. Общий алгоритм методики определения предпочтительных моделей управления различными сферами промышленности представлен на рисунке 1.

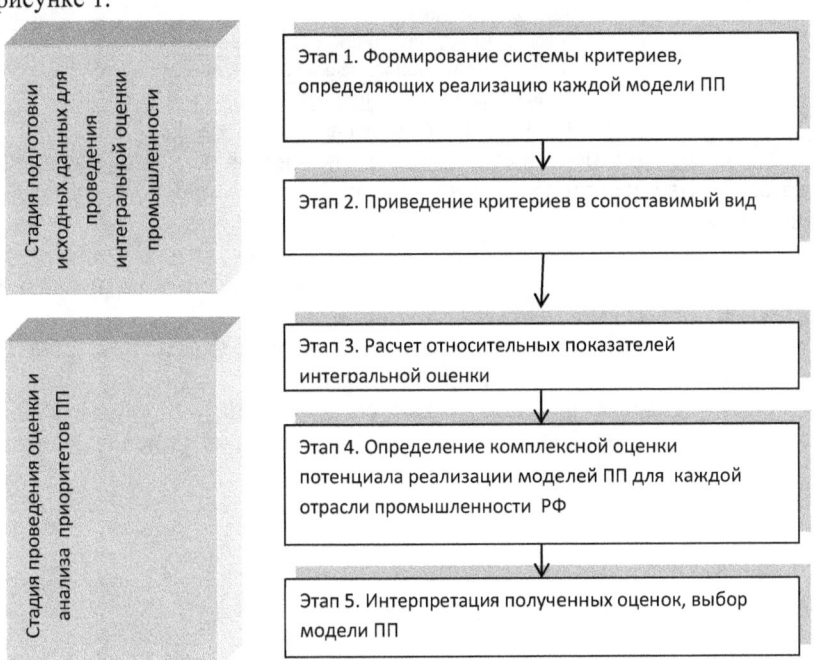

Рисунок 1 – Алгоритм проведения оценки и анализа приоритетов ПП для отраслей промышленности РФ

Данный алгоритм предусматривает две стадии.

На первой стадии формируется система критериев, определяющих возможность реализации каждой модели ПП (этап 1) и их приведение в сопоставимый вид (этап2). На основе статистической информации, имеющейся в открытом доступе, была сформирована система критериев для каждой из выделенных моделей ПП, таблица 1.

Таблица 1 –Система показателей для оценки возможностей реализации каждой модели ПП

Модель ПП	Показатели
Экспортоориентированная	Доля в экспорте, %
	Рентабельность проданных товаров, %
	Объем отгруженной продукции, млрд. руб.
Импортозамещающая	Доля продукции в импорте, %
	Стоимость основных фондов, млн. руб.
	Среднегодовая численность работников, тыс. чел
	Финансовый результат, млн. руб.
	Коэффициент износа основных фондов
	Число предприятий, организаций
Инновационная	Удельный вес организаций, осуществляющих технологические инновации
	Удельный вес инновационных товаров
	Затраты на технологические инновации, млн. руб.
	Инвестиции в основные фонды, млрд. руб.
	Коэффициент обновления основных фондов

Здесь необходимо отметить, что приведённый перечень факторов может быть существенно расширен при наличии более широкого доступа к статистическим данным.

На второй стадии осуществляется интегральная оценка, и выявляются приоритеты применения той или иной модели промышленной политики. К данной стадии относятся этапы 3, 4.5.

Третий этап связан с расчетом относительных показателей, включаемых в интегральную оценку.

Относительный показатель каждого критерия (δ) определяется исходя из соотношений фактического (F_u) и эталонного значения этого показателя (F_o):

$$\delta = \begin{cases} \dfrac{F_u}{F_o}, \text{если}\_ i \in M_1 \\ \dfrac{F_o}{F_u}, \text{если}\_ i \in M_2 \end{cases} \quad (1),$$

где: M_1 – условия выбора эталонного значения при положительном росте значения показателей в сравниваемых периодах;

M_2 - условия выбора эталонного значения при снижении значения показателей в сравниваемых периодах.

В случае, когда эталонное значение не может быть задано, то принимается достигнутое значение показателя за анализируемый период времени. Эталонное значение принимается равное максимальному значению, если рассматриваемый фактор описывается положительной тенденцией роста (M_1). Эталонное значение принимается равное минимальному значению, если рассматриваемый фактор описывается тенденцией снижения (M_2). В таблице 2 представлены эталонные значения показателей для различных моделей ПП.

Таблица 2 – Эталонные значения критериев, включенных в интегральную оценку отраслей промышленности РФ

Модель	Критерий	Условие установления эталонного значения	Значение
Экспортоориенти-рованная	1.Доля в экспорте, %	максимальное значение	47[1]
	2. Рентабельность проданных товаров, %	максимальное значение	64,6
	3. Объем отгруженной продукции, млрд. руб.	максимальное значение	7043
Импортозамеща-ющая	1.Доля продукции в импорте, %	максимальное значение	22,4
	2. Стоимость основных фондов, млн. руб.	максимальное значение	7834294
	3. Среднегодовая численность работников, тыс. чел.	максимальное значение	1844,6
	4.Финансовый результат, млн. руб.	максимальное значение	1442925
	5. Коэффициент износа основных фондов	минимальное значение	36,2
	6. Число предприятий, организаций	максимальное значение	7011133
Инновационная	1.Удельный вес организаций, осуществляющих технологические инновации	максимальное значение	31,7
	2.Удельный вес инновационных товаров	максимальное значение	18,9

---

[1] В исследовании использована информация Росстата за 2010-2011 гг., и в качестве эталона выбрано максимальное значение каждого показателя за указанные периоды

	3.Затраты на технологические инновации, млн. руб.	Продолжение таблицы 2	
		максимальное значение	92942,6
	4.Инвестиции в основные фонды, млрд. руб.	максимальное значение	1427,9
	5. Коэффициент обновления основных фондов	максимальное значение	23,1

Эталонное значение показателя принимается наибольшее или наименьшее за весь анализируемый период.

Этап 4. После того, как все критерии, отобранные для использования в модели, приведены в нормализованный вид, определяются комплексные оценки потенциала реализации каждой модели ПП для каждой отрасли промышленности РФ как сумма среднее значение суммы нормализованных коэффициентов δ, так как при подсчете итогового индекса используется разное количество факторов для разных моделей, таблица 3.

Таблица 3 – Индекс интегральной оценки потенциала реализации модели ПП

Отрасль	Экспортно-ориентированная		Имортозамещение		Инновационная	
	2010	2011	2010	2011	2010	2011
Добывающая промышленность						
добыча топливно-энергетических полезных ископаемых	0,733	0,809	0,553	0,628	0,454	0,596
добыча полезных ископаемых, кроме топливно-энергетических	0,445	0,510	0,255	0,276	0,170	0,193
Общий индекс отрасли	1,178	1,319	0,808	0,904	0,624	0,789
Обрабатывающая отрасль						
производство пищевых продуктов, включая напитки, и табака	0,231	0,227	0,471	0,457	0,278	0,279
текстильное и швейное производство	0,038	0,043	0,274	0,264	0,192	0,166
производство кожи, изделий из кожи и	0,037	0,047	0,193	0,203	0,162	0,179

Продолжение таблицы 3

производство обуви						
обработка древесины и производство изделий из дерева	0,038	0,041	0,216	0,203	0,124	0,190
целлюлозно-бумажное производство; издательская и полиграфическая деятельность	0,096	0,099	0,243	0,247	0,185	0,225
производство кокса и нефтепродуктов	0,320	0,361	0,374	0,390	0,484	0,642
химическое производство	0,189	0,142	0,278	0,301	0,434	0,448
производство резиновых и пластмассовых изделий	0,062	0,086	0,255	0,247	0,270	0,306
производство прочих неметаллических минеральных продуктов	0,086	0,127	0,236	0,249	0,219	0,268
металлургическое производство и производство готовых металлических изделий	0,353	0,310	0,400	0,400	0,433	0,479
производство машин и оборудования	0,094	0,116	0,439	0,457	0,306	0,317
производство электрооборудования, электронного и оптического оборудования	0,111	0,102	0,329	0,347	0,399	0,414
производство транспортных средств и оборудования	0,123	0,132	0,337	0,501	0,468	0,471
Общий индекс отрасли	1,778	1,833	4,045	4,266	3,954	4,384
Производство и распределение электроэнергии и газа	0,2420	0,2653	0,5980	0,6182	0,3024	0,3510

Значение интегральной оценки экспортно-ориентированной модели по отраслям в 2011 году представлено на рисунке 2, модели импортозамещения на рисунке 3 и инновационной модели на рисунке 4.

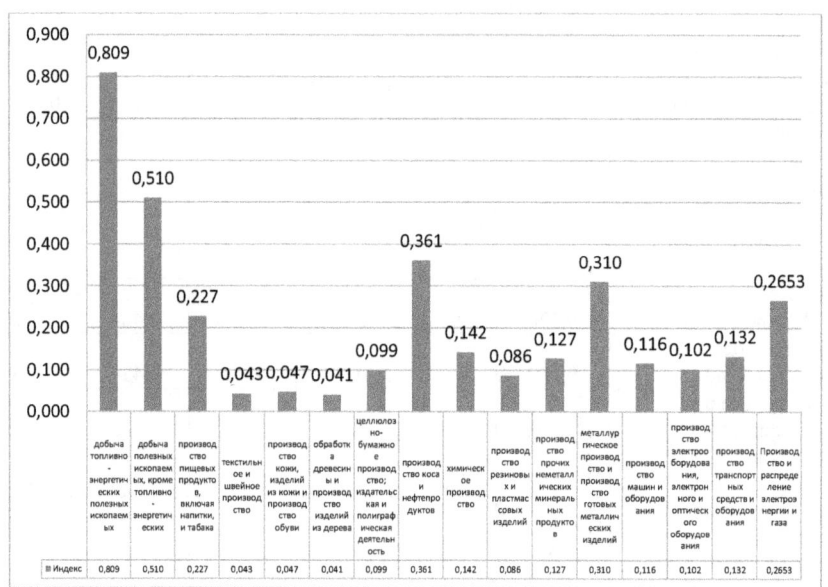

Рисунок 2 – Интегральная оценка экспортноориентированной модели ПП в 2011 году

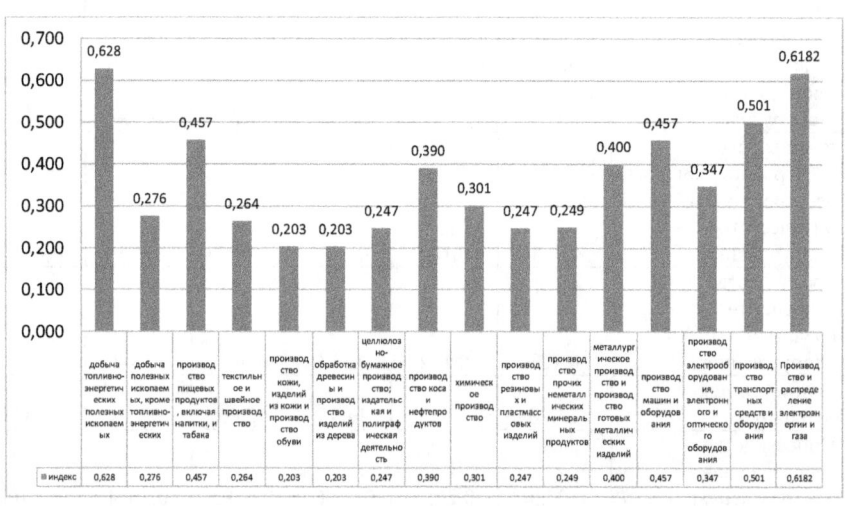

Рисунок 3 – Интегральная оценка импортозамещающей модели ПП в 2011 г.

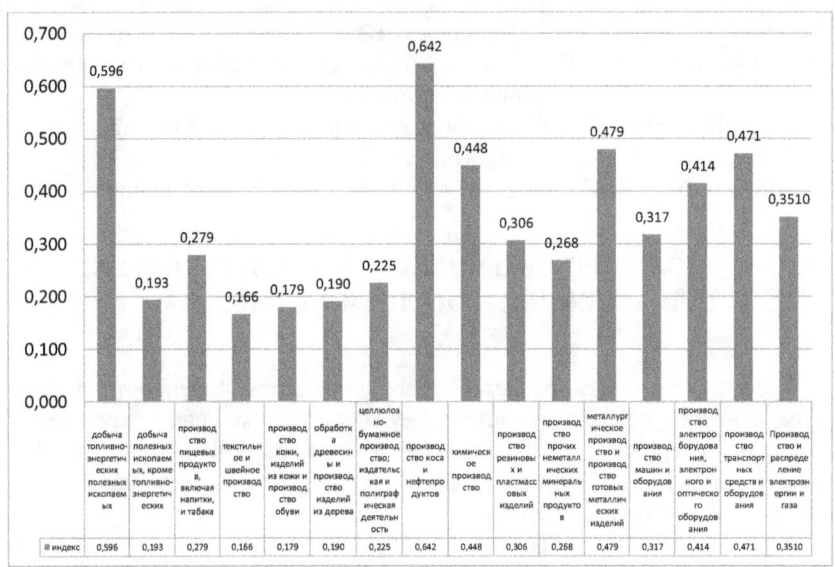

Рисунок 4 – Интегральная оценка инновационной модели ПП в 2011 г.

Расчет интегрального показателя эффективности реализации каждой модели промышленной политики позволил выявить следующее. Реализация экспортноориентированной модели наиболее целесообразна в добывающей отрасли. Опыт Норвегии и Китая позволяет сделать вывод, что продуманная политика в отношении регулирования денежных потоков от экспорта сырьевых ресурсов дает очень хорошие результаты. В отношении импортозамещения наиболее привлекательными отраслями выступают отрасли производства пищевых продуктов, производство машин, оборудования, транспортных средств. Наиболее перспективны с точки зрения реализации инновационной политики выступают пищевая промышленность, производство машин и оборудования, производство электроэнергии и газа.

Псарева Н.Ю.
д.э.н., профессор, ОУП ВПО « Академия труда и социальных отношений»
Кондрашина О.Н.
к.э.н., доцент ОУП ВПО « Академия труда и социальных отношений»
Бабкин Л.В.
аспирант ОУП ВПО « Академия труда и социальных отношений»

МОДЕЛИ ПРОМЫШЛЕННОЙ ПОЛИТИКИ И ИХ ПРИМЕНЕНИЕ В РОССИИ И ЗА РУБЕЖОМ

Конкурентное преимущество российской промышленности в виде низких цен на ресурсы к настоящему периоду времени практически полностью исчерпаны. Дальнейшее успешное развитие отечественной экономики должны обеспечить новые факторы, основанные на интеграции российской экономики в мировую.

При разработке направлений совершенствования промышленной политики России необходимо ориентироваться на уже существующий зарубежный опыт разработки и реализации промышленной политики. Адаптация зарубежного опыта реализации промышленной политики к условиям функционирования российской экономики должна базироваться на постулате о том, что каждая страна имеет собственные конкурентные преимущества в мировом экономическом пространстве, и, с другой стороны, определенные ограничения в виде ограниченных ресурсов, сложившейся структуры экономики, инфраструктуры и т.п.

Анализ существующих научных публикаций, описывающих эффективность реализации промышленной политики зарубежных стран, позволяет выделить три модели промышленной политики, характеристика которых представлена в таблице 1.

Сущность экспортно-ориентированной модели заключается в содействии развития отечественный производств, которые ориентированы на экспорт[3]. В качестве критериев отбора объектов промышленной политики выступает в первую очередь конкурентоспособность продукции производителей на мировом рынке и перспективы развития таких отраслей

Целевая функция реализация такой политики – завоевание определенных позиций на мировом рынке. Обычно в качестве инструментов экспортно - ориентированной модели промышленной политики выступают «мягкие» встроенные механизмы общей экономической политики, например, такие как налоговые, таможенные льготы, льготы по кредитованию бизнеса, поддержание благоприятного валютного курса национальной валюты и т.п..

Таблица 1 – Модели промышленной политики

Параметры сравнения	Экспортно-ориентированная модель	Модель импортозамещения	Модель развития инноваций
1	2	3	4
Цель	Завоевание высоких конкурентных позиций на мировом рынке	Снижение удельного веса импорта в структуре потребления	Завоевание высоких конкурентных позиций на мировом рынке за счет внедрения и развития инноваций
Критерии отбора объектов	Конкурентоспособность продукции и приоритеты развития отрасли	Мультипликативный эффект развития отраслей, наличие возможностей для удовлетворения внутреннего спроса	Наличие научного потенциала
Возможные инструменты	Налоговые, таможенные льготы, льготы при кредитовании экспортно-ориентированного бизнеса, поддержание благоприятного валютного курса	Налоговые, таможенные льготы, льготы при кредитовании при ввозе новейших технологий Протекционизм отечественных производителей и поддержание твердого курса национальной валюты	Субсидии, гранты, льготные кредиты инновационному бизнесу
Преимущества	Специализация национальной экономики, доступ к мировым ресурсам и технологиям в выбранных отраслях	Снижение зависимости от импорта. Нормализация внутреннего спроса и развитие научного потенциала в выбранных отраслях	Развитие науки и получение высокого неявного конкурентного преимущества на мировых рынках
Проблемные вопросы	Высокая зависимость национальной экономики от уровня развития и эффективности функционирования отдельных отраслей	Недостаточность финансовых ресурсов для модернизации промышленности, отсутствие квалифицированного персонала,	Существенные инвестиции в развитие инфраструктуры инновационного бизнеса

Преимущества реализации экспортно-ориентированной промышленной политики – отрасли, выбранные для реализации политики, выступают в качестве основного источника формирования бюджетных доходов государства и обеспечения занятости населения. Кроме того, экспортно-ориентированные отрасли национальной экономики главным образом и обеспечиваю доступ к мировым ресурсам и технологиям.

Недостатки реализации данной модели промышленной политики тоже достаточно очевидны. В первую очередь деструктуризация национальной экономики. Основное развитие получают именно экспортно-ориентированные отрасли. Экономическая и социальная стабильность общества в России зависят от эффективности функционирования выбранных отраслей, продукция которых пользуется спросом за рубежом. Преобладающей составляющей в экспорте российской продукции являются природные ресурсы. Такая «узкая» специализация экономики выражается в снижении уровня развития знаний, и, как следствие сказывается на развитии человеческого потенциала страны, что существенно снижает способность национальной экономики к перспективному развитию. Для стран, в которых экспортная продукция не связана с продажей природных ресурсов (например, Норвегия, Япония, Южная Корея), а ориентирована на создание продукции, обладающей новыми исключительными качествами, экспортно-ориентированная достаточно эффективна. Экономики этих стран проявляют тенденции постоянного роста и инновационного развития[3].

Главным фактором, способствующим эффективности данной модели промышленной политики, выступает постоянный мониторинг деятельности выбранных отраслей на предмет соответствия первоначально заданной цели – завоевание и закрепление конкурентных позиций на рынке определенного продукта.

Вторая модель промышленной политики – развитие отраслей способствующих импортозамещению. Целевая функция такой политики – снижение удельного веса импорта в структуре потребления за счет производства импортируемой продукции в собственной стране[2]. Критериями выбора объектов реализации такой политики выступают мультипликативный эффект развития промышленности, обеспечение занятости и наличие возможностей у отрасли для удовлетворения внутреннего спроса на определенный вид продукции. При этом государство способствует ввозу в страну новейших технологий, обеспечивающих производство ранее импортируемой продукции. Основными инструментами реализации политики импортозамещения выступают в основном протекции по снижению таможенных пошлин при ввозе в страну технологий, а также по поддержанию твердого курса национальной валюты и по отношению к отечественным товаропроизводителям.

Положительными моментами реализации данной промышленной политики является снижение зависимости отечественной экономики от импорта. Происходит нормализация внутреннего спроса, обеспечение занятости, развитие научного потенциала, обеспечивается рост валового внутреннего продукта. В качестве успешного варианта реализации такой промышленной политики обычно приводят пример экономики Китая[5,9].

Третьим типом промышленной политики выступает политики поддержки и развития инноваций[4]. Целевой функцией такой промышленной политики выступает завоевание высоких конкурентных преимуществ национальной экономики на мировом рынке. Критериями отбора приоритетных направлений государственного регулирования выступают наличие научного потенциала и перспективность реализации научных разработок. Инструментами инновационной промышленной политики выступают прямые методы государственной поддержки развития инноваций: субсидии, гранты и косвенные, например, такие как налоговые льготы, инвестиции в развитие инновационной инфраструктуры пр.[4] .

Положительными результатами реализации такое промышленной политики получение существенного потенциала развития национальной экономики.

Недостатки проявляются в существенных первоначальных расходах на развитие инновационной инфраструктуры и формирование квалифицированных кадров (инвестиции в систему образования). Примером реализации инновационной политики выступает опыт таких стран как Япония, Южная Корея. Успешность реализации такой политики во многом определяется эффективностью селективной политики поддержки государством перспективных с точки зрения инноваций отраслей[1]. В таблице 2 представлены примеры реализации каждого типа инновационной политики.

Таблица 2 – Зарубежный опыт реализации промышленной политики

Модель промышленной политики	Страны, реализующие данный тип промышленной политики	
1	2	
Экспортно-ориентированная	Южная Корея 60-80 г.г. Индия 90 гг. Чили	Япония Китай Норвегия
Импортозамещение	Индия 60-80 гг. Гонконг Япония Китай	США (в отношении сельского хозяйства) Россия СССР
Инновационная	Япония Германия	США Франция

Для оценки возможностей адаптации зарубежного опыта к условиям российской экономики была проведена сравнительная оценка мер реализации промышленной политики в различных странах. Результаты сравнительного анализа представлены в таблице 3.

Таблица 3 – Сравнение мер различных государств, направленных на развитие промышленности

Меры государства, направленные на развитие промышленности	Россия	Китай	США	ЕС
Реформы в законодательстве	+-	+-	+	+
Обеспечение занятости и производительности	+-	+	+	+-
Инвестиции в материальные активы	+	+	+	+
Инвестиции в нематериальные активы	+-	+-	+	+
Политика в области конкурентоспособности	+-	+-	+-	+
Международные инвестиции	+	+-	+	+
Экологическая политика	-	+-	+-	+
Политика регионального развития	+-	+	+	+-
Таможенное регулирование	+-	+-	+-	+-
Налоговое регулирование	+-	-	-	+

Условные обозначения:

+ используется

- не используется

+- недостаточно полно используются

Литература:

1. Анализ отечественного и зарубежного опыта управления структурными преобразованиями экономики промышленного сектора /Электронный научный журнал «Инженерный вестник Дона», [Электронный ресурс] – режим доступа: http://ivdon.ru/magazine/archive/n4y2011/601/
2. Винслав Ю.Б. Государственное регулирование промышленной сферы // Менеджмент и бизнес-администрирование. – 2013. - № 2. - С. 38-57

3. Конкурентные стратегии государства в экспортно-ориентированном развитии// Вопросы экономики, 2008, № 8, с. 92-107 [Электронный ресурс] .- режим доступа: http://gpir.narod.ru/ve/662004.htm

4. Сергеев В.М., Алексеенкова Е.С. Становление государства и модели инновационного развития. [Электронный ресурс] – режим доступа: www.mgimo.ru/files/34545/doklad_politolog_1.doc

5. Китай после вступления в ВТО./ Под. ред. Лоуренса Дж. Брама (LaurenceJ. Brahm). Перевод Васильева Н.В. Межконтинентальное издательство Китая, 2004. – С.9.6.

Дулепова В.Б.
кандидат экономических наук, доцент, кафедра «Теоретические основы экономики», СФУ ИУБПЭ, г. Красноярск
Трюшникова Е.С.
студент, кафедра «Экономика и управление бизнес-процессами», СФУ ИУБПЭ, г. Красноярск
E-mail: DjonyaSMiLL@rambler.ru

К ВОПРОСУ О ПРОБЛЕМАХ И ПЕРСПЕКТИВАХ РАЗВИТИЯ МАЛОГО БИЗНЕСА В РОССИИ

Функционирование рыночной экономики в экономически-развитых странах на практике доказало бесспорность теоретического тезиса о необходимости малого бизнеса для полноценного развития рыночной экономики.

В современной России понятие «малый бизнес» уже закрепилось в нашем повседневном лексиконе. Малого кого можно удивить попыткой создания собственного дела. Однако, анализируя статистику развития отечественного малого бизнеса, нельзя не заметить, что у достаточно большого числа людей попытки так и остаются попытками или бизнес терпит неудачу на начальном этапе развития (рисунок 1) [1,15].

Проблемы малого бизнеса, на мой взгляд, целесообразно классифицировать по трем блокам: финансовые, идеологические, административно- управленческие.

Проблемы финансового блока наиболее серьезны для начинающих предпринимателей. Тяжесть налогового бремени, нехватка финансовых ресурсов, задолжности по кредитам - три кита данного блока.

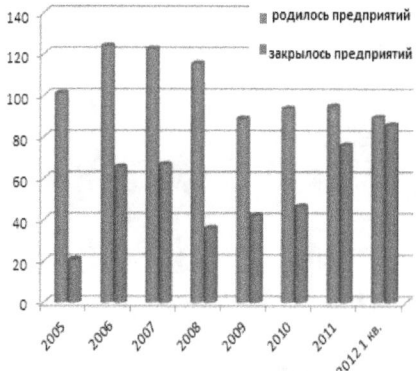

Рис. 1. Динамика развития предприятий малого бизнеса Российской Федерации за период с 2005 по 2012 года

На наш взгляд, самой актуальной из данных проблем является то, что предприятия малого бизнеса на начальном этапе развития не справляются с налоговой нагрузкой. Ее уменьшение позволило бы значительно повысить привлекательность и успешность малого бизнеса. На наш взгляд, правительству и государственным институтам необходимо прислушаться к предложениям специалистов освободить от уплаты налога, на прибыль вновь созданные предприятия, которые не вышли на точку безубыточности, и ввести систему налоговых скидок для предприятий, которые недавно вышли на прибыльный уровень.

Дефицит денежных средств не только для развития, но и для оперативной деятельности одна из самых серьезных проблем малого бизнеса. Анализ и оценка динамики задолженности предприятий малого бизнеса (рисунок 2) позволяют сделать неутешительный вывод, что значительное количество предприятий малого бизнеса находятся в долговой яме [2,9]. Для решения проблем финансирования малого бизнеса

Рис. 2. Динамика банковских кредитов и объем задолженности перед банками малых предприятий (млрд. руб.)

необходима разработка комплексной политики его кредитования и микрофинансирования, как на уровне федерации, так и на уровне регионов. Также, существенную роль в решении проблемы финансирования создания и развития малого бизнеса, на мой взгляд, может сыграть создание открытой национальной базы данных для предпринимателей. Такая база будет содержать информацию о возможности получения кредитов предпринимателями малого бизнеса, о проведении конкурсов и тендеров на приобретение и получение в аренду производственных площадей, земельных участков и оборудования.

Административно-управленческие проблемы оказывают негативное влияние на развитие малого бизнеса в российской экономике. Анализ и оценка функционирования малого бизнеса в России позволяет сделать вывод, что государственные институты в должной степени не обеспечивают правовую, методологическую и информационную поддержку предпринимателям. Более того часто создают неоправданные административно-управленческие барьеры, которые усложняют старт и функционирование предприятий малого бизнеса.

К сожалению, в России не ведется серьезный статистический учет динамики развития предприятий малого бизнеса. Данные комитетов государственной статистики, государственной налоговой инспекции и справочных служб городских и районных администраций расходятся значительно, погрешность доходит до тысяч предприятий и десятков тысяч частных предпринимателей [3,2]. Это, в том числе, лишает государственные органы ориентиров в принятии решений об объемах и направлениях необходимых финансовых затрат на поддержку малого бизнеса. На наш взгляд, в Федеральной службе государственной статистики необходимо создать группу, которая будет заниматься мониторингом функционирования малого предпринимательства.

Серьезное негативное влияние на состояние малого бизнеса и перспективы его развития оказывает жесткость правовых критериев отнесения предприятия к малому бизнесу. Специфика производства в некоторых сферах требует смягчения критериев отнесения предприятия к малому: разрешение увеличения оборотных средств и количества нанимаемых работников.

Успешное развитие российского малого бизнеса в современных условиях, на наш взгляд, возможно только при условии методологической поддержки со стороны государственных и негосударственных институтов. Начинающие предприниматели и даже предприниматели с опытом зачастую не имеют минимума необходимых знаний в области правового регулирования малого бизнеса. Многие из них не в состоянии самостоятельно принять решение о выборе подходящей им системы подсчета финансовых результатов для подготовки отчетности и уплаты налогов. К сожалению, наш анализ показал, что малый бизнес в России развивается во многом не благодаря государственной поддержке, о необходимости которой постоянно заявляют чиновники, а вопреки их деятельности.

Мы считаем, что существенную роль в повышении уровня компетентности предпринимателей могут и уже играют образовательные учреждения. В частности, в Сибирском федеральном университете в Институте управления бизнес-процессами и экономики создана и работает Программа повышения квалификации предпринимателей. Программа ориентирована как на начинающих, так и на практикующих предпринимателей. Преподавание проводят высококвалифицированные специалисты, в обучении применяются инновационные образовательные технологии.

Идеологические проблемы: пренебрежительное отношение государства к малому бизнесу и недостаточное самосознание предпринимателей в вопросах ведения собственного дела пагубно влияют на развитие малого бизнеса. Необходимо не только объявить развитие малого предпринимательства главным приоритетом государственной политики, но и четко сформулировать обязанности государственных институтов, ответственных за развитие малого бизнеса в России, предпринять усилия к изменению налогового законодательства в части налогообложения малого бизнеса. Совместно со СМИ в течение 2-3 лет целенаправленно работать по изменению социального статуса и имиджа предпринимателя с привлечением общественных организаций и звеньев инфраструктуры поддержки предпринимательства. Создать систему государственной поддержки программ подготовки и повышения квалификации, которые реализуются образовательными учреждениями.

Создать особую сеть консалтинга по вопросам предпринимательской деятельности.

Малый бизнес имеет большие резервы для дальнейшего развития и увеличения его доли в экономике России. Но для реализации этих резервов необходимы шаги, как со стороны государства, так и со стороны малого бизнеса. Только генерация общих усилий обеспечит позитивные перспектива развития малого отечественного бизнеса.

Список литературы:

1. Сайдулаев, Ф.С. Динамика развития малого предпринимательства в регионах России в январе-сентябре 2012 года. Ежеквартальный информационно-аналитический доклад/Ф.С. Сайдулаев. - Москва, НИСИПП, 2012.-29с.
2. Федеральная служба государственной статистики, Предварительные итоги сплошного наблюдения за деятельностью субъектов малого и среднего предпринимательства/ /Федеральная служба государственной статистики. - Москва, 2011.- 15с.
3. Brine Morris / Small Business Stats for Small Business Week // Brine Morris // Small Business U.S. & abroad// 2011.№##1.-50с.

Бунаков О.А.
старший преподаватель кафедры социально-культурного сервиса и туризма Казанского (Приволжского) Федерального Университета, кандидат экономических наук

МИГРАНТЫ В ИНДУСТРИИ ТУРИЗМА: СУЩНОСТЬ И НЕОБХОДИМОСТЬ

Развитие мировой индустрии туризма сопровождается международными трудовыми миграциями, которые объясняются неравномерностью развития национальных рынков туризма и упрощением иммиграционного законодательства в ряде регионов. Так, в Западной Европе вплоть до 1970-х гг., в долгий послевоенный период экономического роста и расширения туристского движения отмечалась нехватка трудовых ресурсов. Доступ иностранцев на рынки рабочей силы в этих странах был облегчен. Египтяне, греки, армяне, итальянцы, иммигрируя, трудоустраивались в секторе туристских услуг и способствовали его подъему в таких государствах, как Франция и Великобритания. Позднее, с ухудшением экономической конъюнктуры и ростом безработицы Западная Европа перешла к политике ограничения импорта рабочей силы. Тем не менее, в Швейцарии свыше половины занятых в гостинично-ресторанном хозяйстве составляют иммигранты, в Германии — более трети. На приморских курортах Испании находят работу нелегальные мигранты. В США рост миграционных потоков продолжается по настоящее время. В среднем ежегодно 500— 600 тыс. иммигрантов прибывают в Соединенные Штаты и еще 50 тыс. нелегально проникают на их территорию. Многие из этих лиц находят работу в индустрии туризма.

В настоящее время практически все страны мира осуществляют регулирование экспорта и импорта рабочей силы. Оно нацелено на защиту национального рынка труда от стихийного притока иностранных трудящихся и смягчение проблемы безработицы среди местного населения, с одной стороны, и обеспечение рационального использования труда иностранных работников — с другой.

В Австрии, по данным Министерства экономики и труда, в 2011 г. насчитывалось 3,2 млн наемных работников, в том числе 159 тыс., или 5% — в индустрии туризма. 244 тыс. человек были зарегистрированы в качестве безработных. Государство уделяет большое внимание регулированию процесса трудовой миграции населения. В середине 1990-х гг. был ужесточен правовой режим перемещения иностранной рабочей силы через национальные границы. Австрия подписала многосторонние соглашения, направленные на введение количественных ограничений внешней трудовой миграции. Принятые меры способствовали сокращению притока иммигрантов в гостинично-ресторанное хозяйство страны, который в 1970-2000 гг. рос более быстрыми темпами, чем в других отраслях экономики. В настоящее время на предприятиях индустрии туризма наем иностранной рабочей силы осуществляется при наличии специального разрешения. Максимальный срок пребывания и работы трудящихся-мигрантов ограничен семью годами. Установлено прямое квотирование соотношения между иностранными и местными работниками. При фильтрации въезда иммигрантов предпочтение отдается рабочей силе из стран Центральной и Восточной Европы - новых членов Евросоюза.

По профессионально-квалификационному составу поток мигрантов в мировой индустрии туризма состоит из двух групп: малоквалифицированной рабочей силы и квалифицированных специалистов. Основная масса трудящихся-мигрантов в индустрии туризма — это работники, занятые низкооплачиваемым, неквалифицированным, непрестижным трудом.

Некоторые особенности характера и организации труда на туристских предприятиях объясняют повышенный спрос индустрии туризма на иностранную малоквалифицированную рабочую силу. Одна из главных особенностей состоит в том, что механизация и автоматизация слабо затронули сектор туристских услуг. Как и прежде, производственный процесс основан на ручном труде и прямом контакте обслуживающего персонала с клиентами. 80% занятых в индустрии туризма составляет неквалифицированная рабочая сила.

Другими особенностями трудовых отношений в индустрии туризма являются невысокая заработная плата, сравнительно длинная рабочая неделя со специальным графиком и режимом работы, слабое участие профсоюзов в жизни трудовых коллективов. Они также не способствуют укреплению престижа туристских профессий среди местного населения и диктуют необходимость привлечения иностранной рабочей силы. В странах ЕС уровень заработной платы на предприятиях индустрии туризма на 20% ниже, чем в среднем по экономике. В Великобритании и Швейцарии этот разрыв составляет 1,5 раза. В Израиле общественно полезная деятельность в гостинично-ресторанном хозяйстве является самой низкооплачиваемой. Заработная плата горничных, официантов, портье, швейцаров более чем в 2 раза отстает от среднего уровня по стране. Распространенные в этом секторе экономики такие формы вознаграждения труда, как «чаевые», не могут кардинально изменить положение дел на рынке труда.

Не придает привлекательности туристским профессиям и большая продолжительность рабочей недели с особым графиком работы. Хотя в последние десятилетия она постепенно сокращалась, принципы организации труда на Западе остаются прежними. Считается, что относительная простота и легкость работы, заключающейся только в присутствии, столь необходимом при обслуживании посетителей, должны компенсироваться большим количеством рабочих часов. В отдельных случаях рабочая неделя в туризме превышает 40 часов, в то время как в других секторах экономики трудящиеся ряда стран добились ее уменьшения до 35 часов. Длинная рабочая неделя сочетается с работой в ночное время и выходные дни. В недавно опубликованном отчете Международной организации труда о развитии человеческих ресурсов в мировой индустрии туризма приводится следующая информация: в гостинично-ресторанном хозяйстве стран Евросоюза 80% занятых отрабатывают от двух до пяти выходных дней в месяц, 41% выходит на работу в ночное время шесть и более раз в месяц.

Все это обусловливает высокую текучесть кадров в индустрии туризма и рост спроса на иностранную, прежде всего неквалифицированную рабочую силу. По данным Международной организации труда, в США свыше половины занятых в индустрии туризма увольняются в течение первого года работы, в Великобритании — более 40%. Текучесть кадров на предприятиях общественного питания быстрого обслуживания в Европе и США составляет в среднем 300% в год.

Высокий спрос индустрии туризма на иностранную рабочую силу связан с сезонным характером работы. Его пик приходится на подъем деловой активности в период наплыва туристов. В сезон число занятых в индустрии туризма возрастает почти на треть, в Испании и Италии — наполовину, в Дании — в 2 раза.

Иммиграция является важным источником пополнения рынка труда в индустрии туризма развитых стран. В Западной Европе образовавшиеся на нем ниши низкоквалифицированных кадров заполняются, в основном, благодаря потокам трудовых миграций из развивающихся и восточноевропейских стран, в США — из латиноамериканских стран. Например, в Германии закусочные сети «МакДоналдс» предоставляют работу иммигрантам из стран Центрально-Восточной Европы, у которых возникают проблемы с трудоустройством из-за языкового барьера и отсутствия опыта. Многие из тех, кто иммигрировал на Запад, вынуждены перебиваться случайными заработками, заниматься низкооплачиваемым трудом. Они часто ущемляются в правах, находятся на нелегальном положении. Что касается миграции квалифицированных кадров, их потоки в индустрии туризма пока незначительны.

Татуев А.А.
Московский государственный университет пищевых производств,
профессор
arsen.tatuev@mail.ru

РЕФОРМА ОБРАЗОВАНИЯ И НОВЫЕ ЭКОНОМИЧЕСКИЕ ОТНОШЕНИЯ

Современные российские преобразования высшего образования показывают значительное несоответствие целей реформирования и тенденций социально-экономического развития общества. Так, в последнее десятилетие основными инструментами трансформации организационно-управленческих форм развития отечественных вузов являются такие, как единый государственный экзамен, государственные именные финансовые обязательства, переход на принципы функционирования автономных учреждений, развитие концессий объектов высшего образования, системное использование которых, как предполагалось, позволит эффективно решить основные задачи, стоящие перед системой высшего образования.

Однако, становится все более очевидной явная недостаточность эффективности используемых инструментов управления, которая приводит преимущественно к внутрисистемному совершенствованию отдельных процессов. Существенно изменилась практика приема студентов, уточнены полномочия управляющих структур, совершенствуются принципы развития отдельных вузов, изменяются способы выделения и использования бюджетных средств и мн. др. Получается, что система управления развитием высшего образования все более ориентируется на совершенствование перераспределительных отношений.

В Итоговом докладе о результатах экспертной работы по актуальным проблемам социально-экономической стратегии России на период до 2020 года "Стратегия-2020: Новая модель роста – новая социальная политика" предусматривается осуществление комплекса мероприятий, представляющих собой, по сути, новые институты профессионального образования [1]. Среди них: эффективный контракт с преподавателями, прикладной бакалавриат, прозрачность образовательных учреждений, развитие исследовательских университетов, развитие конкуренции вузов и др.

Но в целом эти меры не способствует расширению интеллектуального, материального и финансового потенциала системы, если не считать бюджетного перераспределения, что позволяет говорить о необходимости поиска дополнительных управленческих инструментов. На наш взгляд, недоучитывается важность непосредственных экономических отношений между участниками образовательных процессов. Т.е., не до конца использованы преимущества и потенциал политико-экономического подхода.

Согласно теории постиндустриального общества предполагается

существование трех стадий экономического развития общества – доиндустриальной, индустриальной и постиндустриальной. При этом процесс перехода от индустриального к постиндустриальному обществу довольно сложен. Поэтому его целесообразно разделить на три стадии. На первой стадии развитие промышленного производства товаров приводит к появлению транспортных и общественных служб, предлагающих услуги по перемещению промышленных товаров. На второй стадии происходит появление служб, организующих распределение промышленных товаров, другими словами происходит развитие оптовой и розничной торговли. Следствием этого является развитие отрасли финансовых услуг, услуг по операциям с недвижимостью, услуг по страхованию и т.д. На третьей стадии происходит резкий рост национального дохода, формирующегося за счет потребления развивающих услуг, прежде всего услуг образованиях.

Традиционно считается, что функциональная роль системы высшего образования при формировании постиндустриального общества заключается в привитии навыков находить, производить, обрабатывать, преобразовывать, распространять и использовать информацию с целью получения и применения необходимых для эффективного производства знаний. В данном контексте услуги системы высшего образования становятся не только приоритетными, но и предопределяющими воспроизводственные параметры национальной экономики в условиях ее трансформации.

И здесь мы выходим на самый сложный вопрос – на что и как ориентировать систему управления высшим образованием. Прежде всего, необходимо устранить сформировавшееся противоречие, когда, с одной стороны, высшее образование стало ключевым фактором развития человеческого капитала, а с другой - система управления его развитием все более ориентируется на перераспределительные отношения.

На наш взгляд, приоритеты управления высшим образованием следует сконцентрировать на выстраивании новой системы экономических и преимущественно рыночных отношений, охватывающих как индивидуальный, так корпоративные и общенациональные уровни. Объектом этих отношений должно стать формирование интегрированных и адресно используемых инвестиций в человеческий капитал в форме специфического финансирования развития системы высшего образования. При этом критерии эффективности данного вида инвестиций целесообразно формировать с учетом непосредственных интересов населения, как основного потребителя услуг высшей школы.

Таким образом, реформирование системы управления высшей школой объективно предполагает трансформацию значительной части существующих социально-экономических отношений.

При этом, общественное мнение относительно содержания и эффективности реформ российского высшего становится все более негативным и противоречивым. Особенно это проявляется после очередного выявления подлогов при зачислении студентов по результатам единого государственного экзамена в ряде российских вузов.

По большому счету проблема не столько в конкретных случаях коррупции в новой системе приема в высшие учебные заведения, сколько в недостаточной эффективности бюджетных расходов на высшее образование. Поэтому наиболее острой становится проблема используемых организационно-экономических отношений в связи с реформированием высшего образования.

Технологическая возможность реализации новых отношений открывается на современном этапе проведения административной реформы, в ходе которой был принят Федеральный закон от 27 июля 2010 г. № 210-ФЗ "Об организации предоставления государственных и муниципальных услуг", предусматривающий выпуск универсальных электронных карт граждан.

Данная карта будет представлять собой материальный носитель, содержащий введенную в него цифровую информацию о пользователе и о его правах на получение государственных и муниципальных услуг. Соответственно пользователями универсальной электронной картой могут быть граждане РФ, а также иностранные граждане и лица без гражданства в тех случаях, когда это предусмотрено федеральными законами.

Универсальная электронная карта станет содержательным документом, удостоверяющим личность гражданина, права застрахованного лица в системах обязательного страхования, иные права гражданина на получение государственных и муниципальных услуг, в том числе в сфере образования. Таким образом, пользователи универсальных электронных карт становятся непосредственными участниками бюджетно-распорядительных отношений. В этом случае важно разработать принципы, позволяющие с помощью универсальных электронных карт организовывать распоряжение средствами бюджетов и внебюджетных фондов на различных административных уровнях и направлять их на оплату образовательных услуг, в том числе с добавлением собственных средств граждан и корпораций [2, 27-28].

На этой основе сформируется новая структура экономических отношений, связанных с предоставлением образовательных услуг. Эти новые отношения позволят существенно увеличить доходы высшей школы и сформировать более равные условия доступа к качественному высшему образованию представителей всех слоев населения.

Литературы:

1. Стратегия-2020: Новая модель роста – новая социальная политика. Промежуточный доклад о результатах экспертной работы по актуальным проблемам социально-экономической стратегии России на период до 2020 года / http://old.vedomosti.ru/tnews/index.shtml?2011/08/19/3337.

2. Татуев А.А.Трансформация приоритетов модернизации высшей школы при переходе к обществу знаний // Экономический анализ: теория и практика.- 2012.- № 8.

Бахтуразова Т.В.
Московский государственный университет пищевых производств,
старший преподаватель
baxturazova@mail.ru

СТРУКТУРНЫЕ ТЕНДЕНЦИИ СБЕРЕЖЕНИЙ НАСЕЛЕНИЯ

Современная структура фондов накопления российского населения свидетельствует о сохранении высокой доли сбережений в неорганизованных формах – части денежной массы, противостоящей денежной массе находящейся в активном обороте [1, 55-61]. Кроме того, сбережения, находящиеся в организованных формах, по большей части сформированы непосредственно при помощи банковских вкладов. Это отличает отечественный сберегательный процесс от его зарубежных аналогов, где значительная часть сбережений организована через современные инструменты финансового рынка [3, 9-14].

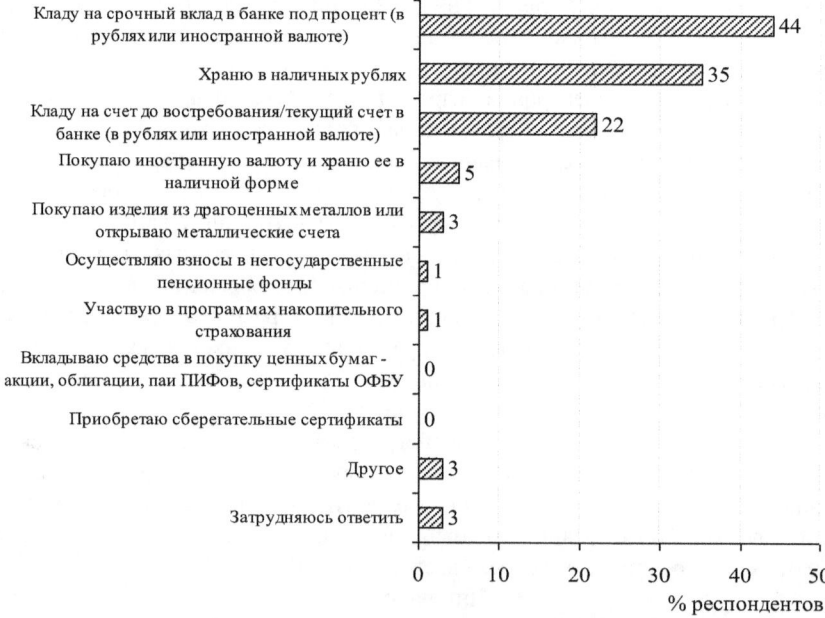

Рисунок 1. Структура ответов респондентов на вопрос о предпочитаемых формах хранения сбережений, полученных в ходе исследования Национального агентства финансовых исследований, проведенного в 2012 году (диаграмма составлена автором на основе данных: Больше сберегать не стали // Национальное агентство финансовых исследований. – URL: http://nacfin.ru/novosti-i-analitika/press/press/single/10619.html)

Во многом представленная специфика является следствием низкого уровня доверия населения современным финансовым институтам [2, 65-71]. Так, на рисунке 1 представлена диаграмма, отражающая структуру ответов респондентов на вопрос о предпочитаемых формах хранения сбережений населения. Из диаграммы видно, что лишь по 1% респондентов отметили, что осуществляют взносы в негосударственные пенсионные фонды и/или участвуют в программах накопительного страхования. В то же время практически никто из респондентов не отметил, что осуществляет инвестирование средств в ценные бумаги, такие, как акции, облигации, паи паевых инвестиционных фондов, сертификаты долевого участия общих фондов банковского управления. При этом большинство опрошенных отметило, что для организации своих сбережений пользуется услугами банков, или осуществляет накопления в наличных.

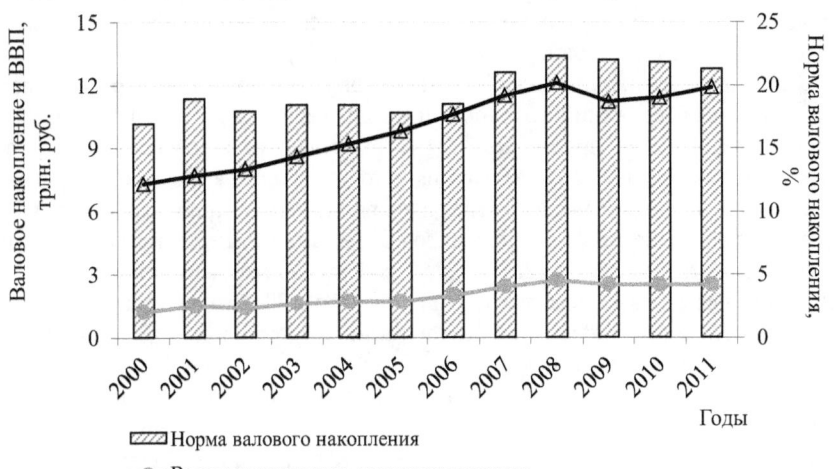

Рисунок 2. Объем и динамика валового накопления основного капитала в период с 2000 по 2011 годы (графики и диаграмма рассчитаны, построены и составлены автором на основе данных: Официальная статистика // Федеральная служба государственной статистики. – URL: http://www.gks.ru/bgd/regl/b09_13/IssWWW.exe/Stg/html3/11-08.htm; http://www.gks.ru/bgd/regl/b12_13/IssWWW.exe/Stg/d3/11-08.htm; http://www.gks.ru/bgd/regl/b09_13/IssWWW.exe/Stg/html3/11-01.htm; http://www.gks.ru/bgd/regl/b12_13/IssWWW.exe/Stg/d3/11-01.htm)

Таким образом, становится видно, что современный процесс сбережения в национальной экономике характеризуется рядом отрицательных моментов. Во-первых, происходит замедление самого процесса формирования фондов накопления, что иллюстрирует снижение нормы валового сбережений. Во-вторых, сбережения населения, представляющие собой значительную часть всех сбережений в экономике, в существенной части представлены в неорганизованной форме, не участвующей в воспроизводственных процессах. Другая же часть сбережений населения организована посредством классических инструментов банковского сектора.

На рисунке 2 представлены графики и диаграмма, иллюстрирующие объем и динамику валового накопления основного капитала в период с 2000 по 2011 годы. Из графиков видно, что за рассматриваемый период времени норма валового накопления основного капитала существенно выросла – увеличившись с 16,9% в 2000 году до 21,3% в 2011 году. На фоне реального роста экономики (базисный темп роста ВВП в сопоставимых ценах составил 163,2%), этому способствовал ускоренный рост накопления основного капитала. Так, за рассматриваемый период времени, объем валового накопления капитала в сопоставимых ценах увеличился более чем в 2 раза и достиг в 2011 году 11,6 трлн. руб. (2,5 трлн. руб. в ценах 2000 года).

Данные изменения положительным образом характеризуют процесс использования сбережений в экономики – большая их часть трансформируется в основные средства производства. Т.е. имеет место быть трансформация сбережений в реальные инвестиции. Что подтверждается на графиках, представленных на рисунке 5. Из графиков видно, что в период с 2000 по 2012 годы объем инвестиций в нефинансовые активы существенным образом увеличился. Так, если в 2000 году совокупный объем инвестиций в нефинансовые активы составлял 1,1 трлн. руб. То к 2012 году, в сопоставимых ценах, он вырос практически в 2 раза и достиг 2,0 трлн. руб. (9,8 трлн. руб. в основных рыночных ценах).

При этом следует отметить, что практически весь объем инвестиций в нефинансовые активы представлен инвестициями в основной капитал – 98,2% в 2012 году. Причем, за рассматриваемое время данное соотношение не менялось существенным образом. А в совокупности на инвестиции в объекты интеллектуальной собственности, в другие нефинансовые активы, в затраты на научно-исследовательские, опытно-конструкторские и технологические работы приходилось от 0,5 до 0,7%% совокупного объема инвестиций в нефинансовые активы.

Литература:

1. Белозеров С.А. Сбережения домашних хозяйств: сущность, функции, организационные формы // Экономика и управление. – 2013. – №4(90).

2. Ибрагимова Д.Х. О доверии населения финансовым институтам // Деньги и кредит. – 2012. – №4.

3. Майорова Л.Н. Потенциал сбережений населения в инвестиционном процессе // Экономика. Предпринимательство. Окружающая среда. – 2012. – Т.2. – №50.

Кукарин М.В.
Московский государственный университет пищевых производств,
старший преподаватель
maximkukarin80@gmail.com

ВОСПРОИЗВОДСТВЕННЫЕ ОСОБЕННОСТИ ФУНКЦИОНИРОВАНИЯ СОВРЕМЕННОЙ ПРОМЫШЛЕННОСТИ

К настоящему времени прогрессирующее развитие сферы услуг, которая последовательно абсорбировала основную часть ограниченных ресурсов, столкнулось с ограничениями дальнейшего роста. При этом сформировалась новая воспроизводственная структура, которая является результатом трансформации главных видов хозяйственной деятельности и, в первую очередь – промышленности. С одной стороны, промышленное производство в силу роста производительности труда отличается сокращением занятости и тем самым обостряет социально-экономическое положение. С другой стороны, все чаще более остро встает вопрос о новой взаимосвязи между промышленной трансформацией и социально-экономическим развитием страны [3, 313-316].

Рисунок 1. Динамика изменения объема промышленного производства и численности занятых в промышленности в период с 2000 по 2011 годы, в % к 2000 году (графики построены автором на основе данных: Промышленность России. 2012: Статистический сборник. – М.: Росстат, 2012. – С.21)

На рисунке 1 представлены графики, иллюстрирующие динамику изменения объема промышленного производства и численность занятых в промышленности. Из графиков однозначно видно, что проиллюстрированные тенденции обладают противоположной динамикой. Так, объем промышленного производства, не считая резкого снижения в 2009 году, на всем рассматриваемом временном интервале увеличивался, а темп роста показателя 2011 года к 2000 году составил 153,9%. В то же время численность занятых в промышленности – напротив, устойчиво сокращалась, а темп роста показателя 2011 года к 2000 году составил 74,1%.

Таким образом, процесс увеличения объема промышленного производства сопровождается непрерывным сокращением численности занятых в данном секторе экономики.

Таблица 1 – Объемы промежуточного потребления продукции, созданной по видам экономической деятельности, в промышленности в 2006 году*

Сектора экономики	Промышленность – всего	
	млрд. руб.	%
Сельское хозяйство, охота и лесное хозяйство	657,4	5,8
Рыболовство, рыбоводство	18,5	0,2
Добыча полезных ископаемых	2533,8	22,2
Обрабатывающие производства	5426,1	47,6
Производство и распределение электроэнергии, газа и воды	1109,7	9,7
Строительство	173,2	1,5
Оптовая и розничная торговля; ремонт автотранспортных средств, мотоциклов, бытовых изделий и предметов личного пользования	21,3	0,2
Гостиницы и рестораны	7,9	0,1
Транспорт и связь	600,0	5,3
Финансовая деятельность	167,8	1,5
Операции с недвижимым имуществом, аренда и предоставление услуг	645,0	5,7
Государственное управление и обеспечение военной безопасности; социальное страхование	22,4	0,2
Образование	5,4	0,0
Здравоохранение и предоставление социальных услуг	2,9	0,0
Предоставление прочих коммунальных, социальных и персональных услуг	10,4	0,1
ИТОГО использовано в ценах покупателей	11401,7	100,0

* таблица рассчитана и составлена автором на основе данных: Национальные счета России в 2001-2008 годах // Федеральная служба государственной статистики. — URL: http://www.gks.ru/bgd/regl/B09_15/IssWWW.exe/Stg//%3Cextid%3E/%3Cstoragepath%3E::%7C5.2.xls

С другой стороны, следует учитывать возможность наличия косвенной связи между уровнем развития промышленного производства в экономике, и характером процессов общественного воспроизводства. В частности, специфика промышленного производства в целом и обрабатывающих отраслей в частности заключается в сложности и продолжительности производственных цепочек, в рамках которых осуществляется не только внутриотраслевая, но и межотраслевая интеграция. Благодаря чему производство основной части добавленной стоимости осуществляется за пределами отраслей промышленности, с участием занятых в других секторах экономики [1, 13-20; 2, 128-133].

Причем следует отметить, что промежуточное потребление непосредственно промышленными производствами не отличается высокими показателями потребления продукции, созданной в других секторах экономики. Так, из таблицы 1 видно, что порядка 80% промежуточного потребления в отраслях промышленности представлено продукцией непосредственно самих отраслей промышленности. И лишь оставшиеся 20% с небольшим приходятся на продукцию, произведенную в других секторах экономики, среди которых продукция таких видов экономической деятельности, как: «Сельское хозяйство, охота и лесное хозяйство», «Операции с недвижимым имуществом, аренда и предоставление услуг», «Транспорт и связь».

Таким образом, становится видно, что в современных условиях общественного воспроизводства промышленный сектор экономики приобретает черты интегрирующей основы, формирующей необходимые условия для производства и занятости в других секторах экономики, является фактором становления новых организационно-экономических форм. Такая постановка вопроса размывает традиционные представления о границах отраслей, особенно по части промышленного производства, часть результатов которого оказалась непосредственно представленной в сервисной деятельности. По сути дела, необходимо формирование новой промышленной основы для сервисной деятельности с учетом требований трансформационных процессов.

Литература:

1. Зуев В.Е. Интеграция как инструмент реализации промышленной политики // Региональная экономика: теория и практика. – 2012. – №24.

2. Миллер А. Интеграция в промышленном секторе России: проблемы и пути решения // Предпринимательство. – 2011. – №5.

3. Татуев А.А. Социально-экономическая роль промышленной политики в современной экономике // Вестник УМО. Экономика, статистика и информатика.- 2012.-№3(2).

Вотчель Л.М.
доцент, кандидат философских наук, заведующая кафедрой экономики и предпринимательства Магнитогорского государственного университета, votchellm@mail.ru

Викулина В.В.
кандидат философских наук, доцент кафедры экономики и предпринимательства Магнитогорского государственного университета, vvvlerkin@mail.ru

КОНЦЕПЦИИ «ЭКОНОМИЧЕСКИЙ ЧЕЛОВЕК»: ТЕОРЕТИЧЕСКИЙ АСПЕКТ

Теоретико-методологическое осмысление понятия «экономический человек», его трансформация в экономической теории, как многоаспектного экономического явления, было постепенным и шло вслед за развитием потребностей экономической практики хозяйствования. Изучение места и роли человека в экономической сфере позволяет выявить сущностные основания модели «экономического человека» в рамках концепции человека и его природы.

Ключевые слова: экономический человек, экономическое бытие, экономическая деятельность, модель «экономический человек».

Понятие «экономический человек» (homo economicus) достаточно широко используется в различных областях научного знания. Объектом экономического познания выступают исторически конкретные экономические отношения, носителем которых выступает человек. В этих исследованиях человек предстает как агент экономической жизни, черты которого определяют не только форму, но и содержание экономики.

Как нами было отмечено в монографии «Предпринимательство как феномен бытия «человека экономического»», понятие «homo economicus» как инструментальная модель экономической науки складывается в период становления классической политэкономии, которая рассматривает человека как носителя (агента) экономических отношений [1, 10]. Многие экономисты считают, что экономическая теория не может обойтись без рабочей модели человека, то есть определенных допущений о том, как люди ведут себя в процессе экономической деятельности [2, 99-103]. Предметом исследования науки выступают действия человека на рынке. В современной экономической науке понятие «экономический человек» носит модульный характер и изменяется по мере исторического развития общества и экономической теории.

«Экономический человек» в экономической науке – это мысленная конструкция, идеализированный, абстрактный объект познания, от которого зависит предмет и методология исследования. При этом понятие «экономический человек» выступает как исходная базовая категория, а модель «экономический человек» имплицирует экономическую реальность.

Основанием для определения названного понятия выступают, с одной стороны, исторически изменчивое реальное экономическое бытие, с другой, – сложившаяся в философии концепция человека.

В классической философии господствовало стремление обнаружить человеческую сущность как нечто вечное и неизменное, определяющее все стороны антропологического бытия. Так, для античных мыслителей природа человека предопределена общим мировым порядком, космосом. Ксенофант, который считается родоначальником экономического учения в западноевропейской науке, сводил экономическую жизнь к хозяйственной деятельности, которая регулируется необходимостью удовлетворения истинных потребностей человека.

Религиозная философия периода патристики видит в экономической жизни человека ее низменный, земной характер. Сущность человека духовна, тело – это темница, в которую заключена душа. Телесное природное бытие вынуждает человека производить и потреблять материальные блага. Труд и производство – это наказание человека, телесные потребности ограничивают духовную жизнь, но они необходимы человеку.

Основанием для определения черт экономического поведения человека в схоластической философии Западной Европы являлось представление о богоподобности человека. По мнению Фомы Аквинского, труд необходим человеку как условие его нравственного совершенствования. «Труд имеет четыре цели. Прежде всего, и главным образом, он должен дать пропитание; во-вторых, должен изгонять праздность, источник многих зол; в – третьих, должен обуздать похоть, умерщвляя плоть; в – четвертых, он позволяет творить милостыни» [3, 48].

Таким образом, до возникновения капитализма экономическое бытие человека рассматривалось не как атрибут, а как внешнее условие бытия.

Становление капиталистической системы изменило характер экономической деятельности и, вместе с ним, место человека в обществе [4]. Положение индивида во многом стало зависеть от его личной инициативы и предприимчивости. В философии Нового времени возникло новое учение о человеке. Сущность человека носит земной характер. Человек – это разумное животное. Чтобы жить как природное существо, он должен удовлетворять физиологические потребности, и поэтому производить материальные блага. Как разумное существо человек может сознательно строить свою жизнь. Обращение философов к естеству человека, его природным способностям позволило заняться изучением поведения реальных индивидов, а экономическую жизнь общества рассматривать как следствие индивидуальной деятельности. С этого времени экономическое бытие стало рассматриваться в двух аспектах: как необходимое условие человеческого бытия и как способ самореализации человека в этих условиях. В философии XVII–XVIII веков поведение человека выводилось из принципов моральной философии, в основе которой лежит идея разумного эгоизма (Т. Гоббс, К. Гельвеций) и утилитаризм И. Бентама.

Особую роль в становлении понятия «экономический человек» сыграли философские и социологические взгляды Дж. Локка. Рассматривая человека как природное существо, Дж. Локк развивает идею «естественного права» как основного закона общественной жизни. Человек, живущий в обществе, рассматривается философом как изолированный индивид, деятельность которого направлена на поиски частной выгоды. «Естественное состояние» человека – это, прежде всего, состояние честной конкуренции, основанное на взаимной выгоде.

Эти философские идеи А. Смит применил для объяснения экономической жизни. Идея «неуравнительного равенства» легла в основу смитовской экономически-правовой программы в «Исследованиях о природе и причинах богатства народов». Согласно А. Смиту, главным мотивом хозяйственной деятельности является эгоистическое стремление человека к удовлетворению своекорыстного интереса, индивид не думает об общественной жизни. Стремление к собственной выгоде, взаимодействуя с аналогичным движением каждого, способно привести общество к благосостоянию, направляемое «невидимой рукой» рынка, которая выступает как объективный закон [5, 29].

Наибольшую значимость в рамках осмысления классической философией капитализма как экономической реальности представляют воззрения Г. Гегеля, подводящие под рассуждение Смита строгие бытийные основания и являющие собой комплексную онтологическую «апологетику» капиталистического способа производства. Гегель выводит сущность экономической жизни человека из онтологически обоснованных воли и разума человека. Частная собственность для индивида необходима (разумна), не потому, что служит удовлетворению потребностей, а потому, что она позволяет человеку реализовать себя. Каждое лицо, которое вкладывает свою волю в вещь, получает право на вещь. Вещь становится «моей вещью», так как человек придает вещи цель, делает ее наличным бытием [6, 72]. При этом главным показателем собственности является не потребление, а то, что вещь может быть собственником отчуждена, поскольку она может быть продана. Через куплю-продажу осуществляется всеобщий интерес и удовлетворяется «всеобщая потребность». В итоге индивидуальный эгоизм становится основой всеобщей экономической жизни.

Во второй половине XIX века наступает кардинальная переоценка капитализма и многие авторы подвергают критике саму систему, а вместе с ней и понимание «homo economicus». Появляются учения, отвергающие неизменную сущность капитализма, экономический человек имеет не естественную, а социальную природу.

К. Маркс определял сущность личности как совокупность общественных отношений [7, 259]. Экономическое бытие, по К. Марксу, связано с родовой сущностью человека. Основой родовой жизни является не физиология, а труд. В «Экономически-философских рукописях» Маркс писал, что специфической формой человеческой жизнедеятельности является труд. Труд – это не просто средство поддержания жизни, но и способ самопорождения человека и общественных отношений [8, 594]. Экономический человек – это носитель материально – практических отношений.

Признавая социальную сущность человека, один из последователей К. Маркса М. Вебер перенес акцент на духовную составляющую, выводя «homo economicus» из протестантской этики. Веберу с позиции социальной психологии удалось выявить и акцентировать не освещавшийся ранее в философии Нового времени религиозно-этический аспект хозяйственной деятельности человека в работе «Этика протестантизма и дух капитализма» [9, 61-259]. Согласно Веберу, генезис капитализма был обеспечен рутинизацией идей протестантской секты, искавшей пути спасения в условиях разрушения правил средневековой жизни. Человек, рутинизировавший протестантскую идею, уверовал в правильность своего пути. Модель такого человека – следование трудовой аскезе, бережливости, скромности и нахождение в своих материальных успехах признака угодности Богу. Таким образом, изначально приоритетная для протестантов цель духовного спасения вытесняется, а затем и подменяется своим средством – капиталистическим производством. Поэтому оказывается закономерным, то «производство для человека» сменяется «подчинением человека производству» с целью непрерывного приращения капитала [10, 704].

Однако этические характеристики работают не во всех случаях экономической жизни. В стремлении дать более обобщенную модель экономического поведения теоретики обратились к психологии человека, стремясь найти в ней неизменные антропологические черты. Так В. Зомбарт, будучи наследником исторической школы, не принял тезисы классической политэкономии, провозгласившей «естественным» поведением «разумного эгоиста», рационально подбирающего средства для достижения своих целей. В концепции В. Зомбарта «homo economicus» представлен в дискриптивной и типологизирующей форме, вырастающей из многокрасочности исторической картины трансформации общества и человека, связанной со сменой ментальности, стержень которой – отход от заданных традицией образцов: индивидуализм и стремление к обогащению. «В каждом законченном буржуа обитают, как нам известно, две души: душа предпринимателя и душа мещанина, которые только в соединении обе образуют капиталистический дух» [11, 250]. Палитра человеческих типажей создает многообразие «homo capitalismus»: это не только благочестивые трудоголики – протестанты. Но и маргиналы – грабители, откупщики, авантюристы, собирательный образ которых несет в себе такие черты человеческих качеств, как изобретательность, организаторские способности, решимость в достижении цели, невзирая на средства. Это образ человека, рациональный, душевный механизм которого должен был постепенно перевернуть все жизненные ценности. «Homo capitalismus представляет собой искусственное и искусное образование, являющееся средством такого переворота» [12, 52].

При создании модели «homo economicus» исследователи экономики руководствуются конкретными исследовательскими целями и задачами. Если маржиналистская революция выдвинула на передний план микроэкономическую проблематику: теорию ценности, цены, распределения дохода и капитала, то кейсианство – макроэкономические проблемы: безработицы, экономического роста, денежного обращения и другие. В связи с этим, от экономистов потребовался переход на более конкретный, динамичный уровень анализа, предполагающий отказ от модели безупречного «рационального максимизатора», обладающего совершенным предвидением и полной информацией [13, 248].

В основе теоретической системы Кейнса лежала предпосылка неполной информации, доступной экономическим субъектам. В данных рамках их поведение предполагается вполне рациональным, но речь идет о рациональности в широкой трактовке, а не о рациональной максимизации целевой функции. В своих учениях Кейнс отошел от методологического индивидуализма. Его теория была намного конкретнее, чем доминировавшая в его время маржиналистско-неоклассическая парадигма. Он, безусловно, отвергал атомистический взгляд на экономику и понимал ее как органическое единство, причем в силу недостаточной проработки макропроблем в современной ему экономической литературе уделил особое внимание именно им [14, 353].

Онтологическая проблематика человека и его различных свойств, параметры «человеческой природы» присутствуют у многих видных экономистов [15, 200-295]. Современные представители экономических школ Запада Д.К. Гелбрейт, П.А. Самуэльсон М. Фридмен, Ф. Хайек продолжают обращаться к антропологии, психологии, антропобиологии [16, 184]. «Внимание к природе человека в западной экономической науке скорее правило, чем исключение. Оно стало устойчивой традицией, основанной преимущественно на эмпирических наблюдениях, на интуиции авторов, пишет Ф. Хайек, – в настоящее время можно попытаться, пользуясь достижениями антропологии, психологии, экспериментальной нейропсихологии, генетики, этнологии, найти аргументы в пользу влияния особенностей природы человека на экономическое поведение» [17, 98].

История развития и смена моделей человека в западной экономической теории показала, что единого линейного и кумулятивного процесса, сравнимого с развитием техники в ходе экономического анализа обнаружить не удается. Мы имеем дело с вариациями: либо разрабатывается упрощенная и формализированная модель человека, либо усложненная и вербальная. Эти модели часто коррелируются двумя различными типами экономического мировоззрения – соответственно с либерально-индивидуалистическим и с социальным. И любые крупные перемены в области экономической теории – маржиналистская революция, кейнсианская революция и т.п. – обязательно связаны с переосмыслением модели «экономического человека» [18, 613-622].

На основании вышеизложенного, сформулируем общую схему модели «экономического человека», сложившуюся в XX веке в экономической науке.

1. Экономический человек находится в условиях, когда количество доступных ему ресурсов является ограниченным. Он не может одновременно удовлетворить все свои потребности и поэтому вынужден делать выбор.

2. Факторы, обуславливающие этот выбор, делятся на две строго разделяющиеся группы: предпочтения и ограничения. Предпочтения характеризуют субъективные потребности и желания индивида, ограничения – его объективные возможности. Предпочтения экономического человека являются всеохватывающими и непротиворечивыми. Главными ограничениями экономического человека являются величина его дохода и цены, отдельных благ и услуг. В ситуациях, далеких от модели совершенной конкуренции, ограничениями являются также действия других участников рынка. Предпочтения экономического человека более устойчивы, чем ограничения. Поэтому экономическая наука рассматривает их как постоянные, абстрагируется от процесса их формирования и изучает реакцию индивида на изменение ограничений.

3. Экономический человек наделен способностью оценивать возможные для него варианты выбора с точки зрения того, насколько их результаты соответствуют его предпочтениям, то есть альтернативы всегда должны быть сравнимы между собой.

4. Делая выбор, экономический человек руководствуется собственными интересами, которые могут при этом включать и благосостояние других людей (например, членов семьи). Важно то, что действия индивида определяются его собственными предпочтениями, а не предпочтениями его контрагентами по сделке и не принятыми в обществе нормами, традициями и т.д. Эти свойства позволяют человеку давать

оценку своим будущим поступкам исключительно по их последствиям (как предполагает утилитаристская этика), а не по исходному замыслу (как предполагает этика деонтологическая). В этом смысле экономический человек и по сей день остается утилитаристом. Благодаря предпосылке собственного интереса всякое взаимодействие между экономическими субъектами принимает форму обмена.

5. Находящаяся в распоряжении экономического человека информация, как правило, является ограниченной – ему известны далеко не все доступные варианты действия, а также результаты известных вариантов – и не изменяется сама по себе. Приобретение дополнительной информации требует издержек. Один из доступных ему вариантов выбора состоит в том, чтобы отложить решение на потом и заняться поиском другой информации. Время, в течение которого необходимо принять решение, является наряду с доходом одним из ресурсных ограничений, а издержки поиска – один из ценовых ограничений.

6. Выбор экономического человека является рациональным в том смысле, что из известных вариантов выбирается тот, который, согласно его мнению или ожиданиям, в наибольшей степени будет отвечать его предпочтениям, или, что-то же самое, максимизировать его целевую функцию. В современной экономической теории предпосылка максимизации целевой функции означает: люди выбирают то, что они предпочитают, – она просто устанавливает связь между упорядоченными предпочтениями и актом выбора или действием. Необходимо подчеркнуть, что мнения и ожидания, о которых идет речь, могут быть ошибочными, и субъективно рациональный выбор, с которым имеет дело экономическая теория, может казаться иррациональным более информированному внешнему наблюдателю. Экономический человек может делать ошибки, но они могут быть только случайными, а не систематическими.

Приведенная выше модель «экономического человека» сложилась в ходе более чем двухвековой эволюции экономической науки. За это время некоторые признаки «экономического человека», ранее считавшиеся основополагающими, исчезли как необязательные. К таким признакам относятся непременный эгоизм, полнота информации, мгновенная реакция.

Таким образом, единое, «классического», определения модели человека в современной экономической науке сформулировать сложно. Анализ показывает, что общем виде модель «экономического человека» обязана содержать три группы факторов. Это цели человека, средства для их достижения (как вещественные, так и идеальные) и информация (знания) о процессах, благодаря которым средства ведут к достижению целей (наиболее важными из таких процессов являются производство и потребление).

Список литературы

1. Вотчель Л.М., Викулина В.В. Предпринимательство как феномен бытия «человека экономического»: монография.- Магнитогорск: МаГУ, 2011.-159с.
2. Рындина М.Н. Методология буржуазной политической экономии. – М., 1969. – С. 99–103.
3. Гертых В. Свобода и моральный закон у Фомы Аквинского // Вопросы философии. – № 1. – 1994. – С. 48.
4. Федотова В.Г., Колпаков В.П., Федотова Н.Н. Глобальный капитализм // Вопросы философии. – 2008. – № 8.
5. Смит А. Исследования о природе и причинах богатства народов. – М., 1962. – С. 29.
6. Гегель Г. Соч. Т. VII. Соц. эк. наука. – М.–Л., 1935. – С. 72.
7. Маркс К. Сочинения. – М. : Гос. изд-во полит. лит., 1955. – Т. 3. – С. 3. – 259 с.
8. Маркс К., Энгельс Ф. Из ранних произведений. – М.: Политиздат, 1956. – С. 594.
9. Вебер М. Протестантская этика и дух капитализма // Избранные произведения. – М.: Прогресс, 1990. – С. 61-272.
10. Вебер М. Избранное. Образ общества: пер. с. нем. – М.: Юрист, 1994. – С. 704.
11. Зомбарт В. Буржуа: к истории духовного развития современного экономического человека // Собр. соч. : в 3 т. – СПб., 2005. – Т. 1. – С. 250.
12. Зомбарт В. Торгаши и герои. Раздумья патриота // Собр. соч. : в 3 т. – СПб., 2005. – Т. II. – С. 52.
13. Вилков О.Н. Философия богатства. – Тюмень: Изд-во Тюмен. ун-та, 2000. – 248 с.
14. Кейнс Дж. Общая теория занятости процента и денег. – М.: Гелиос АРВ, 1999. – 353 с.
15. Чернышевский Н.Г. Антропологический принцип в философии // Собр. соч.: в 5 т. – М.: Правда, 1974. – Т. 4. – С. 200-295.
16. История экономических учений: учеб. пособие / под ред.: В. Автономова, О. Ананьина, Н. Макашовой. – М.: ИНФРА-М, 2000. – С. 184.
17. Хайек Ф. Пагубная самонадеянность. Ошибки социализма. – М., 1992. – С. 98.
18. История экономических учений: учеб. пособие / под ред.: В. Автономова, О. Ананьина, Н. Макашовой. – М.: ИНФРА-М, 2000. – С. 613-622.

Козицина А.Н.
магистрант, Институт управления бизнес-процессами и экономики
Сибирский федеральный университет
Зырянова И.И.
доцент, к.э.н., кафедра «Теоретические основы экономики»,
Сибирский федеральный университет

НЕКОТОРЫЕ АСПЕКТЫ ОЦЕНКИ КОНКУРЕНТОСПОСОБНОСТИ И ИНВЕСТИЦИОННОЙ ПРИВЛЕКАТЕЛЬНОСТИ СИБИРСКИХ РЕГИОНОВ РОССИИ

Являясь страной с большим ресурсным и интеллектуальным потенциалами, Россия значительно отстает от ведущих стран в рейтингах по инвестиционной привлекательности. Это связано с тем, что как для России в целом, так и для отдельных регионов, характерен высокий уровень рисков, которые являются препятствием для российских и зарубежных инвесторов. В нашей стране есть определенное число благополучных регионов, где риск инвесторов потерять свои вложенные средства сводится к минимуму, а ресурсный потенциал достаточно высок. Именно поэтому вопрос оценки инвестиционной привлекательности как страны в целом, так и каждого региона в отдельности является актуальным.

Одним из основных условий интенсивного социально-экономического развития региона является активизация как инвестиционной, так и инновационной деятельности. В современных условиях хозяйствования инвестиции в инновационную сферу являются одним из главных источников экономического роста. От их оптимального использования зависят производственный потенциал региона, отраслевая и воспроизводственная структуры общественного производства. Ни одна сфера экономики и общественной деятельности не может нормально развиваться без привлечения в нее инвестиций и осуществления регулярных инноваций.

Таким образом, целью исследования является анализ инвестиционной привлекательности и количественная оценка инвестиционного потенциала сибирских регионов.

Ведущая роль инвестиций в развитии экономики определяется тем, что благодаря инвестициям осуществляется накопление капитала предприятий а, следовательно, создание базы для расширения производственных возможностей и экономического роста как регионов, так и страны в целом. По характеру и динамике процессов, происходящих в инвестиционной сфере, можно судить об общем состоянии дел в экономике регионов или страны. Инвестиционная среда является индикатором, указывающим на общее положение дел внутри страны, размер национального дохода, привлекательность для инвесторов из других стран.

Для анализа условий рационального использования инвестиций, для оценки конкурентоспособности и привлекательности региона используется такой показатель как инвестиционный потенциал региона. Инвестиционный потенциал региона – это максимально возможная совокупность всех собственных ресурсов региона (финансовых, материальных, научно-технических, кадровых), накопленных в результате предшествующей хозяйственной деятельности, которые можно использовать для обеспечения инвестиционной деятельности региона без нарушения его текущей хозяйственной деятельности.

Для оценки инвестиционного климата сибирских регионов использовался подход, базирующийся на оценке абсолютных статистических показателей. Комплексная количественная оценка текущей инвестиционной привлекательности регионов проводилась с помощью сводного, интегрального показателя, включающего в себя восемь частных потенциалов, которые, в свою очередь, вычисляются на основе характеризующих их показателей, представленных в таблице 1.

Таблица 1 - Состав показателей, частных индикаторов для определения инвестиционного потенциала региона

Частный индикатор	Состав показателей
Производственный потенциал	– ВРП на душу населения
Трудовой потенциал	– среднегодовая численность занятых; – ожидаемая продолжительность жизни при рождении; – численность студентов образовательных учреждения ВПО.
Потребительский потенциал	– фактическое конечное потребление домашних хозяйств на душу населения; – число собственных легковых автомобилей на 1000 человек населения; – общая площадь жилых помещений, приходящаяся в среднем на одного жителя.
Инфраструктурный потенциал	– эксплуатационная длина железнодорожных путей общего пользования; – густота автомобильных дорог общего пользования с твердым покрытием на 1000 кв. км. территории; – наличие квартирных телефонных аппаратов сети

	общего пользования на 1000 человек населения.
Финансовый потенциал	– профицит (дефицит) регионального бюджета; – поступление налогов, сборов и иных обязательных платежей в бюджетную систему РФ; – уровень рентабельности проданных товаров, продукции (работ, услуг).
Инновационный потенциал	– удельный вес малых предприятий, осуществлявших технологические инновации, в общем числе обследованных малых предприятий; – затраты организаций на технологические инновации; – доля инновационных товаров, работ, услуг.
Природно-ресурсный потенциал	– отношение площади территории региона к площади территории РФ; – добыча полезных ископаемых.
Туристический потенциал	– число принятых иностранных туристов; – число турфирм.

Для того чтобы определить численное значение каждого показателя, используется формула (1):

$$p = \frac{p_c}{p_{max}} * 100\%, \qquad (1)$$

где p – вычисляемый показатель, p_c - значение показателя в оцениваемом регионе, p_{max} – максимальное значение среди всех регионов.

После получения процентного выражения каждого показателя, полученные значения складываются и делятся на количество самих показателей в данном частном потенциале, а затем берется доля, равная весу этого потенциала (формула 2):

$$I = \frac{\sum_{j=1}^{n} p_{i,j}}{n_i} * d_i, \qquad (2)$$

где I- вычисляемый потенциал, n – число показателей в потенциале, $p_{i,j}$ –j-ый показатель i-ого потенциала, d_i– вес i-того потенциала в процентах.

Для определения весов частных индикаторов используются данные методики рейтингового агентства «Эксперт»:
- Производственный потенциал - 0,7;
- Трудовой потенциал - 0,7;
- Потребительский потенциал - 0,65;
- Инфраструктурный потенциал - 0,6;

- Финансовый потенциал - 0,6;
- Инновационный потенциал - 0,4;
- Природно-ресурсный потенциал - 0,35;
- Туристический потенциал - 0,05.

Анализ инвестиционной ситуации необходим для понимания преимуществ, которые регион может предложить потенциальным инвесторам и определения позиций региона по данным факторам среди конкурентов. В качестве объекта исследования выступал Красноярский край, также были выделены его потенциальные регионы-конкуренты (соседние, граничащие с ним регионы). В их число вошли 7 регионов: Тюменская область, республика Тыва, республика Хакасия, Иркутская область, Кемеровская область, Томская область и республика Саха (Якутия).

Для оценки инвестиционного потенциала сибирских регионов были рассмотрены восемь частных потенциалов, согласно рассмотренной методике, в динамике с 2007 по 2011 год.

Производственный потенциал региона представляет собой совокупную способность производственных систем, находящихся в границах данного региона, производить материальные блага и удовлетворять общественные потребности, обусловленные существующими ресурсами и условиями их использования [4].

Анализируя результаты расчетов по данному показателю (рис. 1), следует отметить, что наибольшее значение производственного потенциала наблюдается в Тюменской области на протяжении с 2007 по 2011 год. Производственный потенциал Красноярского края в 2007 году был на втором месте, затем сместился на третье после республики Саха (Якутия).

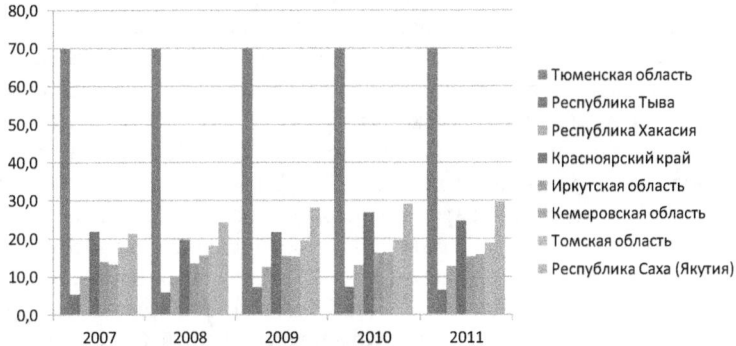

Рисунок 1 - Производственный потенциал регионов России в 2007-2011 гг., %

Трудовой потенциал региона – комплексная категория, которая отображает интегральную совокупность способностей и возможностей работников предприятий и организаций региона продуктивно реализовывать и развивать в труде свои знания, опыт и профессионализм с целью создания конкурентоспособной продукции (работ, услуг) и удовлетворения приоритетных потребностей [1].

Данные по расчету трудового потенциала представлены на рисунке 2.

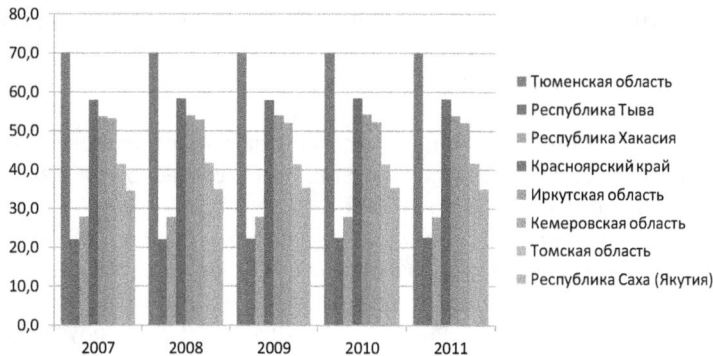

Рисунок 2 - Трудовой потенциал регионов России в 2007-2011 гг., %

Анализируя диаграмму можно отметить, что на протяжении всех исследуемых лет Красноярский край по уровню трудового потенциала занимает твердое второе место (58,2% в 2011 г.) после Тюменской области (70% в 2011 г.). Схожий уровень трудового потенциала наблюдаются в Иркутской и Кемеровской областях. Потенциал остальных регионов значительно ниже, колеблется в пределах от 20 до 40 %.

Потребительский потенциал – это совокупная покупательная способность региона или же другими словами возможность рынка поглотить (купить) определенное количество товаров при определенных условиях за определенный промежуток времени.

Потребительский потенциал имеет большое значение для инвесторов, ориентированных на развитие сферы услуг, торговли, а также на развитие производства товаров потребительского назначения.

Из диаграммы, отражающей соотношение потребительских потенциалов регионов по годам (рис. 3) видно, что на первом месте находится Тюменская область (63,4% в 2011 г.), затем по уровню потребительского потенциала идет Красноярский край (59,1% в 2011 г). Потребительский потенциал остальных регионов колеблется на уровне 48 – 52% в 2011 г. Наиболее низким потребительским потенциалом обладает республика Тыва (31,4%).

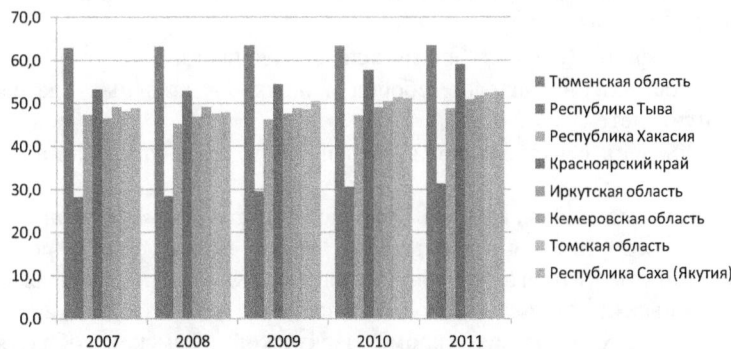

Рисунок 3 - Потребительский потенциал регионов России в 2007-2011 гг., %

Инфраструктурный потенциал региона рассматривается, как совокупные возможности территории обеспечивать условия для функционирования производства, обращения товаров и жизнедеятельности людей в процессе оптимального взаимодействия с окружающей средой и рационального использования ресурсов [2].

Из представленной диаграммы (рис. 4) видно, что наибольший уровень инфраструктурного потенциала приходится на Кемеровскую область около 45% на протяжении всех анализируемых лет. Красноярский край занимает четвертую позицию (33% в 2011 г.)

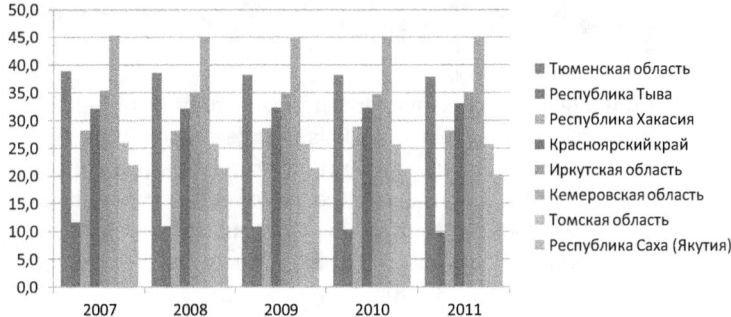

Рисунок 4 - Инфраструктурный потенциал регионов России в 2007-2011 гг., %

Кизеев А.В. в своем исследовании определяет *финансовый потенциал региона* как максимально возможный объём собственных и привлеченных финансовых ресурсов, аккумулируемых регионом, которые можно использовать для обеспечения стабильного функционирования и развития региональной экономики [5, 41].

Для определения финансового потенциала были выбраны следующие показатели:
- профицит (дефицит) регионального бюджета;
- поступление налогов, сборов и иных обязательных платежей в бюджетную систему РФ;
- уровень рентабельности проданных товаров, продукции (работ, услуг).

Как видно из диаграммы (рисунок 5) *финансовый потенциал* – величина непостоянная касательно всех исследуемых регионов. Необходимо отметить, что уровень потенциала Красноярского края самый высокий из всех регионов. Наибольшее значение наблюдается в 2010 году (60%). Во всех регионах, кроме Иркутской, Томской областях и республике Саха (Якутия) за анализируемый период наблюдался дефицит бюджета, в том числе и в Красноярском крае (в 2009 г. дефицит бюджета составил 16480 млн. руб.). В связи с этим финансовый потенциал регионов в годы дефицита бюджета принят за нулевой.

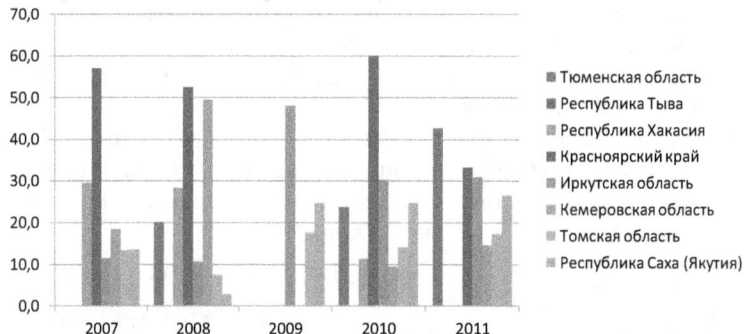

Рисунок 5 - Финансовый потенциал регионов России в 2007-2011 гг., %

Инновационный потенциал определяется как готовность воспринять нововведения для последующего эффективного использования на уровне, соответствующему мировому, как совокупность различных видов ресурсов, включая материальные, финансовые, интеллектуальные, научно-технические и иные ресурсы, необходимые для осуществления инновационной деятельности [3, 18].

Как видно из рисунка 6 уровень инновационного потенциала упал практически во всех исследуемых регионах, критическими годами для данного показателя были 2008 и 2010 года. К 2011 году значения показателей выровнялись, во многих регионах значительно увеличились по сравнению с 2008 годом. В 2011 году наибольший уровень инновационного потенциала у Тюменской и Томской областей, 44% и 42,4% соответственно. Уровень инновационного потенциала Красноярского края закрепился на планке в 30,8%. Значения потенциала других регионов значительно ниже.

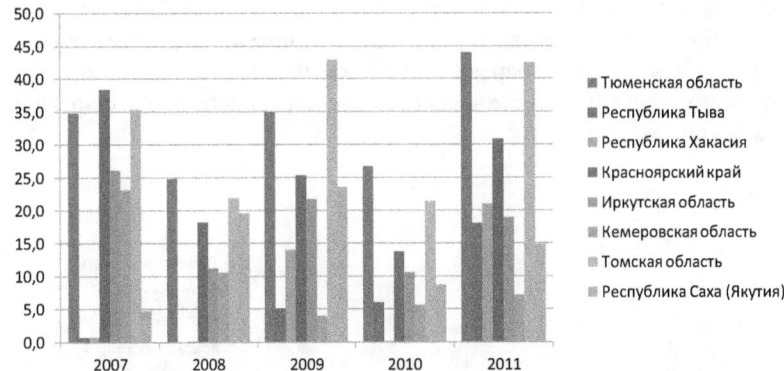

Рисунок 6 - Инновационный потенциал регионов России в 2007-2011 гг., %

Природно-ресурсный потенциал региона - это часть совокупности природных ресурсов, которые при данном уровне экономического и технического развития общества и изученности территории могут быть использованы в хозяйственной и иной деятельности человека в настоящее время и в перспективе [7, 45].

Наибольший уровень природно-ресурсного потенциала приходится на Тюменскую область, Республика Саха (Якутия) и Красноярский край, 25,8%, 19,1%, 15,0% соответственно. Уровень потенциала остальных регионов незначителен, колеблется в пределах 5% (рис. 7).

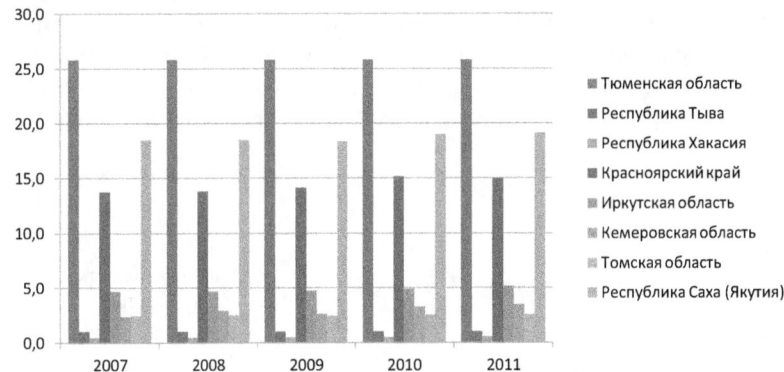

Рисунок 7 - Природно-ресурсный потенциал регионов России в 2007-2011 гг., %

Туристский потенциал региона - это совокупность природных, историко-культурных объектов и явлений, а также социально-экономических и технологических предпосылок для организации туристской деятельности на определенной территории [4, 34].

Наибольший уровень туристического потенциала приходится на Томскую область, Красноярский край на четвертом месте, но нужно заметить, что уровень туристического потенциала невелик у всех регионов, ниже 5 % (рис. 8).

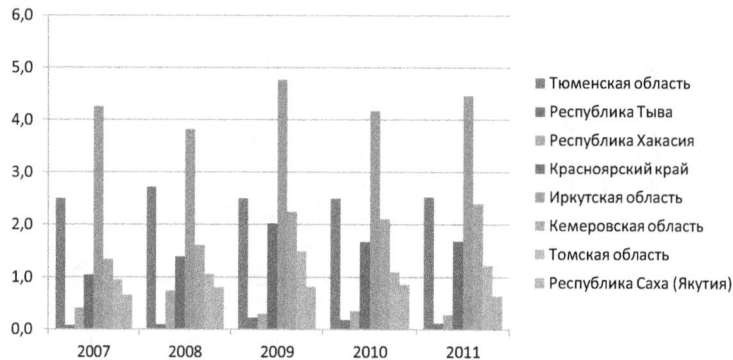

Рисунок 8 - Туристический потенциал регионов России в 2007-2011 гг., %

Инвестиционный потенциал исследуемых регионов рассчитывается как сумма всех частных потенциалов. В результате проведенного исследования получили следующие данные по инвестиционному потенциалу сибирских регионов (рис. 9). Инвестиционный потенциал Красноярского края значителен, по величине уступает лишь Тюменской области на протяжении всех исследуемых периодов, за исключением 2009 года. Примерно на одном уровне по инвестиционной привлекательности находятся Тюменская, Кемеровская, Томская области и республика Саха (Якутия). Наименьшие значения получили республика Хакасия и республика Тыва.

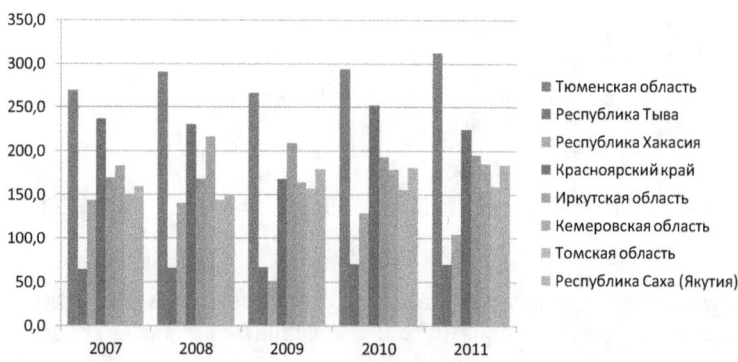

Рисунок 9 - Инвестиционный потенциал регионов России в 2007-2011 гг., %

Проанализируем общий состав инвестиционного потенциала Красноярского края в 2011 году. Для этого построим профиль инвестиционного потенциала, отражающий его структуру (рис. 10).

Рисунок 10 - Профиль инвестиционного потенциала Красноярского края за 2011 год.

На период 2011 года наиболее развитыми в Красноярском крае являются трудовой и потребительский потенциал. Существенное значение также имеет инфраструктурный, финансовый, инновационный и производственный потенциалы. Наименьшее значение приходится на туристический потенциал. Туристический потенциал требует условий для его интенсивно развития, так как край имеет все предпосылки к этому.

Производственные расчеты показали, что Красноярский край – активно развивающийся регион, имеет высокий потенциал для привлечения инвестиционных средств. Сконцентрированные в регионе ресурсы способны привлечь значительно большие по объему инвестиции, чем это наблюдается сейчас.

Наука и практика показывают, что, полагаясь только на рыночные механизмы саморегулирования, нельзя рассчитывать на увеличение притока инвестиций, развитие инновационной деятельности, получение нужного социально-экономического эффекта, а также решение связанных с этим проблем. Для этого необходима грамотно построенная инвестиционная политика, которая включала бы и оценку инновационно-инвестиционного потенциала региональных экономических институтов, и механизмы, способствующие привлечению инвестиций, как в инновационную сферу, так и во всю экономику региона.

СПИСОК ИСПОЛЬЗОВАННЫХ ИСТОЧНИКОВ:

1   Об инвестиционной деятельности в РСФСР: закон РСФСР от 26 июня 1991 г. (с изменениями, внесенными Федеральным законом от 19 июня 1995 г. № 89-ФЗ; Федеральным законом от 25 февраля 1999 г. № 39-ФЗ), ст. 1. Информационно-правовой портал Гарант: [Электронный ресурс] - Режим доступа: http://base.garant.ru/1309589/.
2   Князев А.В. Финансовый потенциал как критерий оценки финансовой самостоятельности региона // Экономически исследования: Интернет-журнал, 2011. №5 (11)
3   Крылов Э.И. Анализ эффективности инвестиционной и инновационной деятельности. – М.: Инфра-М, 2007. С.18
4   Святохо Н. В. Концептуальные основы исследования туристского потенциала региона // Экономика и управление. 2007. №2. С. 30-36.
5   Цветкова И.И. Основные принципы развития трудового потенциала региона // Экономика и управление. 2012. №3. С. 41 – 46. – Режим доступа: http://pk.napks.edu.ua/library/compilations_vak/eiu/2012/3/p_41_46.pdf
6   Чикинова М.С. Оценка инфраструктурного потенциала территорий Юга западной Сибири // Науки о Земле. 2009. С. 211-212. - Режим доступа: http://www.lib.tsu.ru/mminfo/000063105/325/image/325-211.pdf
7   Шляхто И.В. Методика и результаты исследования факторов, отражающих инновационный потенциал // Научные ведомости Белгородского университета. Сер. История. Политология. Экономика. 2007. №1 (32). 149с.
8   Тарасова М.Н. «Анализ подходов к определению категории «производственный потенциал региона» [Электронный ресурс] – Режим доступа: http://e-lib.gasu.ru/vmu/arhive/2004/01/76.shtml (дата обращения: 01.05.2013)
9   Природно-ресурсный потенциал региона: [Электронный ресурс] - Режим доступа: http://bookmeta.com (дата обращения: 01.05.2013)

Дубровина Н.А.
доцент, кандидат экономических наук, заведующий кафедрой
общего и стратегического менеджмента
ФГБОУ ВПО «Самарский государственный университет»

ТЕХНОЛОГИЯ РЕАЛИЗАЦИИ СТРАТЕГИИ НАУЧНО-ТЕХНОЛОГИЧЕСКОГО РАЗВИТИЯ МАШИНОСТРОИТЕЛЬНОГО КОМПЛЕКСА РОССИИ

Государственная отраслевая политика должна представлять собой единую систему, в которой определяющей будет являться стратегия повышения эффективности научно-технологического развития машиностроительного комплекса России, формирующая стратегии подотраслей и крупных корпоративных структур.

На наш взгляд, взаимосвязи в процессе разработки и реализации стратегии машиностроения, должны основываться на прогнозах развития комплекса. В качестве стратегических документов также могут выступать научно-технические и технологические проекты развития подотраслей машиностроения, бюджеты, целевые программы и т.д. В отличие от прогнозов бюджет и другие инструменты являются механизмом реализации намеченных мероприятий (рис.1) [1].

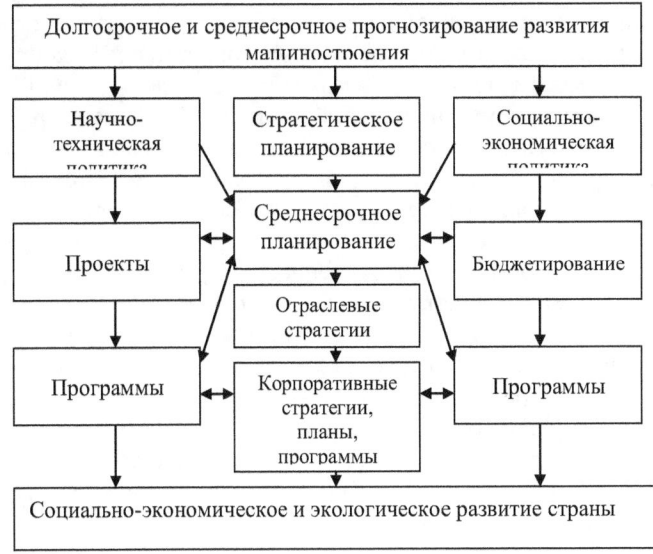

Рисунок 1. Взаимосвязи в процессе стратегического планирования и регулирования развития машиностроения

Задача федеральных органов власти должна состоять в том, чтобы, максимально учитывая особенности функционирования подотраслей, выработать единую стратегию развития комплекса, которая способствовала бы производству конкурентоспособной продукции, отвечающей современным требованиям рынка и реализующей достижения НТП. [1]

Межотраслевые взаимоотношения так же необходимо строить в рамках принятой концепции. Тогда усилия всей вертикали государственной власти будут направлены на решение научно-технологических проблем, обозначенных в стратегии. На это должны работать имеющиеся в арсенале разного уровня органов управления инструменты и методы. Размеры налоговых отчислений, субсидий, количество федеральных и региональных целевых программ и т.д. следует определять для каждой конкретной подотрасли и в соответствии с ее этапом модернизации.

В рамках общей стратегии следует выделить несколько этапов, которые будут опираться на обоснованные прогнозы развития комплекса (краткосрочный, среднесрочный и долгосрочный) и позволят решить проблему контроля за ходом реализации намеченных мероприятий. Не дожидаясь окончания долгосрочного планового периода, органы управления смогут оценить объем работ, выполненных в подотралях на определенном этапе, сравнить их с тем, что запланировано в стратегиях и внести, если это необходимо, некоторые коррективы. К концу каждого этапа органы власти обязаны докладывать в контролирующий комитет о ходе проводимой в отрасли модернизации [4]. В процессе разработки и обоснования перспектив социально-экономического и экологического развития страны необходимо решить задачу методологического и методического характера, а именно обеспечить сопряжение между государственным стратегическим планом и корпоративными стратегиями.

Таким образом, государственное управление промышленным развитием может включать в себя следующие основные элементы: определение и выбор приоритетов долгосрочного научно-технологического развития отраслей хозяйствования; разработка стратегии развития машиностроительного комплекса страны; принятие и реализация промышленной, финансово-кредитной, внешнеэкономической политик в рамках общей стратегии; разработка и реализация целевых научно-технических и инвестиционных программ; развитие государственного сектора экономики.

Список использованных источников:

1. Дубровина Н.А. Управление развитием машиностроения региона: проблемы и перспективы: монография/ Н.А. Дубровина. – Самара: Изд-во «Самарский университет», 2011. – 164 с.
2. Жданова О. Кластер как современная форма управления промышленными предприятиями// Вестник Института экономики РАН. – 2008. -№ 4. – С. 264-271,
3. Кембэл Э. Стратегический синергизм, 2-е изд. / Э. Кембэл, Лаче К Саммерс/ - СПб.: Питер, 2004. – 416 с.
4. Шушкин М.А. Формирование стратегических альтернатив развития предприятий автомобилестроительной промышленности (вопросы методологии) [Текст]: монография/ М.А. Шушкин; Нижегород. гос. архит.-строит. ун-т; - Н.Новгород: ННГАСУ, 2013. – 214с.

Термелева А.Е.
ассистент кафедры общего и стратегического менеджмента
ФГБОУ ВПО "Самарский государственный университет"

К ВОПРОСУ О СОДЕРЖАНИИ РЕГИОНАЛЬНЫХ ПРОЕКТОВ

Активное развитие региона создает устойчивую базу для формирования и адаптивности к факторам внешнего окружения. Но в условиях изменчивой среды реализация всех процессов в регионе зависит от эффективного управления.

Одной из черт современного мира является колоссальный рост числа проектов во всех сферах. Проектами занимаются отдельные люди, предприятия, государственные организации, фонды, регионы, правительства различных стран.

Можно сказать, что управление с помощью создания проекта чаще всего более эффективно, а порой является единственным способом получения необходимого результата. Чаще всего проекты существуют в строительстве, во внедрении информационных технологий, разработке новых продуктов и процессов в различных секторах экономики. Мировая практика последних 15 лет показывает, что проектный подход имеет возможность эффективного применения при запуске разнообразных организационных новшеств, а так же подготовки к выходу на новые рынки.

Для начала у проекта должны быть определены цели. Под целями понимаются не только конечные результаты проекта, но и определенные пути достижения таких результатов.

Достичь цель проекта можно разными методами. Для сравнения таких методов нужны определенные критерии успешности достижения поставленных целей. Традиционно в число главных критериев оценки разных вариантов исполнения проекта входит стоимость проекта, а так же срок его исполнения. Соответственно запланированные цели и качество обычно служат главными ограничениями при рассмотрении и оценке разных вариантов. Естественно есть возможность использования и других критериев и ограничений, в том числе и ресурсных. [4]

В наше время большая часть как теоретических, так и практических разработок в области управления проектами нацелено на применение в различных фирмах и крупных предприятиях, при этом региональный аспект в большинстве случаев заключается только в совершенствовании структуры проектов и органов управления.

К сожалению, сейчас нет точной, целой и проработанной методологии управления региональными проектами. Существуют только общие подходы к решению данных проблем, при этом инструментарий и методы разрабатываются или подбираются в каждом случае отдельно.

Процесс управления и реализации проектов находится в компетенции субъектов РФ потому что федеративное устройство государства обусловлено постепенным передвижением управления социально-экономическими вопросами с федерального уровня на региональный.

В целях более глубокого понимания сущности исследуемых принципов относительно регионального аспекта необходимо уточнить сущность видов проектов регионального уровня, которые регламентированы Постановлением Правительства РФ "Об утверждении Правил формирования и использования бюджетных ассигнований Инвестиционного фонда Российской Федерации"[2]

Виды проектов регионального и межрегионального уровней, определяемые Инвестиционным фондом РФ:

1. Проект регионального значения - это проект, который направлен на достижение целей социально-экономического развития одного региона РФ. Стоимость такого проекта не менее 500 000 000 рублей на территории одного субъекта Российской Федерации, где он реализуется.

2. Проект межрегионального значения - это проект, который направлен на достижение целей социально-экономического развития нескольких регионов РФ. Стоимость такого проекта не менее 500 000 000 рублей на территории двух и более субъектов РФ, где он реализуется.

3. Региональный инвестиционный проект это проект, который имеет региональное или межрегиональное значение.[2]

Вышеуказанные трактовки присущи для проектов создания и (или) развития объектов капитального строительства транспортной, энергетической и инженерной инфраструктуры, а также для концессионных проектов. Непосредственно под такие проекты выделяются бюджетные ассигнации Фонда.

Соответственно, из данного Постановления вытекает, что управление региональными проектами необходимо рассматривать, как управление проектами создания и (или) развития объектов капитального строительства транспортной, энергетической и инженерной инфраструктуры, а также концессионными проектами, имеющими региональное или межрегиональное значение. Однако под таким рассмотрением не будут учтены другие разновидности проектов, к примеру, социокультурных, так же требующих инвестиционных вложений и имеющих региональное и межрегиональное значение.

Рациональность внедрения проектного механизма управления программными мероприятиями описана в Постановлении Правительства РФ "О Федеральной целевой программе "Развитие транспортной системы России (2010 - 2015 годы)" [1]. В этом Постановлении сказано, что именно проектное управление поможет скоординировать деятельность федеральных органов исполнительной власти, органов исполнительной власти субъектов Российской Федерации, муниципальных образований, а так же остальных участников инвестиционного процесса и в конечном итоге достигнуть синергетического эффекта от реализации взаимодополняющих друг друга инвестиционных, инновационных и других мероприятий.

В изменчивой среде при влиянии множества внешних факторов необходимы новые виды принятия и реализации управленческих решений.

Таким образом, мы приходим к выводу, что проектное управление на сегодняшний день является перспективным видом управленческой деятельности, поскольку предполагает под собой реализацию мероприятий в четких рамках финансовых, материальных, технических, технологических возможностей и полномочий.

Список использованных источников:

1. Постановление Правительства РФ "О Федеральной целевой программе "Развитие транспортной системы России (2010 - 2015 годы)" от 05.12.2001 N 848 (ред. от 03.11.2011)
2. Постановление Правительства РФ "Об утверждении Правил формирования и использования бюджетных ассигнований Инвестиционного фонда Российской Федерации" от 01.03.2008 N 134 (ред. от 23.08.2010)
3. Руководство к своду знаний по управлению проектами / Project Management Institute, 3-е изд. - США, 2004. - 388 с.
4. Журнал «Директор информационной службы», № 03,2000 (http://www.osp.ru/cio/2000/03/170815/)
5. Термелева А.Е. Использование методологии управления проектами в системе инновационного развития региона//Основы экономики, управления и права. 2013 №6 (12) с. 79-82

Евтеева М.В.
главный специалист-эксперт Федерального агентства научных организаций Российской Федерации

СОВЕРШЕНСТВОВАНИЕ МЕХАНИЗМА ФИНАНСИРОВАНИЯ БЮДЖЕТНЫХ УЧРЕЖДЕНИЙ НАУКИ

Современный этап развития рыночной экономики характеризуется активным вмешательством государства в социально-экономические процессы. Это вмешательство характеризуется государственной финансовой поддержкой особо значимых видов деятельности, одним из которых являются научные исследования и разработки.

Однако в отличие от большинства развитых стран такие виды деятельности, как научные исследования и разработки, в нашей стране финансируются в основном, исключительно из федерального бюджета. В целях более эффективного управления и рационального использования средств федерального бюджета все бюджетные научные учреждения нашей страны перешли в 2012 г. на финансирование через механизм субсидий.

Несмотря на все недостатки, существующая у нас в стране система финансирования науки во многом способствовала сохранению исследований по широкому кругу научных областей, однако эта система сметного финансирования имела свои недостатки, в связи с чем в 2012 году был осуществлен переход от сметного финансирования к субсидиям. Одной из задач этого перехода является существенное повышение ответственности бюджетных учреждений за предоставление качества государственных услуг и, соответственно, за распределение ресурсов. Здесь вопрос такой, что больше ответственности, но больше и спроса с соответствующего учреждения. Поэтому одним из элементов стимулирования качества является и изменение порядка финансирования за оказываемые услуги.

Прежде всего необходимо отметить, что осуществлять деятельность по новым правилам необходимо в соответствии с утвержденным учредителем планом финансово-хозяйственной деятельности, заменяющим собой сметы расходов и доходов и расходов от приносящей доход деятельности, на соответствующий финансовый год согласно требованиям приказа Минфина России и учредителя. Плановые показатели по поступлениям формируются учреждением в следующем разрезе: субсидии на выполнение государственного (муниципального) задания; целевые субсидии; бюджетные инвестиции; поступления от оказания учреждением услуг (выполнения работ), относящихся в соответствии с уставом учреждения (положением подразделения) к его основным видам деятельности, предоставление которых для физических и юридических лиц осуществляется на платной основе, а также поступления от иной приносящей доход деятельности; другие виды поступлений.

Финансовое обеспечение выполнения государственного (муниципального) задания учреждением осуществляется в виде субсидий из соответствующего бюджета бюджетной системы Российской Федерации. Субсидия формируется в том числе для возмещения нормативных затрат, связанных с оказанием государственными (муниципальными) учреждениями услуг (выполнением работ) в соответствии с госзаданием.

В соответствии с утвержденными порядками предоставление субсидии бюджетным учреждениям осуществляется на основании соглашения о порядке и об условиях их предоставления (Соглашение). Соглашение между учредителем и учреждением является составной частью любого государственного задания. Сроки предоставления субсидии, как правило, фиксируются в соответствующем графике, являющемся неотъемлемой частью Соглашения. Расчет субсидии на выполнение государственного (муниципального) задания может осуществляться на основе расчета затрат на оказание государственных услуг. Таким образом, на основании государственного (муниципального) задания и определяется цена услуги.

Важным элементом повышения качества является мотивация руководства и работников к работе на результат. От того, насколько фактические объем услуг будет оказан, будет настолько и предоставлено бюджетное финансирование в виде субсидий, с одной стороны. С другой стороны, у бюджетных учреждений, не будут отниматься те средства, которые остались в рамках предоставления субсидий. Поэтому это тоже элемент стимулирования руководства более качественно, более экономно расходовать бюджетные средства, полученные на оказание той или иной услуги. Речь идет при повышении качества, конечно, и о прозрачности, о том, что отчеты о выполнении заданий будут опубликованы в Интернете.

Также особую важность имеет повышение доступности государственных услуг. Это государственное задание, гарантия и стандарт оказания услуги. Действительно, прозрачность этого госзадания, где четко определены платные и бесплатные услуги, – это принципиально важно. В рамках госзадания учреждения должны четко определить, какие услуги финансируются за счет государства, а какие услуги могут финансироваться за счет привлечения внебюджетных средств. Как раз стоимость госзадания должна наполняться исходя из экономически обоснованных затрат. И стоимость услуги, стоимость госзадания не должна быть выше этих экономически обоснованных затрат. Исходя из этого потребители государственных услуг будут четко понимать сколько будет стоить та или иная услуга, и она не должна быть выше норматива этих затрат.

Министр финансов РФ предполагает, что будет осуществлена конкуренция за предоставление бюджетных средств в виде субсидий, когда на этом рынке смогут участвовать не только бюджетные, автономные и казенные учреждения, но еще и другие, негосударственные организации, которые могут оказывать более качественные, может быть, услуги в более экономном формате.

Существует и другая точка мнения относительно системы реформирования. Как считают многие ученые, по большому счету, по-настоящему выгодным это не будет ни для кого, только возможно, лишь для государства. Эта выгода будет заключаться в частичном снятии с государства финансового бремени и в значительной степени – ответственности. То есть для государства в целом, для Министерства финансов РФ, вообще для министерств и ведомств этот закон скорее будет выгодным. Для подведомственных учреждений и организаций он априори не предполагает выгоды. Закон ставит эти учреждения в определенные условия, в которых одни должны смириться с уменьшением свободы, другие – с недостатком государственного или муниципального финансирования, третьи – с тем, что они вроде бы оказываются отпущенными в свободное плавание, но на довольно коротком поводке.

И в этой ситуации каждая из организаций будет постепенно привыкать к новым условиям существования, искать более выгодные для себя обстоятельства, то есть будет происходить своеобразная мимикрия. И здесь многое будет зависеть, прежде всего, от руководителей, их предприимчивости, находчивости, способности договариваться, поскольку в каждой из форм можно оттенить выгодные стороны и сократить невыгодные на уровне менеджмента и определенных договоренностей.

«По мнению большинства независимых экспертов, последствия принятия закона будут сравнимы с ваучерной приватизацией и так называемой монетизацией», – утверждал заместитель председателя комитета по образованию Госдумы. По его словам, произойдёт резкое сокращение остатков бесплатного образования, медицины, культуры, физической культуры» и замена их платными услугами. Коррупция, будет лишь возрастать, так как именно чиновники будут определять, кому давать государственное задание.

Однако каким окажется реальное влияние перехода от сметного финансирования к финансированию субсидиями мы сможем оценить лишь только через несколько лет.

Список источников:

Стенограмма триста четвертого заседания Совета Федерации.

Авдеев В.В. Научная деятельность и расходы: научные организации как некоммерческие организации - особенности регулирования, учета и налогообложения // Налоги. 2013. № 9. С. 14 - 20.

Фундаментальные научные исследования в России: состояние и перспективы развития / [Общ. ред. Л.Э. Миндели]. – М: ИПРАН РАН, 2008. – 232 с.

Киреев В.Н. - к.т.н.
Овчарова Г.Б. - к.т.н.
Тарелин А.А. - к.т.н.
ИПМаш им. А.Н. Подгорного НАН Украины

КЛАСТЕРНЫЕ ПОДХОДЫ В ТРАНСГРАНИЧНОМ ИННОВАЦИОННОМ СОТРУДНИЧЕСТВЕ

Процесс поиска механизмов сотрудничества и путей повышения уровня взаимодействия науки с производственным сектором с целью ускорения экономического развития территорий, поднятия конкурентоспособности экономик в условиях глобальной конкуренции уже в начале 21 века стал актуальным для многих стран, включая развитые государства. Страны с развитой экономикой стали уделять особое внимание формированию и развитию элементов инновационной инфраструктуры с использованием эффектов синергии от интеграции научных исследований и инноваций, образования, различных вариантов и форм поддержки и стимулирования инновационной деятельности. К таким инфраструктурным элементам относятся, в частности, инновационные кластеры, участие в которых дает возможность предприятиям получить весомые конкурентные преимущества [1].

Современные тенденции активного формирования и развития подобных инфраструктурных элементов в ряде стран СНГ представляют интерес и для Украины, как возможность эффективного развития национальной экономики и налаживания тесного научно-технологического сотрудничества с соседними государствами. Эти тенденции нашли свое отражение в Межгосударственной программе инновационного сотрудничества государств-участников СНГ на период до 2020 года, комплексом мероприятий на 2012–2014 годы [2] которой предусмотрена в том числе:

- разработка пилотных проектов трансграничных кластеров (индустриального, агроэкобиотехнологического и транспортно-логистического) на двусторонней основе на территориях Белгородской и Харьковской областей;

- разработка предложений по созданию сети международных интерактивных профессионально-технологических учебно-тренинговых центров для подготовки специалистов и менеджеров в инновационной сфере;

- разработка предложений по подготовке проекта системы обучения по вопросам проектирования и реализации транснациональных цепочек продукции с высокой добавленной стоимостью на кооперативной основе.

Интерес авторов к данной проблематике связан с их активным участием в деятельности Научного парка «Наукоград-Харьков» (НП), основанном в 2012 году по инициативе ИПМаш НАНУ при участии ведущих вузов г. Харькова, и обусловлен имеющимся опытом в реализации инновационных проектов, в том числе образовательных.

НП был создан для стимулирования научно-технической и инновационной деятельности в областях тепловой, ядерной и нетрадиционной энергетики, машиностроения, энергоэффективности и ресурсосбережения и др.; создания благоприятных условий для коммерциализации продуктов научно-технической и инновационной деятельности исследователей путем эффективного и рационального использования имеющегося научного потенциала, исследовательской и производственной материально-технической базы; защиты интересов авторов и исполнителей инновационных проектов. Текущие инициативы НП направлены на содействие формированию кластеров и технологических платформ национального и международного уровней.

В контексте мероприятий по реализации Межгосударственной программы для повышения эффективности инновационного сотрудничества в приграничных регионах Украины и РФ НП предложил концепцию развития трансграничных с Белгородской областью кластеров - «Индустриального», «Транспортнологистического», «Агробиотехнологического», «Энергоэффективность, ресурсосбережение и экология», «Кадровое обеспечение инновационного сотрудничества», как наиболее полно отражающих инновационный потенциал и приоритеты развития двух регионов.

Последний из перечисленных кластеров видится как интегральный элемент глобального инновационного пространства, деятельность которого нацелена на «создание и развитие широких и специализированных профессиональных сетей, разработку и внедрение общих подходов к обеспечению качества подготовки, оценки квалификации и системы мотивации инновационного кадрового потенциала» [2], а основными направлениями станут:

- создание системы поддержки мобильности ученых, непрерывного обучения и стажировки, межгосударственного обмена кадрами между исследовательскими организациями и университетами;

- установление трансграничных академических связей и партнерств;

- создание условий для получения исследователями необходимых знаний и навыков по коммерциализации научных исследований в рамках специализированных образовательных программ и стажировок;

- подготовка специалистов в области инновационного менеджмента, которые стали бы эффективными посредниками между наукой, образованием и бизнесом;

- разработка единых требований к подготовке научных и инженерно-технических кадров, в том числе в области международного менеджмента инноваций, управления интеллектуальной собственностью, организации высокотехнологичного бизнеса.

Основными участниками данного кластера от Украины и России являются:

- научные организации и ВУЗы - ИПМаш им. А.Н. Подгорного НАН Украины, НТУ «ХПИ», ХГУ имени В.Н. Каразина, ХНУГХ имени А.Н. Бекетова, БГТУ им. В.Г. Шухова, БелГУ;

- инновационные структуры – Академический научно-образовательный комплекс «Ресурс», Научный парк «Наукоград-Харьков», Центр малого бизнеса «Харьковские технологии», Бизнес-инкубатор БГТУ им. В.Г. Шухова;

- местные и государственные органы власти - Харьковская областная государственная администрация, Правительство Белгородской области.

Предлагаемые первоочередные проекты кластера:

- разработка совместной модели Международного интерактивного тренингового центра для подготовки специалистов и менеджеров инновационной сферы;

- внедрение в учебный процесс практически-ориентированного учебного курса для студентов старших курсов университетов по оценке инновационных технологий;

- разработка совместного учебно-тренингового модуля для повышения квалификации участников инновационного процесса, в том числе госслужащих, по вопросам инвестирования и управления инновационно-ориентированными зонами, кластерами и инфраструктурными объектами.

Реализация пилотных проектов кластера предполагает как совместное создание новых образовательных продуктов, так и координированное использование уже имеющихся у его участников ресурсов, включая внедренные и ранее апробированные тренинговые и образовательные программы, материальную базу для работы с целевыми аудиториями.

Так, например, основой для разработки тренингового модуля для повышения квалификации в области управления инновационной деятельностью может стать разработанный с участием авторов и апробированный ранее в учебном процессе НТУ «ХПИ» курс «Комплексная оценка инновационных технологий» в формате проектных студий [3]. Курс направлен на подготовку кадров для организаций, осуществляющих содействие выводу на рынок инновационных продуктов и услуг (центры трансфера технологий, технологические и научные парки), а также для предприятий и организаций, внедряющих инновационные технологии, и нацелен на развитие у студентов требуемых на рынке труда компетенций [4]. Курс предполагает тесное сотрудничество студентов экономических специальностей с реальными заказчиками (разработчиками инновационных технологий и представителями бизнеса) и выполняется ими как групповой проект.

Трехлетний опыт сотрудничества НТУ «ХПИ» и ИПМаш НАНУ является одним из примеров эффективного взаимодействия академической науки, образования и бизнеса по подготовке квалифицированных специалистов. Имеющийся опыт других организаций-участников формируемого кластера, при непременной активной поддержке местных и государственных органов власти позволяет рассчитывать на то, что синергетическим эффектом данной кластерной инициативы станет повышение конкурентоспособности сектора инноваций Харьковской и Белгородской областей в целом, а реализация пилотных трансграничных проектов будет способствовать формированию цепочки распространения новых знаний, технологий и инноваций, взаимному совершенствованию и повышению эффективности работы всех участников кластера.

Литература

1. Рекорд С.И. Развитие промышленно-инновационных кластеров в Европе: эволюция и современная дискуссия / С.И. Рекорд.- СПб.: Изд-во СПбГУЭФ, 2010.- 109 с.

2. О Комплексе мероприятий на 2012–2014 годы по реализации Межгосударственной программы инновационного сотрудничества государств-участников СНГ на период до 2020 года [Электронный ресурс]/ Интернет-портал СНГ.- Режим доступа: http://rs.gov.ru/taxonomy/term/185

3. Решетняк Е.В. Проектные студии в университетском образовании/ Е.В. Решетняк, А.А. Тарелин// Высшее образование в России.- 2013.- №1. С. 93-99.

4. Тарелин А.А. Проектная студия по оценке инновационных технологий: подготовка новой генерации специалистов в области трансфера технологий и инноваций/ А.А. Тарелин, Е.В. Решетняк, Г.Б. Овчарова// Материалы VI Международного форума «Трансфер технологий и инноваций: инновационное развитие и модернизация экономики».- Киев, 2012.- С. 283-286.

Кривокора Е.И.
доцент, к.э.н., Технологический институт сервиса (филиал) ФГБОУ ВПО «Донской государственный технический университет»
Наугольная Е.А.
магистрант, Технологический институт сервиса (филиал) ФГБОУ ВПО «Донской государственный технический университет»

РЕФОРМИРОВАНИЕ НАЛОГОВОЙ СИСТЕМЫ КАК ФАКТОР РАЗВИТИЯ РЕГИОНОВ

Налоговая система – важнейший элемент рыночных отношений, и от нее во многом зависит успех экономических преобразований в стране. К сожалению в нашей стране она не идеальна. Налоговый кодекс РФ позволяет более четко разграничить полномочия федеральных и региональных органов власти по установлению и взиманию налогов. В настоящее время Налоговый кодекс является самым главным звеном налогового законодательства, определяющим систему налогов, взимаемых в федеральный бюджет, а также общие принципы налогообложения и сборов в РФ, в том числе [1]:

- основные виды налогов и сборов, взимаемых в РФ,
- основания возникновения (изменения, прекращения) и порядок исполнения обязанностей по уплате налогов и сборов,
- порядок установления налогов и сборов субъектов РФ и местных налогов и сборов,
- права и обязанности налогоплательщиков, налоговых органов и других участников отношений, регулируемых законодательством о налогах и сборах,
- формы и методы налогового контроля,
- ответственность за совершение налоговых правонарушений,
- порядок обжалования действий (бездействия) налоговых органов и их должностных лиц.

В России проблема совершенствования налоговой системы – одна из наиболее сложных и противоречивых в практике проводимых реформ. Пожалуй, в стране нет сегодня другого аспекта экономики, который подвергался бы столь серьезной критике и был бы предметом таких жарких дискуссий.

Налоговая система нашей страны сейчас не обеспечивает в полной мере потребности государства в средствах на финансирование даже первоочередных программ, связанных со структурной перестройкой экономики. Не хватает финансовых ресурсов и для обеспечения полной социальной защиты населения.

Вместе с тем, весьма спорно утверждение, что действующая налоговая система не препятствует развитию предпринимательства, что налоговое бремя не очень велико и не приводит к чрезмерному изъятию средств государством. Мировой опыт свидетельствует, что изъятие у налогоплательщика до 30-40% его дохода – тот порог, за которым начинается процесс сокращения сбережений и тем самым – инвестиций в экономику [2]. Исчезают стимулы к предпринимательской инициативе и расширению производства. У российского налогоплательщика, исправно платящего установленные налоги, в настоящее время доход изымается в размерах, вызывающих падение интереса к производству.

Помимо этого сегодня налицо явно неравномерное распределение налогов между отдельными группами налогоплательщиков. В принципе налоговая система построена так, что перед нею все равны. Однако весь упор в работе налоговой службы делается на тех налогоплательщиков, которых легко проверить, тогда как отдельные их группы уходят от уплаты налогов как на законном, так и на незаконном основаниях. Поэтому одни налогоплательщики несут непомерную налоговую нагрузку, а другие – или минимальную, или вообще не платят налогов.

Кроме того, серьезной проблемой существующих налоговых отношений является недостаточная ясность положений нормативных документов. Необходимо принятие четких правил введения изменений в налоговое законодательство, установления или отмены налогов. В Налоговом кодексе уже предусмотрено: решение о введении новых налогов и сборов вступает в силу не ранее следующего календарного года, а изменения, улучшающие положение налогоплательщиков, не могут иметь обратной силы.

Нарекания по поводу слишком частых изменений налогового законодательства в принципе справедливы. Но без этих поправок вряд ли можно обойтись. Высокий динамизм процессов, которые происходят в хозяйственной жизни страны, их непредсказуемость, необходимость быстрого реагирования со стороны государства – все это требует постоянного реформирования налоговой системы. Эффективность же налоговой реформы в настоящее время в решающей степени зависит от способности государства осуществить серьезные преобразования для укрепления финансовой системы и расчетов в народном хозяйстве, обеспечить реальную помощь в становлении и развитии малого бизнеса [3].

Чтобы создать действительно привлекательный для производителей налоговый климат, нужно радикально изменить налоговый режим в сторону уменьшения совокупного уровня налогового изъятия и упрощения процедуры уплаты налогов [3]. Только после этого можно требовать повсеместного и неукоснительного исполнения налоговой дисциплины.

В соответствии с налоговым законодательством РФ можно выделить систему экономических принципов налогообложения, которая включает [2]:

- принцип хозяйственной независимости и свободы – основанный на праве частной собственности;
- принцип справедливости – налогообложение соразмерно доходам;
- принцип определенности – сумма, способ, время платежа должны быть заранее известны налогоплательщику;
- принцип удобности налогообложения – налоги взимаются в такое время и таким способом, которые представляют наибольшие удобства;
- принцип экономичности (эффективности) – издержки по взиманию налогов должны быть меньше, чем сами налоговые поступления. Суммы сборов по каждому отдельному налогу должны превышать затраты на его сбор и обслуживание;
- принцип соразмерности – экономическая сбалансированность интересов налогоплательщиков и государственной казны.

Законность и четкость таких принципиальных основ налоговой системы способствуют стабилизации фискальных отношений, определяют их стратегию и тактику, придают налогообложению устойчивый и долговременный характер действия, укрепляют основы фискального федерализма.

Разумно жесткая финансовая политика и контроль над расходами необходимы для достижения стабилизации. Фактически это означает укрепление финансовой дисциплины, достигнутое путем создания устойчивого правового поля, обеспечивающего оптимальное сочетание интересов граждан и как налогоплательщиков и как потребителей общественных благ, предоставляемых государством на базе государственного бюджета [1].

По-прежнему актуальной остается проблема разработки рациональной системы бюджетных отношений между уровнями власти на принципах бюджетного федерализма – разделения полномочий между центральными органами власти, властями субъектов Федерации и органами местного самоуправления в области финансов. Актуализируется проблема становления и развития реального налогового федерализма.

Успех всей экономической реформы зависит в первую очередь от быстрейшей финансовой стабилизации. Можно сказать, что сегодня налоговые отношения в России выходят на качественно иной уровень развития.

Литература:

1. Налоговый менеджмент [Текст]: учебник / под ред. проф., чл.-корр. РАН А.Г. Поршнева. – М.: ИНФРА-М, 2003.

2. Юткина, Т.Ф. Налоговый менеджмент [Текст]: учебник / Т.Ф. Юткина. – М.: ИНФРА-М, 2001.

3. Буев, В. Разные исследовательские группы, разные методики – результат один: плохой бизнес-климат [Электронный ресурс]. Режим доступа: http://www.klerk.ru/boss/articles/333231/

Кривокора Е.И.
доцент, к.э.н., Технологический институт сервиса (филиал) ФГБОУ ВПО «Донской государственный технический университет»
Перевалова Г.А.
магистрант, Технологический институт сервиса (филиал) ФГБОУ ВПО «Донской государственный технический университет»

УПРАВЛЕНИЕ РАЗВИТИЕМ РЕГИОНА: ПРОБЛЕМЫ ОЦЕНКИ ЭФФЕКТИВНОСТИ СИСТЕМЫ ГОСУДАРСТВЕННОГО УПРАВЛЕНИЯ

Современный, стремительно развивающийся мир предъявляет повышенные требования к деятельности органов государственного управления. Известно, что изменения внешних условий и внутренней среды любой организации приводят к серьезным проблемам в работе систем управления, вызывают кризисы в социально-экономических и общественных системах различных типов решение этих проблем и преодоление кризисов, как правило, связано с использованием апробированных методов и подходов и, конечно же, введением инноваций, которые в зависимости от масштабов процесса могут приобрести характер реформы. При этом далеко не всякая инновация является целесообразной. Особенно важно учитывать данное обстоятельство в деятельности органов власти и управления всех уровней, которые признаны обеспечивать устойчивое развитие общества в целом и оказывать населению услуги, повышающие его жизненный уровень. Вносимые в связи с этой деятельностью органами государственной власти инновации, являющиеся, по сути, управленческим воздействием на функционирование реформируемого объекта, должны быть адекватны, не вызвать социальной напряженности и социальных флуктуаций, снижающих качество жизни граждан страны. В обществе это воздействие приводит к существенным изменениям экономических и политических отношении, функционирования и развития социальных институтов, организаций и отдельных граждан.

Быстро меняющиеся социально-экономические условия современного мира ставят перед государственным управлением новые цели и задачи, несопоставимые по своим масштабам, сложности и комплексности с задачами государства в XX или, тем более, в XIX вв. Для того чтобы дать достойный ответ на эти вызовы, органы государственной власти и государственные служащие вынуждены не только пересматривать привычные, традиционные методы управления, но и постоянно повышать эффективность своей деятельности. Повышение эффективности деятельности, качества реализации государственных функций и внедрение новых методов управления стали лейтмотивом всех крупных реформ государственного управления, осуществлявшихся за последние 30 лет в различных странах. Как показывает практика, в значительной степени успех проведения реформ зависит от создания эффективной системы показателей эффективности государственного управления [1, 2].

Основными требованиями к показателям эффективности государственного управления являются:

- соответствие поставленным целям, специфичность (измерение результатов деятельности конкретного государственного органа, конкретного сотрудника);

- измеряемость (наличие определенной шкалы оценки); сравнимость (возможность сравнивать с предыдущими или схожими показателями); достижимость (нахождение в сфере влияния);

- релевантность (соответствие между желаемыми и достигнутыми результатами); экономичность оценки (определение показателей не должно требовать значительных финансовых и временных затрат);

- определенность во времени (возможность оценки в обозримом будущем);

- проверяемость (показатели должны основываться на документальных данных).

Возможные показатели эффективности деятельности государственных служащих можно разделить на следующие группы [3, с.218]:

Процентные показатели – доля своевременно подготовленных (отправленных) документов; доля прошедших экспертизу (получивших положительную оценку) документов; доля граждан (организаций) давших положительную оценку; эффективность деятельности по сравнению с предшествующим периодом.

Количественные показатели – количество и объем подготовленных документов; количество обслуженных граждан (организаций).

Рейтинговые показатели – место среди других сотрудников (структурных подразделений).Их применение предполагает расположение оцениваемых сотрудников по порядку – от самого лучшего до самого худшего. Итоговая оценка определяется суммой порядковых номеров, полученных работником за выполнение поставленных задач.

Экономические показатели эффективности государственного управления – полученный экономический эффект за период деятельности; соотношение затрат и полученного результата. В государственных органах должны устанавливаться жесткие нормативы затрат как ресурсов, так и времени на выработку управленческих решении. Однако на практике определить вклад конкретного госслужащего в достижение экономических показателей государственного органа бывает сложно.

Временные показатели – среднее время решения однотипных задач, например регистрация и отправка документов, ведение личных дел, оформление документов на получение государственных пенсий и т. д.; время перерывов в течение определенных процессов (работа программных средств, обслуживание граждан, организаций); среднее отношение фактического времени выполнения поручения / задания к плановому; время выполнения государственными служащими квалифицированной работы (применяется для оценки руководителей).

Достаточно сложной является проблема оптимизации перечня показателей. Если показателей слишком много, то издержки мониторинга могут превысить положительный эффект. Если же их недостаточно, то может возникнуть эффект «искажающего поведения», когда деятельность госслужащего будет направлена не на достижение конечных результатов, а на «то, что оценивается» [3, с.129].

Таким образом, эффективность государственного управления проявляется на всех уровнях функционирования системы: от отдельной организации - до местного общества, от местного уровня - до регионального, от регионального сообщества - до социальной системы и ее политической организации - государства. Целостность государства и единство общества - результат эффективного государственного управления, основа обеспечения их безопасности и условие достижения благосостояния народа. На каждом из уровней эффективность измеряется своими показателями и критериями, характеризующими соотношение целей и результатов, а в иной плоскости соответствие результатов интересам управляющих и управляемых. Однако существует ряд относительных критериев эффективности государственного управления, на основе которых оценивается эффективность процесса принятия управленческих решений в государственном управлении [3, с.158]. В этих целях предлагается использовать модель разработки управленческих решений, синтезирующую управленческую деятельность в социальных инновационных преобразованиях. Она способствует большей согласованности осуществляемых государством реформ с состоянием и потребностями экономики и социальной среды.

Литература:
1. Berman, E. Productivity in Public and Nonprofit Organizations. Armonk, NY, USA: M.E. Sharpe, Inc., 2005.
2. Boyne, G., Meier, K. Public Service Performance: Perspectives on Measurement and Management. NY, USA: Cambridge University Press, 2006.
3. Мониторинг в системе оказания государственных и муниципальных услуг как инструмент реализации стратегии повышения качества государственного и муниципального управления: учебное пособие / Неделько С.И., Осташков А.В., Матюкин С.В., Ретинская В.Н., Мурзина И.А., Кревский И.Г., Луканин А.В., Кошевой О.С. ; под общ. ред. В.В. Маркина, А.В. Осташкова. – М.: Эксклибрис Пресс, 2008. – 321 с.

Gabidinova G.S.
Associate professor, Ph. D. in Economics, Naberezhnye Chelny Institute (branch) of Kazan (Volga Region) Federal University
gab-gul@yandex.ru

PLACE AND ROLE OF INTANGIBLE ASSETS IN SOCIAL AND ECONOMIC SYSTEM OF TERRITORY

We define the territory as the formation, which has territorial-administrative borders within which social and economic processes of providing life of the population caused by its location in system of territorial and public division of labor are reproduced. It can be a country, an edge, an area, a republic, a city, a village.

According to I.F. Sklyarov's [2] work we represent [1] the territory as social and economic system (fig. 1).

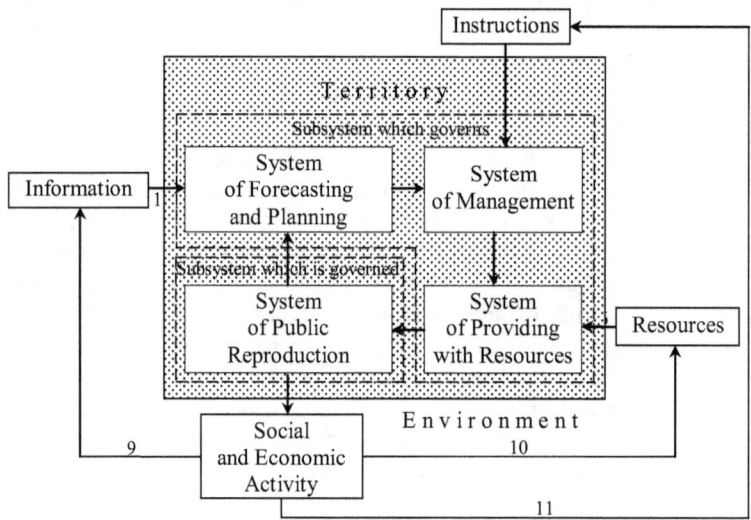

Fig. 1. Social and Economic System of Territory

In the modern world one of the main conditions for successful functioning and development of the territory is the presence of intangible assets.

In a structure of intangible assets we conditionally mark out the following components: human capital, cultural capital, social capital, institutional capital, information capital, political capital, market capital, organizational capital, intellectual capital (fig. 2).

As shown in the picture, the human capital occupies a special place in structure of intangible assets of the territory. It is a source of formation of other types of assets. Formation and building of other types of intangible assets is impossible in the conditions of lack of certain abilities and the purposeful activity living in this territory, the population, i.e. without the human capital.

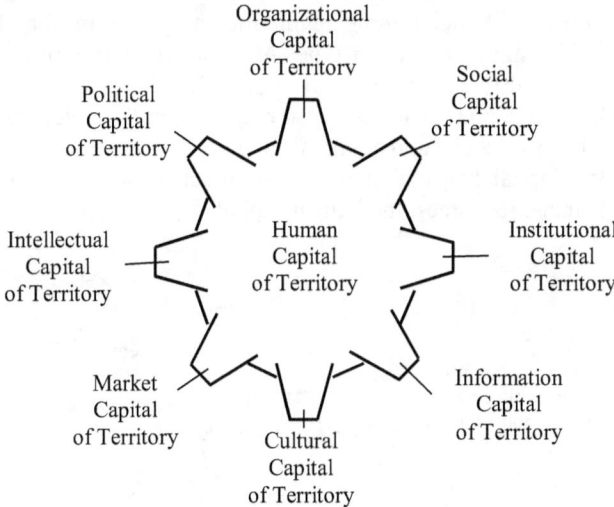

Fig. 2. Structure of Intangible Assets of Territory

Each type of intangible assets of the territory plays a definite part in functioning of social and economic territory system.

Political capital promotes creation and realization of effective policy of social and economic development of the territory.

The organizational capital helps to create an optimum structure of social and economic system, to distribute functions and duties between its components and to determine a nature of interaction of separate elements for successful realization of the policy of development of the territory.

The human capital promotes fulfillment of duties and of functions by participants of social and economic activity of the territory in the best way.

The social capital helps to build relationships between certain actors of social and economic system of the territory on the basis of the trust to each other and the responsibility of everyone, which will lead to achievement of bigger social and economic effect.

The institutional capital is necessary for making up for a deficiency of the social capital. It promotes execution by each participant of their duties in the best way by means of setting standards and rules in all fields of activity of the territory.

The cultural capital promotes growth, first of all, of the human capital, and also social and institutional capitals of the territory which are closely interconnected with it.

The information capital is necessary for management and control over efficiency of functioning of social and economic territory system, for identification of a status of intangible and other types of assets, definition of bottlenecks for the purpose of the further solution of arising problems.

The intellectual capital is necessary for the forward development of the territory in all spheres of social and economic activity.

The market capital helps, first of all, to attract resources from environment, such as financial resources, the human capital.

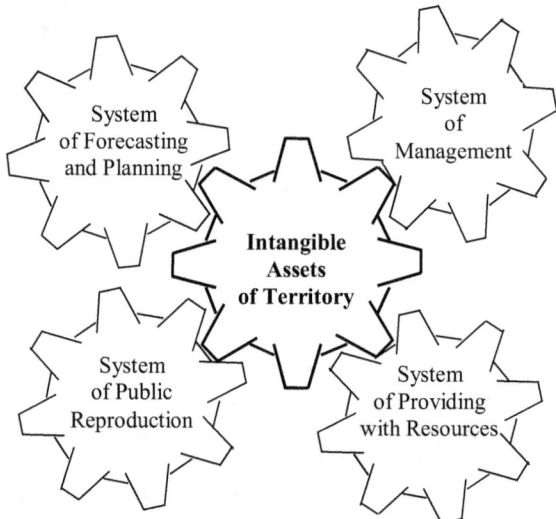

Fig. 3. Place and Role of Intangible Assets in Social and Economic System of Territory

Thus, the role of intangible assets of the territory consists in ensuring the uninterrupted, interconnected work of all components of social and economic territory system for achievement of a certain social and economic effect (fig. 3).

References:

1. Gabidinova G.S. Model of Social and Economic System of Territory // Problems and trends of economics and management in the modern world: proceedings of the International Conference, 21-23 December 2013, Bulgaria, Sofia. P. 24-27.

2. Skljarov I.F. System – system approach – theories of systems. M.: LIBROKOM, 2011. 152 p.

Юридические науки

Ковалёв В.В.
кандидат исторических наук, ФГАОУ ВПО «Северо-Кавказский федеральный университет», г. Ставрополь
E-mail: kraiobetovanny777@mail.ru

О НЕКОТОРЫХ АСПЕКТАХ РАЗВИТИЯ ЮРИДИЧЕСКОЙ НАУКИ ВУЗАХ СССР ВО ВТОРОЙ ПОЛОВИНЕ 60-Х ГГ. XX В.

Учитывая общий характер влияния официальной идеологии на советское образование в целом и на юридическое - в частности, следует отметить, что в указанный период высшее юридическое образование было поставлено в фарватер Постановления ЦК КПСС от 14 августа 1967 г. «О мерах по дальнейшему развитию общественных наук и повышению их роли в коммунистическом строительстве"[1, 241-255]

Думается, что постановление носило некий переходный характер. С одной стороны, оно было принято почти через три года после смены высшего партийного и государственного руководства (отставки Н.С. Хрущева и прихода Л.И. Брежнева). Как и постановлениями, касающимися других сфер, данным документом новое руководство, помимо всего прочего, вероятно хотело подчеркнуть именно его (нового руководства) видение соответствующих процессов. С другой стороны, как видно из названия постановления и его содержания, инерции предыдущего времени еще давали о себе знать - с повестки дня пока не снималась задача построения коммунизма (тезис о построении общества развитого социализма еще не был выдвинут).

Само Постановление и его характер выглядели вполне закономерно - в условиях официальной государственной марксистко-ленинской (коммунистической, советской) идеологии общественным наукам отводилась особая роль - они были призваны идеологически просвещать граждан СССР и всех тех, кто обучался в Советском государстве. Поэтому все студенты в СССР в обязательном порядке (независимо от профиля обучения) изучали такие идеологическо-пропагандисткие дисциплины, как "История КПСС", "Политэкономия социализма", "Научный коммунизм", "Марксистко-ленинская философия" и т.п. Дисциплины подобного толка носили характер общеобразовательных. Более, того, устами самих ученых-юристов высказывалась мысль о том, что, в целях улучшения воспитательной работы студентов вузов необходимо " уделять еще большее внимание в учебном процессе юридических вузов другим общественным наукам, главным образом философии, политической экономии, теории научного коммунизма и истории КПСС. Роль этих наук в воспитании студентов несомненна, а потому вопросы преподавания общественных наук, формирующих мировоззрение молодежи, должны быть в центре внимания вузовской общественности".[2,8]

Являясь общеобразовательной лишь отчасти, не нося напрямую задачи идеологического просвещения и, выступая в качестве общественной науки, "под раздачу" Постановления попала и юридическая наука. В самом Постановлении подчеркивалось что правовая наука занимает важное место среди общественных наук.[1,249]

Среди части ученых-юристов сформировалось тогда мнение, что данный факт имеет позитивное значение, ибо " это должно положить конец все еще встречающемуся на практике пренебрежительному отношению к правовой науке и к ее достижениям, положить конец всем проявлениям «правового нигилизма» (под последним, в отличие от дня сегодняшнего, понимались три главные "ложки дегтя" в бочке социалистического меда прошедшего периода - "культ личности", "субъективизм" и "волюнтаризм".[2,7] Данное мнение весьма любопытно, на наш взгляд, поскольку отражает, скорее всего, определенный комплекс взглядов на юридическую науку коллег по гуманитарному цеху (обществоведов-неюристов). Можно предположить, что часть последних не отводила в своих мнениях юриспруденции роль сугубо самостоятельной, и где-то - базовой науки (возможно, даже отголоски суждения первых лет Советской власти о буржуазном характере юридической науки). Однако, все эти взгляды, формировались не на пустом месте и были, увы, отражением одной не очень позитивной, но распространенной тенденции - подчиненность юриспруденции идеологии, а закона - политической целесообразности.

В самом Постановлении перед правовыми науками были поставлены следующие задачи: "исследование проблем государственного строительства, развития социалистической демократии; разработка вопросов организации и деятельности Советов депутатов трудящихся, научных основ государственного управления, правового регулирования хозяйственной жизни и общественных отношений; разработка мер по предотвращению и ликвидации преступности и других правонарушений, укреплению законности и правопорядка в стране; подготовка научно обоснованных рекомендаций по совершенствованию советского законодательства; изучение опыта государственно-правового строительства в зарубежных социалистических странах; исследование государственного строя развивающихся стран; разоблачение реакционной сущности современного империалистического государства и права; изучение международно-правовых проблем.[1,249] К этому следует добавить и сохранение за юридической наукой некоего прикладного значения, поскольку в планах научных исследований в вузах все большее внимание уделялось "крупным проблемам", имевшим " важное народнохозяйственное значение".[2,8] Данная составляющая актуализировалась еще и проводившейся с середины 60-х гг. XX в. экономической реформой.

По поводу вышеизложенных задач Постановления, отдельные советские ученые-юристы сразу же (видимо, не без указания "сверху") заявили о необходимости "критического анализ итогов научной деятельности в области советского права".[2,7]

На что же требовалось критически взглянуть отечественным правоведам ? Скорее всего, опять же, на возможные следы "дыхания" в результатах научных изысканий дракона о трех головах: "культа личности", "субъективизма" и "волюнтаризма". Однако, напрямую об этом не говорилось, а вместо этого предлагалась комфортная формула: "оценка результатов работы — дело каждого научного коллектива".[2,7]

Не был указан напрямую в Постановлении, но выдвинут (и опять же - наверняка не без "верхов") советскими юристами тезис о том, что" важная роль в исследовании всего комплекса проблем советской правовой науки" принадлежит "коллективам юридических высших учебных заведений страны", поскольку "решение ряда важных вопросов различных отраслей советской науки права осуществляется именно в юридических вузах, многие кафедры которых укомплектованы высококвалифицированными научными работниками — докторами и кандидатами наук".[2,8]

Среди направлений совершенствования системы юридического образования в вузах СССР (опять, же - в связи с Постановлением) указывалась необходимость совершенствования организации научно-исследовательской и самостоятельной учебной работы студентов. Предполагалось достичь этого следующими мерами. Во-первых, "резко улучшить работу студенческих научных обществ, кружков при кафедрах".[2,8] Во-вторых, "обобщить имеющийся вузовский опыт и, может быть, в частности, на этой основе разработать и утвердить новый Типовой устав студенческого научного общества, предусматривающий, что научная работа студентов является одной из конкретных форм научно-исследовательской деятельности юридических вузов".[2,8]

Нами рассмотрены лишь отдельные аспекты развития юридической науки в СССР во второй половине 60-х гг. XX в. Но и рассмотрение этих отдельных аспектов, на наш взгляд, наглядно показывает общие закономерности и тенденции в области правовых наук (хотя и для других наук это также было весьма характерно): сильное влияние официальной идеологии, подчиненность науки общегосударственной стратегии (вытекавшей, опять же - из идеологии), определенная "растворенность" юридической науки в сонме общеобразовательных (идейно-пропагандистких) гуманитарных наук (и даже определенная подчиненность им). Чисто научная сторона в данной ситуации, конечно же, определенным образом страдала.

Источники и литература:

1. КПСС в резолюциях и решениях съездов, конференций и Пленумов ЦК. Т.11. М., 1986. С. 241-255
2. Козлов, Ю. М. Актуальные задачи развития юридической науки в вузах /Ю. М. Козлов. //Правоведение. -1967. - № 6. - С. 7 - 12.

Томилов Н.О.
Сибирский институт управления – филиал Российской академии народного хозяйства и государственной службы при Президенте Российской Федерации

КОНТРАКТНАЯ СИСТЕМА: АНАЛИЗ НЕКОТОРЫХ НОВОВВЕДЕНИЙ В ЗАКОНОДАТЕЛЬСТВО О ГОСУДАРСТВЕННЫХ ЗАКУПКАХ

С 1 января 2014 г. вступил в силу Федеральный закон от 05.04.2013 № 44-ФЗ «О контрактной системе в сфере закупок товаров, работ, услуг для обеспечения государственных и муниципальных нужд» (далее - Закон № 44-ФЗ), который пришел на смену Федеральному закону от 21.07.2005 № 94-ФЗ «О размещении заказов на поставки товаров, выполнение работ, оказание услуг для государственных и муниципальных нужд» (далее – Закон № 94-ФЗ). Новый закон регулирует не только порядок определения поставщиков (подрядчиков, исполнителей), но и все остальные стадии осуществления государственных закупок, начиная от планирования и заканчивая исполнением контракта. Данные нововведения выразились в принятии новых норм и институтов в сфере государственных закупок. Рассмотрим некоторые из них более подробно.

В Законе № 44-ФЗ появляется гл. 2 под названием «Планирование». Этим обстоятельством законодатель выделяет планирование в отдельный этап.

Самой начальной стадией является планирование, которое осуществляется посредством формирования, утверждения и ведения: планов закупок; планов-графиков.

Закон № 94-ФЗ предусматривает создание и утверждение плана-графика (ч. 5.1 ст. 16). Таким образом, Закон № 44-ФЗ предусматривает создание дополнительного документа заказчиком.

Планы закупок формируются заказчиками. Планы закупок, как и план-график, должны соответствовать федеральному закону о бюджете. Законодатель стремится к тому, чтобы каждая покупка, осуществляемая заказчиком, носила плановый характер. Однако предусматривается и определенная гибкость, например, устанавливаются случаи, когда план закупок может быть изменен. Изменения могут быть связаны с изменением закона о бюджете, а также с финансированием заказчика и иными обстоятельствами [1,23].

План закупок будет формироваться заказчиками на весь срок действия закона о бюджете, на что указывает ст. 17 Закона № 44-ФЗ. При этом планирование будет вестись из соответствующего обоснования закупок с учетом их норм, которые также будет устанавливать Правительство РФ [2,20].

Утвержденный план закупок подлежит размещению в единой

информационной системе (ч. 9 ст. 17 Закона № 44-ФЗ).

Цель введения данной главы очевидна – сделать закупки максимально прозрачными. Однако непонятно различие между планом закупок и планом-графиком, если оба этих документа разрабатываются на один год. Очевидно только, что план-график следует из плана закупок. Представляется, что введение плана закупок не сделает данную процедуру более прозрачной, а только создаст дополнительную бюрократическую волокиту. Этот подтверждается тем, что внесение изменения в план-график по общему правилу возможно только после внесения изменения в план закупок (ч. 13 ст. 27 Закона 44-ФЗ).

Приведенные Законом 44-ФЗ перечни оснований для внесения изменений в план закупок и в план-график являются открытыми, но не полными, в связи с чем представляется, что внесение в планы изменений будет осуществляться редко, хотя необходимость в них может возникать достаточно часто.

В связи с изложенным, введение плана закупок, на наш взгляд, является излишним и его следует исключить из Закона № 44-ФЗ.

Закон № 44-ФЗ вносит определенные изменения в понимание товара. Точнее, отказывается от понятия одноименного товара. Статья 10 Закона № 94-ФЗ определяла одноименный товар как товары, «...относящиеся к одной группе товаров, работ, услуг в соответствии с номенклатурой товаров, работ, услуг для нужд заказчиков». От отнесения товара к одной группе зависел способ заключения договоров. Однако Закон № 44-ФЗ не использует категорию «одноименный товар», вместо нее встречается «идентичный товар», под которым понимаются товары, работы, услуги, имеющие одинаковые характерные признаки. Например, офисный и столовый стул будут являться идентичными товарами, так как у них одинаковые характерные признаки... Вводится также категория коммерчески взаимозаменяемых товаров, под которыми понимаются не идентичные товары, а те, которые имеют сходные характеристики и могут выполнять одинаковые функции. Например, офисный стул и диван. Эти товары также называются однородными. Наибольший интерес вызывает положение о том, что вопрос об идентичности или однородности товаров заказчик будет решать самостоятельно, руководствуясь методическими рекомендациями, которые должен будет утвердить федеральный орган исполнительной власти по регулированию контрактной системы. Иными словами, новые методические рекомендации придут на смену Приказу Минэкономразвития России от 07.06.2011 № 273 «Об утверждении номенклатуры товаров, работ, услуг для нужд заказчиков» [1,25].

Введение указанного изменения также представляется излишним. Если раньше, для определения одноименных товаров достаточно было посмотреть в вышеуказанную номенклатуру, то в будущем для определения идентичных товаров должностным лицам заказчиков придется изучать и применять пока ещё не утвержденную методику, что создаст дополнительные затраты времени и сил, а в случае неверного применения данной методики данные должностные лица могут получить дополнительный штраф. В связи с этим, по нашему мнению, в Законе № 44-ФЗ следует заменить понятие «идентичный товар» на действующее в предыдущем законе понятие «одноименный товар».

Не обошли изменения и закупки у единственного поставщика. Так, для заключения контракта заказчик обязан обосновать в документально оформленном отчете невозможность или нецелесообразность использования иных способов определения поставщика (подрядчика, исполнителя), а также цену и иные существенные условия контракта (ч. 3 ст. 93 Закона № 44-ФЗ).

Эта обязанность весьма сомнительна, поскольку существует установленный Законом перечень конкретных случаев, когда возможна закупка у единственного поставщика. Зачем, а главное, каким образом заказчик должен обосновывать свой выбор? Обоснование - всего лишь следование нормам закона. Тем более что в ч. 5 ст. 24 Закона о контрактной системе прямо указано: «Заказчик выбирает способ определения поставщика (подрядчика, исполнителя) в соответствии с положениями настоящей главы» [3,9].

Нельзя не согласиться с данным мнением. Если для обоснования указанного вида закупок заказчик должен будет указывать соответствующую норму ч. 1 ст. 93 Закона 44-ФЗ, то непонятно, в чем цель данного нововведения, если раньше из содержания договора с единственным поставщиком было очевидно, на каком основании осуществляется именно этот вид закупок. Таким образом, ч. 3 ст. 93 Закона 44-ФЗ следует исключить из закона, как противоречащую ч. 1 той же статьи.

Из вышеизложенного можно сделать вывод, что нововведения, установленные Законом № 44-ФЗ для обеспечения прозрачности государственных закупок, будут только осложнять процесс их проведения, создавая лишний документооборот и требуя больше временных и физических затрат.

Литература (источники)

[1] Косарев К.В. Некоторые проблемы Федерального закона «О контрактной системе в сфере закупок товаров, работ, услуг для обеспечения государственных и муниципальных нужд» / К.В. Косарев // Право и экономика. - 2013. - № 7. - С. 21 - 26.

[2] Авдеев В.В. Контрактная система в сфере госзакупок / В.В. Авдеев // Аудит и налогообложение. - 2013. - № 11. - С. 19 – 23.

[3] Беляева О.А. Закупка у единственного поставщика: новации контрактной системы / О.А. Беляева // Конкуренция и право. - 2013. – № 4. - С. 5 - 9.

www.ingramcontent.com/pod-product-compliance
Lightning Source LLC
Chambersburg PA
CBHW051637170526
45167CB00001B/232